Psicologia quântica
e a ciência da felicidade

O caminho para a saúde mental positiva

AMIT GOSWAMI
E SUNITA PATTANI

Psicologia quântica
e a ciência da felicidade

TRADUÇÃO:
MARCELLO
BORGES

goya

PSICOLOGIA QUÂNTICA E A CIÊNCIA DA FELICIDADE

TÍTULO ORIGINAL:
Quantum Psychology and the Science of Happiness

PREPARAÇÃO DE TEXTO:
Luciane H. Gomide

REVISÃO:
Renato Ritto
Mônica Reis

CAPA:
Giovanna Cianelli

DIAGRAMAÇÃO E PROJETO GRÁFICO:
Desenho Editorial

DIREÇÃO EXECUTIVA:
Betty Fromer

DIREÇÃO EDITORIAL:
Adriano Fromer Piazzi

EDITORIAL:
Daniel Lameira
Tiago Lyra
Andréa Bergamaschi
Débora Dutra Vieira
Luiza Araujo

COMUNICAÇÃO:
Thiago Rodrigues Alves
Fernando Barone
Júlia Forbes

COMERCIAL:
Giovani das Graças
Lidiana Pessoa
Roberta Saraiva
Gustavo Mendonça

FINANCEIRO:
Roberta Martins
Sandro Hannes

goya
É UM SELO DA EDITORA ALEPH LTDA.

Rua Tabapuã, 81, cj. 134
04533-010 – São Paulo – SP – Brasil
Tel.: [55 11] 3743-3202
www.editoraaleph.com.br

DADOS INTERNACIONAIS DE CATALOGAÇÃO NA PUBLICAÇÃO (CIP) DE ACORDO COM ISBD

G682p Goswami, Amit
Psicologia quântica e a ciência da felicidade: o caminho para a saúde mental positiva / Amit Goswami, Sunita Pattani ; traduzido por Marcello Borges. - São Paulo : Goya, 2022.
264 p. : il. ; 16cm x 23cm.

Tradução de: Quantum psychology and the science of happiness
Inclui bibliografia.
ISBN: 978-85-7657-505-4

1. Teoria quântica. 2. Física quântica. 3. Psicologia. I. Pattani, Sunita. II. Borges, Marcello. III. Título.

2022-777 CDD 530.12
CDU 530.145

ELABORADO POR ODILIO HILARIO MOREIRA JUNIOR - CRB-8/9949

ÍNDICES PARA CATÁLOGO SISTEMÁTICO:
1. Teoria quântica 530.12
2. Teoria quântica 530.145

sumário

prefácio

Pronto para deixar de lado as diversas barreiras que impediram você de viver a vida com mais alegria e menos medo? Tem interesse em descobrir mais significado na vida, encontrando nela propósito e paixão, bem como uma abordagem transformadora para um modo de vida quântico, e ser realmente feliz?

Este é um livro de psicologia positiva com base em uma visão de mundo quântica: primazia da consciência e integração entre ciência e espiritualidade.

A abordagem convencional, baseada na filosofia que diz que *matéria-é-tudo*, resume-se ao seguinte: o ser humano é um zumbi robótico. A abordagem transpessoal/espiritual, na qual a consciência é prioritária, resume-se ao seguinte: o ser humano é um espírito desincorporado. Fica claro que as duas abordagens são incompletas e que os *insights* que impulsionam para a cura, a felicidade e o crescimento pessoal são bem limitados.

Na abordagem materialista, felicidade equivale a prazer. Dá para entendermos isso. Mas, na sua experiência, o que é prazer? Prazer é o sentimento positivo associado a aspectos sensoriais da fisiologia cerebral. Sim, os neurocientistas descobriram em que consistem esses aspectos da fisiologia: a presença de certas substâncias neuroquímicas (como a dopamina) e hormônios corporais (como a ocitocina).

Naturalmente, porém, você também sente felicidade ao olhar uma flor, abraçar uma criança ou aninhar-se com o parceiro ou a parceira após o sexo. Por quê? Você se interessa, você inclui o objeto em sua consciência; em outras palavras, sua consciência se expandiu. Desse modo, a felicidade como expansão da consciência é diferente do prazer. E, nesse caso, só uma abordagem baseada na consciência pode ajudar.

Portanto, a felicidade é um assunto no qual a abordagem científica deve integrar ciência e espiritualidade. Essa é a psicologia quântica de que necessitamos, baseada na visão de mundo quântica.

Assim, nossa abordagem extensiva, mas sensata, trata da integração científica dos caminhos que levam à felicidade: o material (*coma, beba e fique alegre*) e o espiritual (*explore a unidade e seja feliz*). O próprio fato de termos levado um século para tirar a psicologia de seu início dividido e de suas mensagens dúbias sobre sofrimento psíquico e felicidade e levá-la a essa incorporação de todas as forças da psicologia em uma única ciência integrada da felicidade deveria dizer muito sobre a importância desta obra. O poder de integração dessa nova ciência deriva de sua fundamentação — as ideias e os conceitos da física quântica.

As metas de *Psicologia quântica e a ciência da felicidade* são as seguintes:

- Explicar como a física quântica nos ajuda a construir uma ciência do ser humano tendo a consciência como base da existência, e mostrar como a integração entre ciência e espiritualidade sob a física quântica nos leva à ciência da felicidade.
- Desenvolver a ciência da autoexperiência e mostrar como funcionam seu livre-arbítrio e sua criatividade.
- Desenvolver uma ciência de todas as suas experiências de objetos exteriores e interiores para que você domine a ecologia e a higiene de sua psique.
- Desenvolver a autêntica ciência da manifestação, especificamente dos três "Is" do empoderamento: Inspiração, Intenção e *Insight* (criativo).
- Explicar por que certas pessoas têm dificuldade para manter um nível psicológico de normalidade (por exemplo, em função de traumas ou de vícios) e mostrar o processo de cura. Dá-se atenção particular ao papel do subconsciente e à forma como os princípios quânticos podem ajudar na cura.
- Proporcionar uma estrutura abrangente que delineia as diversas facetas exigidas para uma cura emocional salutar.
- Proporcionar ferramentas e técnicas que irão ajudá-lo a aplicar a ciência quântica à manutenção da saúde mental normal.
- Preparar você para embarcar numa jornada de crescimento e de transformação pessoais, visando a saúde mental positiva e a inteligência emocional.

- Mapear a jornada de transformação para que você se torne original, explorando a felicidade e a alegria no mundo na forma do que chamamos de iluminação quântica.
- E se você quiser se aventurar, temos também um capítulo dedicado a buscar a iluminação espiritual da felicidade perfeita.

Assim, é com grande alegria e reverência por sua jornada que compartilhamos nossos esforços e experiências coletivas e o incitamos a viver quanticamente e ser feliz!

AMIT GOSWAMI
SUNITA PATTANI

PARTE 1

A PSICOLOGIA QUÂNTICA COMO UMA CIÊNCIA DA FELICIDADE

introdução

viva quanticamente, seja feliz

Apesar das promessas de maior felicidade baseadas na aquisição do modelo de celular mais recente, do creme dental correto, de relógios, marca de carro ou caminhão, tintura para o cabelo ou jeans, o mundo material sempre nos desaponta; mesmo assim, continuamos a buscar lá fora algo que preencha o poço da felicidade que existe no interior de cada um.

Em maio de 2017, a Harris Poll entrevistou 2.202 norte-americanos com 18 anos ou mais e descobriu que apenas 33% dos pesquisados disseram que estavam "felizes". Entretanto, quando perguntados se gostariam de ser "mais felizes", quase 90% disseram "sim". Quase todos querem ser felizes, mas como ser mais felizes em um mundo que, às vezes, parece limitar a nossa felicidade em vez de nos incentivar a criar uma felicidade permanente, duradoura, independentemente daquilo que a vida coloca em nosso caminho? Este livro defende a ideia de que existe uma ciência da felicidade, e, se você acompanhar o projeto passo a passo, vai perceber níveis cada vez maiores de felicidade e menores de infelicidade, em uma escala cientificamente demonstrável, culminando na felicidade eterna, um estado de iluminação.

Essa nova ciência da felicidade baseia-se na psicologia quântica que está emergindo da nova visão de mundo quântica, que integra ciência e espiritualidade. Em 1989, publiquei um trabalho científico proclamando que a física quântica pode ter uma interpretação livre de paradoxos caso a essência da espiritualidade — a consciência é um fundamento primário — seja integrada à ciência.

Depois, em 1993,publiquei o livro *O universo autoconsciente*, que ampliou esse conceito. Hoje, as pesquisas sobre a visão de mundo quântica chegaram a tal ponto que até Dalai Lama está entusiasmado. "Não é possível ter um modelo da realidade sem a física quântica", disse ele.

A física quântica, em correta interpretação (posto que livre de paradoxos), diz, em concordância inequívoca com as tradições espirituais, que a consciência é a base da existência; além disso, acrescenta alguns novos *insights*. Um deles que a matéria consiste em ondas de possibilidade da própria consciência; a consciência escolhe, a partir de suas próprias possibilidades, a efetivação da matéria manifestada na realidade do espaço-tempo e, no processo, separa-se em sujeito e objeto(s).

Isso é muito poderoso.

O fato de podermos integrar ciência e espiritualidade ainda surpreende muitas pessoas, acostumadas a separar o sagrado (domínio da sabedoria espiritual) do mundano (domínio da sabedoria científica). Mas se você está familiarizado com a psicologia, essa é uma notícia extremamente boa. Por volta de 1900, Sigmund Freud descobriu e propôs a ideia de inconsciente — o domínio da realidade subjacente — afetando nosso comportamento consciente. Desde então, os psicólogos têm se dividido em dois grupos: um seguiu Freud até Jung, dividindo-se finalmente em duas linhas separadas: a psicologia profunda e a psicologia de altitude (também conhecida como psicologia transpessoal), dependendo de como se queira visualizar a "outra" realidade (o inconsciente — fora do espaço e do tempo), se subjacente ou lá em cima. O outro grupo ficou preso a uma visão de ciência rígida, na qual tudo-é-matéria que se move em um domínio de espaço e tempo, inicialmente como behaviorismo e depois como ciência cognitiva-comportamental, que inclui um pouco mais dos nuances de nossa experiência humana.

Se você está familiarizado com o lado esotérico das grandes tradições espirituais, especialmente algumas das tradições orientais, a descoberta de uma integração entre ciência e espiritualidade não deverá surpreendê-lo. Segundo essas tradições, o sagrado e o mundano não estão separados de fato; tudo é sagrado. Na nova ciência quântica dizemos que tudo é um jogo da consciência, que é a base de toda a existência.

Sob essa perspectiva, é de esperar que a psicologia seja uma ciência da felicidade. Preste atenção na mensagem do Vedanta do hinduísmo, que define consciência como *sat* ("existência", em sânscrito), *chit* ("consciência total da percepção-consciente", em sânscrito) e *ānanda* ("felicidade", em sânscrito). O Vedanta declara simplesmente que a meta da vida é a alegria, a felicidade, ānanda. E o Vedanta não está sozinho. O taoismo tem a mesma mensagem: acompanhe o fluxo e seja feliz. Nas religiões judaico-cristãs, a mensagem da Cabala judaica é a mesma: a meta da vida é viver feliz.

A psicologia transpessoal baseia-se na mesma metafísica que o Vedanta — a consciência é a base de toda a existência. Logo, não nos surpreende que essa psicologia seja um desdobramento da descoberta empírica de Abraham Maslow, que classificou a saúde humana em três grupos: 1) doença mental ou abaixo da média; 2) normal; e 3) saúde mental positiva. Essa é a primeira tentativa de reformular a psicologia como uma ciência da felicidade se concordarmos que as pessoas que sofrem de doenças mentais (psicoses e neuroses) estão no nível mais baixo de felicidade — muito pouca felicidade e, na maior parte do tempo, sofrimento; que as pessoas estão normais quando felicidade e sofrimento se encontram meio a meio, aproximadamente; e que pessoas com saúde mental positiva vivem mais em felicidade do que em sofrimento.

Examinando-se mais de perto, temos mais alguns detalhes. Não podemos dizer que as pessoas psicóticas sentem felicidade. Além disso, elas são pouco responsivas à terapia. Entretanto, os neuróticos têm alguns momentos felizes; com ajuda, podem se recuperar.

Novamente, a pesquisa sobre o cérebro mostra que esse órgão tende a ser cinco vezes mais negativo do que positivo. Pense só. Seu cérebro lhe dá: 1) a propensão mecânica para processar a informação isolada, sem significado, uma tendência que tem efeito "emburrecedor"; 2) *autocentrismo*, a inclinação a tornar transacionais todos os relacionamentos: o que eu ganho com isso? 3) circuitos cerebrais emocionais negativos com memória ou software de emoções negativas, como medo, raiva, ciúme, competitividade, dominação etc. 4) circuitos de prazer que podem levar ao vício — tentar reforçar o prazer é uma fonte importante de adição.

Desse modo, aquilo que chamamos de "normal"reflete mais um ponto de vista médico; pessoas normais são aquelas que não precisam de terapia regular.

Um exame mais aprofundado também revela que a saúde mental positiva só ocorre nas pessoas quando fazem algum exercício de expansão da consciência, sendo a meditação o principal deles. Em outras palavras, assim como a transição da neurose para a normalidade requer algum tipo de cura psicológica, o caminho entre a normalidade e a saúde mental positiva requer algum tipo de transformação.

A postura da psicologia cognitiva-comportamental considera o ser humano uma máquina mecânica, um epifenômeno do cérebro. Como tal, embora tenha havido alegações de que as pessoas vivem felizes em um estado mecânico (leia o romance de B. F. Skinner, *Walden II*), ninguém precisa levar a sério essas primeiras alegações se considerar as descobertas da ciência cerebral citadas antes. Todavia, a psicologia positiva de tempos mais recentes, surgida em Harvard e sem qualquer rompimento explícito com a ciência materialista estabelecida, deve não só ser levada a sério como aplaudida. Esperamos que se torne uma tendência.

A psicologia quântica e a ciência da felicidade que elaboramos neste livro são a fruição natural dessa tendência. O que a psicologia positiva reconheceu é que a negatividade de nosso cérebro pode ser superada com simples mudanças de atitude e o reconhecimento da importância da transformação e de exercícios de transformação. Adicionalmente, propomos que a mudança de postura seja acompanhada de uma revisão do sistema de crenças que inclua criatividade e experiências de sentimentos no corpo na equação da transformação. Essa revisão é necessária porque os dados da física quântica e da neurociência têm demonstrado que não somos meramente um cérebro; somos, de fato, feitos de consciência incorporada ao cérebro e também ao corpo. Mostramos que se você seguir os exercícios transformadores da psicologia positiva para atingir a saúde mental positiva com os recém-descobertos princípios quânticos, fundamentais para a visão de mundo quântica, haverá muitos outros picos de felicidade lhe aguardando em potencialidade, prontos para serem resgatados.

A chave para a nova ciência da felicidade é a psicologia quântica — a integração espetacular entre todas as psicologias desenvolvidas anteriormente, em geral usando crenças metafísicas muito diferentes.

Para lhe dar uma ideia da grandiosidade daquilo que realizamos, vamos rever os fundamentos.

Psicologia da felicidade baseada na matéria e psicologia da felicidade baseada na consciência

Você pode se surpreender ao saber que a ciência convencional agora tem sua psicologia da felicidade, algo que vem sendo chamado cada vez mais de psicologia positiva. Se você se questiona quanto ao valor dela, pense de novo. Há vinte anos, mais ou menos, fui a uma conferência sobre a consciência em Bangalore, na Índia, e uma praticante da psicologia iogue chamada Uma Krishnamurthy, que foi palestrante no evento, apresentou o assunto da seguinte maneira (que repito textualmente):

> Quando estudava psicologia, perguntei a um professor o que era saúde mental. O professor disse que "esse é um assunto muito complexo para eu responder. Dê uma olhada na biblioteca". Fui lá, procurei e procurei; mas só encontrei livros sobre psicopatologia, neurose, psicose, e a leitura desses livros

me deixou meio deprimida. E a resposta para a pergunta "O que é saúde mental normal?" não foi encontrada em nenhum deles. Fui para casa, li um livro sobre yoga do Swami Vivekananda e esse livro fez com que minha depressão desaparecesse rapidamente. Logo, embora tenha me formado em psiquiatria para obter minhas credenciais, pratico apenas a psicologia iogue.

Como essa psicóloga percebeu, há poucas décadas os livros acadêmicos sobre psicologia tradicional pendiam muito para o lado negativo, embora a linha da psicologia transpessoal falasse da saúde mental positiva, que é outro nome para uma condição que envolve mais felicidade do que infelicidade. Entretanto, o tema da psicologia positiva ganhou forças quando um professor de Harvard, Martin Seligman, começou a escrever sobre ele, ensinando aquilo que chamou de psicologia positiva. A psicologia de Seligman não é, de modo algum, a psicologia iogue (desenvolvida na Índia antiga por volta do ano 100, com base na meditação e na criatividade); sua visão de mundo permanece mais ou menos de acordo com aquilo que chamamos de monismo material — tudo é matéria. Mesmo assim, uma psicologia que enfatiza o positivo sobre o negativo, a felicidade sobre a infelicidade, no mundo convencional já é um avanço. Alguns veem nela um passo na direção da integração entre ciência materialista e religião. A antologia da psicóloga Lisa Miller, *The Oxford Handbook of Psychology and Spirituality*, é um recurso excelente caso deseje explorar um pouco mais essa ideia.

A filosofia do monismo material forma-se em torno de objetos; por trás de tudo, há objetos materiais e suas interações. Cientistas com essa inclinação afirmam que o mundo é constituído de partículas elementares, pequenas porções de matéria. As partículas elementares formam objetos maiores, chamados átomos; os átomos formam moléculas, e grandes moléculas formam a célula viva; células chamadas neurônios formam o cérebro. Temos objetos até o alto! Se o cérebro produzisse consciência, ela também seria um objeto (Figura 1).

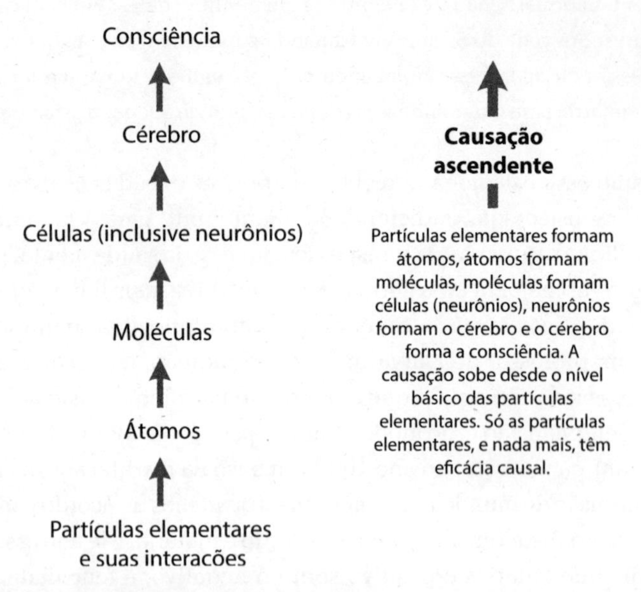

Figura 1. Esquema reducionista do cérebro e da consciência. Se a consciência fosse um produto do cérebro, seria um objeto.

O campo da experiência tem dois polos: sujeito e objeto. Quem (ou o que) sou "eu", o sujeito? Qual a explicação para o sujeito, o "eu" que você vivencia quando se sente feliz?

Assim, é complicado falar de psicologia positiva de acordo com a visão de mundo do monismo material, que alega que os seres humanos são apenas um corpo físico e um cérebro, e que interações materiais no cérebro e no corpo produzem todos os fenômenos, inclusive a experiência. Por que é complicado? Porque, repito, nessa visão de mundo as experiências não podem existir. Interações entre objetos só podem produzir conglomerados cada vez maiores de objetos; mas as experiências, como já explicado, têm dois polos: um sujeito que experimenta e objetos que são experimentados. Assim, os materialistas aviltam as experiências e, particularmente, os experimentadores: são associações ornamentais de fenômenos materiais sem consequência causal. Naturalmente, porém, transformar a perspectiva negativa das pessoas ditada pelo cérebro normal (que gera cinco vezes mais negatividade do que positividade) em uma perspectiva positiva vai exigir certo poder causal do experimentador que está fazendo essa transformação!

Simplesmente pergunte: sem o "você", quem está conferindo a validade dessa afirmação? Sem o seu "você", quem está identificando as visões de mundo? E não existem consequências causais, como aquelas que mudam todo o seu estilo de vida?

Sem o "você" que experimenta a felicidade, será que a felicidade tem alguma importância? Por meio de um raciocínio sutil (e talvez enganoso), você pode tentar se convencer (como a maioria dos cientistas) de que as interações cerebrais, de algum modo, fazem parecer que é um sujeito experimentando um objeto; mas se você não tem motivos pessoais para acreditar nisso (como esses cientistas costumam ter), essa racionalização não irá satisfazê-lo.

A psicologia iogue da psicologia antiga e transpessoal (bem como da psicologia profunda), que foi desenvolvida nas décadas de 1950 e 1960, sustenta uma visão bem diferente da realidade. Como já se disse, essas psicologias têm uma visão de mundo na qual a consciência é prioritária. Em vez de alegar que a matéria é tudo, a psicologia iogue e a psicologia transpessoal sustentam uma visão de mundo na qual a consciência, no nível básico da existência, é a "unidade" de *tudo*. Segundo essa visão de mundo, a "grande cadeia do ser" — o corpo material (fonte dos sentidos), a vida (fonte da vitalidade), a mente (fonte do significado dos pensamentos), a alma (fonte das experiências superiores), o espírito (fonte das experiências de unidade) — deriva de uma só coisa que existe, mas essa base da existência — a consciência — é abrangente. No monismo material, só o sensorial é legítimo; todas as experiências são epifenômenos do cérebro e daquilo que ele colhe pelas sensações.

Mas uma pergunta importante permanece sem resposta na visão de mundo baseada na consciência e nas psicologias nela firmadas. Como surgem a separação e a diversidade se a unidade é tudo o que existe?

Segundo especulações da psicologia iogue, a consciência usa uma "força" (chamada *maya* em sânscrito) para produzir o truque ilusório: graças à ação de maya, a consciência faz parecer para si mesma que ela se dividiu num sujeito que experimenta objetos; desse modo, acontece a experiência. Em última análise, *experiências são aparências ilusórias.* Logo, para encontrar a felicidade suprema, temos de ir além dessas experiências a fim de encontrar a *unidade*. Isso vai nos tornar iluminados e felizes. Uma vez mais, surge a questão que confunde: quem está se sentindo feliz se não existe um "você" separado?

O problema imediato, com relação a todas as abordagens da psicologia da felicidade mencionadas, é que essas psicologias são totalmente baseadas na matéria; consciência, mente, felicidade, amor e tudo o mais são considerados "epifenômenos cerebrais". Nessa visão, você nada mais é do que um robô filosófico, uma "humáquina" (expressão criada pelos escritores Nada R. Sanders e John D. Wood), basicamente um robô/máquina com experiências causalmente impotentes. Esse grupo de explicações psicológicas sobre a felicidade faz sentido de forma mecânica, como sinônimos de prazer.

Ou, então, temos a psicologia baseada na consciência, que ignora a matéria. Nessa visão, a consciência é considerada imaterial, o que é bom. A consciência como forma de "unidade" também é uma boa ideia, coerente com a experiência da felicidade causada pela expansão da consciência. Mas a forma como essa *Consciência Única* não material se relaciona com o cérebro material e o corpo é deixada de lado, exceto para dizer que há agentes que produzem a separação. Assim, agora a teoria diz que você é um espírito holístico desencarnado com uma força que produz a separação, mas que, em sua consciência cotidiana, você não sabe se consegue ter acesso ao espírito, nem como acessá-lo e nem se, ao acessá-lo, irá além da separação e atingirá a inteireza, sendo feliz. Desse modo, todas as psicologias com base na consciência são, essencialmente, ciência unilateral, essencialmente empíricas. Pratique e descubra.

Obviamente, essas duas abordagens suscitam possibilidades tentadoras, mas não oferecem muito a título de resultado; mais importante ainda, sendo incompletas, simplesmente não satisfazem. Elas também não podem lhe oferecer a convicção de uma sólida transformação psicológica para encontrar maneiras de elevar seu nível de felicidade.

A boa notícia é (além da razão pela qual você está lendo este livro) que agora há muitas ideias científicas integrativas, sendo a física quântica aquela que as une e serve de base para uma ciência integrativa que incorpora ciência e espírito, apropriada para pessoas normais do mundo que procuram a felicidade duradoura. O cérebro desempenha um papel causal em sua vida, sem dúvida, mas o mesmo se deve dizer de sua consciência e do modo como ela se manifesta no cérebro e no corpo. Desse modo, o livro que você tem em mãos contém o potencial para lhe oferecer respostas definitivas, satisfatórias e científicas para algumas das mais importantes questões da ciência na atualidade. O que é a consciência? Qual a ciência por trás das experiências manifestadas em conjunto com os corpos materiais? Como você trabalha essa dupla, *consciência* e *matéria*, para ser inequívoca e indubitavelmente cada vez mais feliz?

Essa psicologia quântica, que confere validade tanto à matéria quanto à consciência e que explicamos aqui, também ilustra como seu livre-arbítrio e sua criatividade funcionam juntos para manifestar novas potencialidades em sua vida. Ela lhe diz de onde vem o seu propósito de vida ou qual o significado que você busca; ela lhe mostra o escopo de seu desenvolvimento individual e até mesmo sua agenda de crescimento pessoal na felicidade crescente.

Um comentário de passagem. Hoje, há uma explosão de ideias simples de autoajuda que prometem nos levar à felicidade afirmando que "as coisas não precisam ser difíceis para serem boas". Um exemplo é a ideia de que você tem a intenção e depois simplesmente espera. Esse é todo o segredo da ciência da manifestação que precisa conhecer. Outro: você vai atrair coisas boas; tudo que precisa fazer é desenvolver a sensibilidade. Essas ideias são científicas? São, mas não contam a história completa. São enganosas. Lembram-me de uma velha história húngara.

> Um homem entra numa loja de curiosidades e olha tudo, até encontrar um objeto interessante. Porém, ele não sabe para que serve o objeto. Ele o leva até o dono da loja, que consulta a etiqueta, dizendo que se trata de um barômetro. O homem fica impaciente:
> — Sim, eu li a etiqueta. Mas o que é um barômetro? O que ele faz?
> — Com ele, você sabe se está chovendo — o dono da loja responde.
> — Como?
> Agora, o lojista está enrascado; ele não sabe. Mas acaba encontrando uma resposta:
> — Olhe, leve o barômetro até a janela, segure-o com a mão, ponha-o do lado de fora e recolha a mão. Se o barômetro estiver molhado, você saberá que está chovendo.
> O sujeito zomba do lojista:
> — Posso fazer isso apenas com as mãos!
> Ao que o lojista responde com ar grave:
> — Mas isso, meu senhor, não seria científico, não é mesmo?

A ideia do lojista não está errada, está? Não se trata apenas da história de como um barômetro realmente funciona. Para obter a informação completa, é preciso uma ciência totalmente desenvolvida que possa ser verificada por dados experimentais. É por isso que psicologia quântica e uma ciência da felicidade são necessárias.

Física quântica: um ou dois domínios da realidade?

Vamos revisar rapidamente os dois grupos da psicologia. O grupo materialista, no qual se inclui a psicologia positiva, trabalha em um único nível da realidade: a matéria que se move no espaço e no tempo. O outro grupo, que inclui a antiga psicologia iogue e as modernas psicologia profunda e psicologia transpessoal, afirma que há dois níveis da realidade:

1) o domínio da Unidade real (que podemos chamar de consciência); e 2) o domínio da Separação, que inclui a divisão entre sujeitos e objetos.

Mesmo à primeira vista, a física quântica apoia a ideia de uma realidade em dois níveis, em vez da realidade de um só nível (espaço-tempo) do materialismo científico e (também) da física newtoniana, na qual se baseia o materialismo científico.

Considere. Na física quântica, os objetos são ondas de possibilidade; só se manifestam como realidade, como partículas, quando são mensurados. Onde residem as ondas antes da mensuração? Werner Heisenberg (codescobridor da física quântica) afirmou que residem em um domínio da potencialidade fora do espaço e do tempo, e estava certo. E se isso não for suficiente a título de explicação, uma ideia do físico Niels Bohr esclarece a situação. Os dois domínios — potencialidade e realidade manifestada no espaço-tempo — não estão conectados de maneira contínua. É preciso uma transição descontínua — um *salto quântico*, expressão de Bohr — para que as ondas de possibilidades se convertam em partículas manifestadas. Acima de tudo, a ideia de que objetos quânticos são ondas em um domínio *transcendente* de potencialidade, fora do espaço e do tempo, foi comprovada por milhares de experimentos, a começar por Alain Aspect e seus colaboradores em 1982. O conceito de salto quântico também foi comprovado.

Confuso? Como podemos constatar que existe algo "fora" do espaço e do tempo? Como visualizamos um salto quântico? No espaço e no tempo, os objetos se comunicam mediante sinais, que viajam à velocidade finita da luz ou a uma velocidade inferior a ela. Assim, toda comunicação leva certo tempo. Em contraste, no domínio fora do espaço e do tempo, a comunicação pode se dar sem sinal, instantaneamente. Essa ideia de uma comunicação instantânea e sem sinal é chamada de *não localidade quântica*.

Para visualizar saltos quânticos descontínuos, pense na imagem do salto dos elétrons entre uma órbita atômica e outra, criada por Niels Bohr (Figura 2). Eles desaparecem de uma órbita e ressurgem na outra sem jamais percorrer o espaço intermediário.

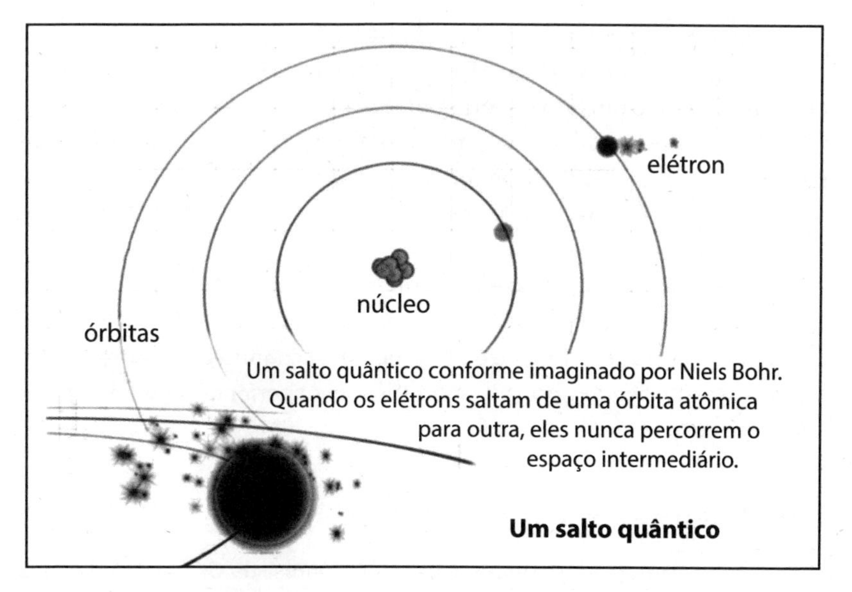

Figura 2. O salto quântico se dá quando um elétron pula de uma órbita atômica para outra; ele nunca percorre o espaço intermediário, pois seu salto é descontínuo.

Usei antes a palavra "transcendente" para lembrar que a ideia de um nível transcendente da realidade, em oposição ao nível imanente no qual vivemos, é tão antiga quanto todas as tradições espirituais que abordam a realidade dessa maneira há, no mínimo, cinco milênios. É assim que a psicologia iogue baseada no Vedanta e as psicologias profunda e transpessoal definem a existência no nível básico.

Por volta do início do século 20, dois psicólogos proeminentes, Sigmund Freud e Carl Jung, deram-nos respectivamente as ideias do inconsciente pessoal e do inconsciente coletivo. Por experiência pessoal, você sabe que esses dois tipos de inconsciente são importantes para o funcionamento de sua psique. Suas tendências neuróticas, como a impulsividade, por exemplo, provêm de seu inconsciente pessoal. E seu inconsciente coletivo lhe apresenta símbolos transformadores e evocativos em seus sonhos. Agora, pergunte-se: se a consciência total da percepção-consciente pertence à realidade espaço-tempo, onde está localizado o inconsciente? Tem de estar fora do espaço e do tempo, certo? Os materialistas negam; não existe isso de "fora do espaço e do tempo"; postular o inconsciente produz uma psicologia vodu; não precisamos disso, tudo está no cérebro, dizem. É o cérebro que atua principalmente no inconsciente e um pouquinho no consciente. Essa é a posição dos materialistas. Pouco importa o fato de não conseguirem explicar como o cérebro pode atuar em duas modalidades quando deveria ser sempre inconsciente.

Mas não tenha medo do materialista, a física quântica está aqui. O conceito quântico de não localidade é o resumo mais simples da realidade em dois níveis e é um fato experimental.

Transcendente-imanente, inconsciente-consciente, potencialidade não manifestada-realidade manifestada, não localidade-localidade — quantas vezes teremos de descobrir a roda antes que ela seja aceita pelos cientistas convencionais?

Logo, neste livro, tendo a física quântica como guia, desenvolvemos uma ciência para alguns dos fenômenos da consciência que intrigam os pesquisadores da psicologia e da neurociência cognitiva: o inconsciente, o *self* e as experiências do *self*, sobretudo as experiências de felicidade, como uma expansão da consciência.

Objetos de suas experiências

Agora, vamos lidar com esta questão: Quais são os objetos de suas experiências? Aquilo que você experimenta como "objetos materiais exteriores" chega à sua percepção-consciente* por meio de seus sentidos e quanto a isso não há confusão. Aquilo que você chama de psique é formado por suas experiências interiores e é aqui que há margem para confusão. À primeira vista, como disse René Descartes há muito tempo, "Penso, logo existo"; suas experiências interiores parecem consistir em objetos que chamamos de pensamentos e, por convenção, os associamos a uma entidade chamada "mente". Os pensamentos são objetos mentais; se os pensamentos são os únicos objetos da psique, então a psique e a mente são uma única e mesma coisa. *Mas o que é a mente*? A mente é diferente do corpo, como a experiência parece mostrar? Se sim, como? Se é diferente, se a mente não é material, então como a mente não material interage com o corpo material? Eles não têm nada em comum. Se você postular um mediador, como um sinal, onde está o mediador? Essas questões não têm sido muito fáceis de responder. Nem por você, nem por filósofos.

---

* No original, *awareness*. Não há uma tradução exata em português. O termo é comumente traduzido como "consciência", "percepção" ou "atenção". Em muitas publicações, *awareness* é mantido em inglês, pois tem um sentido mais amplo que o de "consciência": refere-se a um "estado de alerta" que compreende, inclusive, a consciência da própria consciência. É também um conceito-chave da gestalt-terapia. Segundo Clarkson e Mackewn, *awareness* é "a habilidade de o indivíduo estar em contato com a totalidade de seu campo perceptual. É a capacidade de estar em contato com sua própria existência, dando-se conta do que acontece ao seu redor e dentro de si mesmo" (*Fritz Perls*. Londres: Sage, 1993, p. 44). Neste livro, optou-se por traduzir *awareness* pela palavra composta "percepção-consciente", no intuito de aproximá-la de seu sentido pleno, deixar bem marcadas todas as ocorrências no texto e facilitar a compreensão do leitor de língua portuguesa. [N. de E.]

E, se você analisar cuidadosamente seus pensamentos, o problema ficará pior! Pois os pensamentos, como perceberá, não são iguais. Há pensamentos que chamamos de pensamentos racionais; nós os percebemos como produto de um pensamento lógico, algorítmico, passo a passo. Depois, há alguns pensamentos especiais — *pensamentos emocionais* — que surgem com forte carga passional, que geralmente chamamos de "energia"; mas será energia física? Se essa energia não é física — algumas pessoas a chamam de energia vital, referindo-se à própria experiência como "sentimento" —, voltamos ao problema: como uma energia não física interage com o corpo físico?

A confusão piora quando inspecionamos a questão mais a fundo. Ainda há outros pensamentos que são um pouco rarefeitos, mas que todos experimentam, pelo menos de vez em quando; nós os chamamos de pensamentos intuitivos. O que os torna especiais é que vêm imbuídos de veracidade; alguma coisa neles soa tão verídica que, mesmo sem poder encontrar um apoio racional para eles, você quer seguir seus desdobramentos para descobrir alguma coisa profunda sobre a realidade, sobre você mesmo. E se você fica sensível ao seu corpo enquanto tem esses pensamentos intuitivos, mais cedo ou mais tarde, quando esses pensamentos intuitivos aflorarem, vai perceber sentimentos no corpo. Pode se recordar de sensações que chama de "pressentimento", talvez uma energia na região do umbigo, ou formigamentos na região do coração, na última vez em que teve uma intuição. Ou, como disse o poeta William Wordsworth, você pode sentir "uma presença que me perturba com a alegria de pensamentos elevados". O que significa isso?

A ideia milenar apresentada por Platão é que entidades chamadas arquétipos nos visitam nessas experiências intuitivas; é essa a presença de que falou Wordsworth. E é intrigante lembrar que, segundo Platão, os arquétipos — amor, beleza, verdade, *self*, abundância, poder, bondade, justiça, inteireza, citando apenas os mais importantes — são atemporais; eles não mudam com o tempo ou a cultura. Nós os chamamos de arquétipos platônicos.

Assim, o ecossistema da psique é mais complicado do que parece à primeira vista. Descartes cometeu um erro ao ignorar sentimento e intuição. Parece que temos quatro tipos diferentes de experiência: sensações, que são físicas; e depois pensamentos, sentimentos e intuições. Essas três constituem os objetos da psique.

Nossa ciência convencional (vamos chamá-la de velha ciência) reconhece apenas a experiência das sensações sem qualquer questionamento. A velha ciência pode lidar com a experiência do pensamento desde que acrescente a premissa de que todos os aspectos do pensamento são computáveis e que o cérebro (que produz pensamentos, segundo a velha ciência) é um computador.

No entanto, isso também apresenta um problema facilmente identificável. Os pensamentos têm dois aspectos: conteúdo e significado, como uma frase gramatical tem dois aspectos: sintaxe e semântica. Os computadores podem representar o significado como software usando seus símbolos de hardware. Mas se esse significado programado foi tudo o que conseguimos processar, o que explicaria a criatividade — invenção e descoberta de novo significado?

E os nossos sentimentos? Alguns sentimentos, segundo mostram as pesquisas, certamente têm associações cerebrais; há, de fato, moléculas do cérebro associadas a alguns sentimentos. Por exemplo, as endorfinas estão relacionadas a uma experiência de "elevação". Mas o que explica sentimentos viscerais, sentimentos associados a órgãos do corpo? Por exemplo, o que explica o sentimento do amor na área do coração, aquilo a que os orientais se referem como chakra cardíaco?

De onde vêm as intuições? À medida que você se familiariza com esse aspecto de sua experiência, saberá que aquilo que intuímos é muito valorizado. Há objetos intuitivos que chamamos de verdade, amor, beleza, justiça, bondade, poder, abundância, inteireza, *self*, que estão entre as coisas que mais valorizamos em nossas experiências. A velha ciência não tem meios para explicar a intuição como fenômeno do cérebro; esses valores não são computáveis.

Isto está claro: precisamos de uma nova ciência que inclua todas as nossas experiências, inclusive aquelas do sujeito ou do *self*. Tal como está agora, a abordagem cognitiva-comportamental pressupõe que o cérebro é o conhecedor, fala do pensamento como o processamento de informações de um computador de inteligência artificial, deixando de lado o significado, desconsiderando a criatividade e ignorando os sentimentos no corpo. O grupo transpessoal dá espaço à consciência e às experiências do *self*, do mental e do intuitivo/espiritual, mas de maneira dualista, *ad hoc*, ignorando o papel do cérebro e do corpo; desse modo, perde de vista a parte objetiva e racional de nossa cognição, incluindo-se o ego comportamental e também a parte dos sentimentos e das emoções. Esse grupo também deixa de lado os nuances das experiências criativas.

A ciência quântica diz que nossa realidade primária é a potencialidade, o domínio que chamamos de inconsciente. Na ciência quântica, afirmamos que todas as nossas experiências, não apenas materiais, como também pensamentos, sentimentos e intuições, provêm da manifestação de potencialidades quânticas da consciência não manifestada, ou *inconsciente*.

O inconsciente é a fonte de uma força causal que converte potencialidade em experiência. Algumas pessoas chamam essa força causal de campo quântico, evidentemente não local e não material. Na Vedanta, essa força causal é chamada maya. No cristianismo, em um contexto um tanto quanto diluído, essa força causal é chamada causação descendente. Prefiro chamar essa força causal que produz a separação de causação descendente, pois faz um belo contraste com forças materiais que podem ser chamadas de causação ascendente, uma vez que a causa "sobe" desde as partículas elementares até o cérebro (ver Figura 1).

É fácil ver em que consiste essa força causal de causação descendente — *escolha* — depois que identificamos a *fonte como a consciência na forma do inconsciente*. Perceba que uma onda de possibilidade significa uma entidade com diversas facetas. Quando dizemos que um elétron é uma onda de possibilidade, falamos de um objeto com muitas posições possíveis. O elétron manifestado de um experimento tem apenas uma dessas possíveis posições. Logo, a causação descendente consiste na consciência no estado do inconsciente, escolhendo uma dentre muitas facetas, uma posição dentre muitas posições possíveis no caso do nosso elétron.

A consciência cria a experiência material escolhendo, em uma onda multifacetada de possibilidades materiais, aquela faceta que encontramos para o objeto de nossa experiência material. Da mesma forma, é fácil compreender como são criadas nossas outras experiências — sentimentos, pensamentos e intuições. A consciência cria suas outras experiências da mesma forma, fazendo escolhas em meio às suas respectivas potencialidades. A onda de possibilidades da mente tem muitos significados possíveis; a consciência cria a experiência de um pensamento escolhendo um desses significados. E assim por diante.

E o que dizer do experimentador, o eu-sujeito da experiência? É aqui que entra o cérebro. A ciência quântica mostra que, em todo evento de escolha entre potencialidades de objetos, a consciência usa o cérebro para experimentá-los e, nesse processo, identifica-se com o cérebro.

Mencionei antes a experiência do espírito. Na ciência quântica, o espírito é o "eu" que você pode experimentar ao manifestar a realidade escolhida a partir da potencialidade, como resposta a um estímulo; ele é chamado de *self quântico*. Há unidade nessa experiência que provoca alegria. Sua experiência normal com o ego em relação ao mesmo estímulo é resultado do reflexo no espelho de uma memória anterior.

Os materialistas não percebem isso; ficam perdidos na matéria (cérebro), no ego comportamental e no prazer que esses elementos produzem — "coma, beba e seja feliz", coisas desse tipo. As tradições espirituais sempre sustentaram que a jornada rumo à felicidade consiste em olhar para dentro — explorar as experiências da psique. A nova ciência concorda com ambas as receitas: olhar para fora, desde que com moderação, pode nos proporcionar positividade; olhar para dentro, para as experiências da psique, aproxima-nos naturalmente do espírito, do *self* quântico, e propicia uma expansão da consciência e da felicidade.

Poderíamos resumir assim as três visões da felicidade:

> Quando perguntamos ao cientista newtoniano como ele sabe tanto, o cientista newtoniano diz: "Eu abro meus olhos".
> Quando perguntamos ao mestre zen como ele sabe tanto, o mestre zen diz: "Eu fecho os meus olhos".
> Quando perguntamos ao cientista quântico como ele se tornou tão sábio, o cientista quântico diz: "Eu abri e fechei meus olhos".

Atenção! Antes da experiência, na verdade a consciência é *in-consciência* — uma existência não local, indivisa, sem as polaridades sujeito-objeto que chamamos de inconsciente. Mas note que esse inconsciente tem um escopo muito mais amplo do que o conceito adotado antes por Freud e Jung. O conceito freudiano do inconsciente pode ser identificado hoje com o inconsciente pessoal — o depósito das potencialidades que experimentamos pessoalmente antes, nossa memória pessoal. O inconsciente coletivo de Jung refere-se à memória coletiva da humanidade; foi criado quando os seres humanos viviam em comunidades conectadas de forma não local. Contudo, na nova acepção, o inconsciente refere-se a toda potencialidade quântica, tanto a anteriormente manifestada quanto aquela antes nunca manifestada. Chamamos o inconsciente da potencialidade que nunca se manifestou antes de *inconsciente quântico*.

Escolhendo a felicidade

Se a consciência escolhe a experiência, por que todos não escolhem a felicidade? Você pode escolher o bem-estar emocional em vez da neurose, pode escolher a felicidade em vez da negatividade, pode escolher buscar significado e propósito e optar por sair da cultura da informação e do prazer-como-felicidade que não satisfaz. Só precisa que sua escolha pessoal seja congruente com a da Consciência Una na forma do inconsciente. Como se dizia antigamentte: tudo de que necessitamos é ter Deus do nosso lado. Para isso, você precisa conhecer aquilo que o impede de estabelecer a congruência e remover esses obstáculos. Também precisa da ciência e da arte da criatividade, da transformação que leva você à congruência.

Notícia quentinha: dados experimentais

A mensagem das tradições espirituais, da psicologia iogue e das psicologias profunda e transpessoal é passada por duas afirmações radicais, situadas além das experiências cotidianas: 1) existe unidade na potencialidade, mediante a qual estamos todos interconectados potencialmente; e, 2) além do ego, há um *self* interior transpessoal com sabor de unidade. A nova ciência, além de dar base científica a essas afirmações, transforma-as em predições que podem ser comprovadas experimentalmente: 1) existe uma unidade potencial que interconecta os cérebros; 2) o cérebro atua em duas modalidades diferentes: a) a modalidade quântica e b) a modalidade do ego. A notícia quentinha é que essas duas predições da nova ciência foram comprovadas.

Os experimentos de Jacobo Grinberg-Zylberbaum, neurofisiologista da Universidade do México, e seus colaboradores, além de duas dúzias de outros pesquisadores, apoiam diretamente a ideia da conexão quântica não local entre cérebros humanos; esses experimentos são o equivalente, em cérebros macroscópicos, ao experimento de Aspect no âmbito submicroscópico.

Tipicamente, nesses experimentos, dois sujeitos são instruídos a meditar juntos durante vinte minutos a fim de estabelecer uma "comunicação direta" sem troca de sinais, algo que os físicos quânticos chamam de correlação ou entrelaçamento. Depois, eles entram em gaiolas de Faraday separadas (aparatos que bloqueiam qualquer sinal eletromagnético) enquanto continuam a meditar visando à comunicação direta ao longo do experimento. O cérebro dos sujeitos é conectado a máquinas individuais de eletroencefalograma (EEG). Em seguida, é mostrada a um dos sujeitos uma série de lampejos de luz que produzem atividade elétrica em seu cérebro. Das ondas cerebrais detectadas pelo EEG ligado a esse cérebro, os experimentadores extraem um sinal chamado de potencial evocado, eliminando ruídos com a ajuda de um computador. E é espantoso ver que, em cerca de um a cada quatro casos, a medição do cérebro não estimulado feita através do EEG também mostra atividade elétrica produzindo um sinal no EEG, um potencial "transferido" muito similar, em forma e intensidade, ao potencial evocado (Figura 3a).

Sujeitos de controle que não meditam juntos ou que não conseguem estabelecer e manter comunicação direta nunca exibem potencial transferido (Figura 3b). A explicação mais objetiva é a não localidade quântica — os dois cérebros atuam como um sistema quântico de unidade "correlacionado" ou "entrelaçado" de maneira não local. Em resposta a um estímulo a apenas um dos cérebros correlacionados, a consciência quântica não local manifesta estados quase idênticos nos dois cérebros; daí a semelhança entre os potenciais cerebrais.

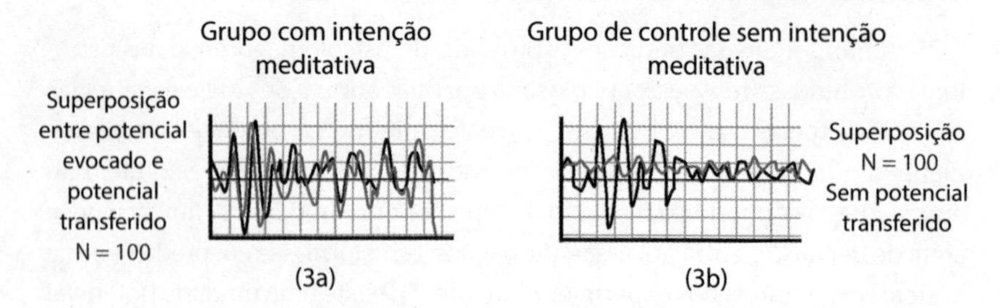

Figura 3. O experimento de Grinberg. a) Sujeitos que meditam com intenção mostram potencial transferido; b) sujeitos de controle: sem potencial transferido.

Evidência cerebral do *self* quântico: sincronia no cérebro e as ondas cerebrais de 40 Hz

As evidências são claras e toda questão sobre o *self* quântico ficou resolvida por dados da neurociência a favor de sua existência.

O potencial evocado mencionado antes em conexão com o experimento do potencial transferido está relacionado com os lampejos de luz exibidos ao sujeito; por esse motivo, também é referido como potencial relacionado com evento (sigla em inglês ERP). Há muitos anos, os dados sobre ondas cerebrais vêm revelando o potencial P300, registrado no couro cabeludo 300 milissegundos após o evento ou estímulo. Geralmente, é considerado um evento inconsciente; entretanto, é precursor de um evento consciente, como um relato verbal feito algumas centenas de milissegundos depois. Em um texto redigido há muitos anos com Jacobo Grinberg, publicado há pouco tempo, especulei que esse ERP P300 tinha de estar associado à percepção primária do *self* quântico e que aquilo que os neurocientistas chamam de evento consciente estaria associado ao nosso ego condicionado.

Recentemente, neurocientistas aprenderam a colocar microeletrodos no cérebro de pacientes humanos epilépticos. Para surpresa dos cientistas, as medições feitas pelos microeletrodos revelaram um pico repentino de aproximadamente 40 Hz (chamado de onda cerebral gama) logo após o P300. Essa é a assinatura da consciência total da percepção-consciente do *self* quântico primário. Por quê? Porque aparatos em áreas distantes do cérebro estão se comunicando simultaneamente em sincronia, sugerindo uma não localidade quântica.

O famoso biólogo Francisco Varela concorda. Em um relatório feito para o Dalai Lama sobre os progressos recentes da neurociência, ele diz:

> Quando realizamos um ato cognitivo — por exemplo, se temos uma percepção visual —, a percepção não é o simples fato de uma imagem na retina. Muitos, muitos pontos do cérebro tornam-se ativos. O grande problema, Sua Santidade, é o modo como essas diversas partes ativas tornam-se coerentes para formar uma unidade. Quando vejo você, o restante de minha experiência — minha postura, meu tom emocional — torna-se uma só unidade. Não há dispersão, com percepção aqui e movimento ali.
>
> Como isso acontece? Imagine que cada um dos pontos do cérebro é como uma nota musical. Ele tem um tom. Por que um tom? Empiricamente, há uma oscilação. Os neurônios do cérebro oscilam por toda parte. Cada um faz *uuummfff* e depois *pffff*. O *uuummfff* acontece quando lugares distintos do cérebro oscilam, tornando-se harmonizados. Quando você tem uma onda aqui, uma onda ali, em pontos diferentes do cérebro, vários se tornam harmonizados e oscilam juntos.
>
> Quando o cérebro entra num padrão — para ter uma percepção ou para fazer um movimento —, a fase dessas oscilações torna-se harmonizada, aquilo que chamamos de travamento de fase. As ondas oscilam juntas em sincronia...
>
> Muitos padrões de oscilação cerebral selecionam-se espontaneamente uns aos outros para criar a melodia; esse é o momento da experiência. É o *uuummfff*. Mas a música é criada sem um maestro. Isso é fundamental. Você não tem um homenzinho lá dizendo: "Agora você e você e você". (Citado em Flanagan *et al.*, 2008, p. 202-203.)

Varela tem razão. Não há homenzinho sentado no fundo do cérebro regendo a sinfonia cerebral. O que existe é um mecanismo brilhante, a consciência do self-quântico identificando-se com o próprio cérebro.

capítulo 1

uma escala da felicidade

A felicidade não é estranha para nenhum de nós; na verdade, ela faz parte de nosso equipamento natal padrão e é nosso estado de existência natural. Além dos prazeres materiais, a felicidade chega a nós de muitas outras formas; por exemplo, pensamentos felizes sobre emoções positivas, satisfação e fluxo. Se você faz um esforço consciente para percorrer esses quatro caminhos — prazeres materiais, emoções positivas, satisfação e fluxo (*flow*) — durante a vida, o resultado será um estado de felicidade. Até aqueles que relacionam a felicidade com o lado material da vida podem experimentar uma dimensão diferente da felicidade ao acolherem o não material, as opções aparentemente esotéricas que, na verdade, estão disponíveis para todos nós.

Certa vez, tive uma discussão interessante com dois pesquisadores notáveis da consciência: Stan Krippner, famoso por suas pesquisas sobre paranormalidade, e Joan Borysenko, psicóloga transpessoal. Stan disse que o que temos de fazer, em termos pragmáticos, é explorar simples e consistentemente esses quatro indicadores da felicidade. Implicitamente, creio que ele disse: Por que se preocupar com uma teoria da felicidade? Do ponto de vista da terapia, Joan expressou mais ou menos a mesma opinião. Nuvens encobrem o sol da felicidade; se você remover as nuvens, mais cedo ou mais tarde a felicidade vai brilhar, mesmo nos momentos mais difíceis.

Vamos nos aprofundar em seus comentários. Primeiro, o lado positivo. Vejamos, por exemplo, a experiência das atividades prazerosas, como a alegria de comer, a alegria do sexo etc. O materialista renitente diria que aquilo que chamamos de alegria é, na verdade, um produto das moléculas de dopamina no cérebro. É estritamente mecânica, e a felicidade nada mais é do que a atividade dos circuitos de prazer que temos no cérebro.

Mas o grupo transpessoal vai dizer o seguinte: por mais que essas atividades prazerosas sejam mecânicas e que sem dúvida tenhamos o envolvimento de circuitos cerebrais condicionados e de moléculas de prazer explosivo, sentimo-nos expandidos após uma refeição fantástica ou uma atividade sexual; ficamos um pouco mais exaltados ou centrados no coração como um efeito colateral de uma bela refeição ou de um encontro sexual muito agradável. Isso pode ser visto como um movimento na direção de um *self* superior, um *self* transpessoal além do ego, e esse movimento, por sua vez, pode nos levar à felicidade.

Logo, ter pensamentos felizes, porque são significativos, leva a uma expansão da consciência – *um movimento na direção do* self *transpessoal* – e assim nos torna felizes? Com certeza, pensamentos felizes são o resultado da ativação de memórias. E é razoável supor que a evocação dessas memórias expande nossa consciência. Contudo, o materialista dirá que pensamentos felizes são felizes porque ativam o circuito de prazer do cérebro.

Quando descobrimos um novo significado, ou mesmo compreendemos a exploração de significado de outra pessoa, como uma obra de arte, perceba que a felicidade está presente, embora não haja memória anterior!

Porém, o materialista, se estudar bastante, não terá reação, pois não equipara a felicidade com as experiências de significado, apenas com o mundo material. Recentemente, houve muita agitação com relação ao fato de os cientistas da computação ainda não terem conseguido construir um computador que processa significado. Nas décadas de 1980 e 1990, o filósofo John Searle e o matemático Sir Roger Penrose demonstraram (eu diria, "provaram") que o processamento de significado é algo praticamente impossível para os computadores. Em contraste com a psicologia positiva de Seligman, que se equivoca sobre a questão do significado, a ciência quântica da felicidade, sem qualquer ambiguidade, dá espaço para o significado, introduzindo a mente não material que processa significado.

Agora, pense no segundo indicador da felicidade: *as emoções positivas*. Sim, as memórias cerebrais podem evocá-las. Além disso, sentimentos no corpo, especialmente na forma de emoções superiores e nobres como o amor sentido no coração, fazem-nos felizes em situações para as quais não há memória cerebral. Afirmo que elas se devem à expansão da consciência! Infelizmente, na cultura ocidental, muitos homens parecem ter aprendido a reprimir universalmente essas emoções e por isso não percorrem com tanta frequência esse caminho para a felicidade. Entretanto, se perguntar às mulheres qual é a principal fonte de felicidade delas, é provável que muitas digam: "quando meu coração está aberto". Elas estão falando do amor, um sentimento nobre.

O terceiro conceito da lista anterior é a *satisfação*, mais especificamente a satisfação de um propósito. Quando realizamos algo com um propósito, sentimo-nos felizes, como a troca de energia que ocorre entre dois homens de negócios ao apertar as mãos após fecharem um contrato. Ou então, usando um exemplo menos prosaico, cantando músicas românticas no chuveiro. Moléculas de dopamina no cérebro, memória cerebral? *Talvez*. Na ciência quântica, associamos satisfação à exploração dos objetos de nossa intuição que chamamos de arquétipos: amor, beleza, verdade, inteireza, abundância etc. A ciência quântica da felicidade sustenta que, sempre que buscamos esses arquétipos, a busca nos dá satisfação. Para os homens de negócios que mencionei antes, o arquétipo é a abundância; para os cantores do chuveiro, o arquétipo é o amor. Experimente e constate por si mesmo. Ser bom para com as pessoas é outro exemplo; evoca a satisfação pelo arquétipo da bondade.

Finalmente, temos o quarto ponto da felicidade, conhecido como *fluxo*. Atletas costumam dizer que "estão na área" e que um desempenho melhorado os deixa felizes. Os psicólogos deram o nome de "fluxo" a essas experiências de felicidade. Nós também temos muitas experiências de fluxo, desde aparar a grama até dançar ou dedicarmo-nos a nosso passatempo predileto. Certa vez, entrei no fluxo enquanto jogava pôquer. Vá entender.

Na nova ciência, é fácil entender o que está acontecendo. Além de nosso ego, temos um *self* quântico transpessoal e superior; quando estamos no fluxo, nossa identidade vai e volta entre o ego e esse *self* quântico, o espírito em nós. Portanto, a alegria do fluxo é, na verdade, a alegria espiritual! Até a atividade física criativa pode nos levar ao fluxo!

Na ciência quântica da felicidade, temos uma ciência que explica essas duas autoidentidades em nosso ser manifestado. Chamamos o *self* superior de *self* quântico, o *self* que vivenciamos espontaneamente quando escolhemos manifestar uma realidade a partir das potencialidades. O *self* quântico é não local, cósmico. Nosso *self*-ego habitual é o resultado do reflexo repetitivo da experiência no espelho da memória. E os neurocientistas concordam que experimentamos o ego após um lapso de tempo de meio segundo, aproximadamente.

Podemos chegar ao *self* quântico num jogo de pôquer? Em geral, não, é claro (a menos que seja seu passatempo predileto), mas naquela vez aconteceu comigo. Eu também estava tendo a misteriosa experiência de conhecer os lances dos meus adversários; em outras palavras, o que estava acontecendo tinha algo de telepático, envolvendo comunicação instantânea e não localidade. Portanto, era o *self* quântico! Não sei explicar como entrei no fluxo; só sei que entrei.

A visão da psicoterapia

Vamos estudar algumas nuvens de infelicidade que encobrem o sol da felicidade. É fácil encontrar vários exemplos de nuvens. Sabemos muito bem, por exemplo, que temos circuitos cerebrais emocionais negativos: ciúmes, raiva, luxúria, competitividade, inveja etc. Quando essas nuvens encobrem nosso céu mental/emocional, sentimo-nos infelizes.

Outro exemplo são traumas de infância ou da vida adulta, como o TEPT, ou transtorno de estresse pós-traumático. Quem não sofreu um pouco com o primeiro ou não ouviu falar do segundo, graças aos inúmeros incidentes de TEPT entre veteranos de guerra?

Outro exemplo, ainda, é o "autocentrismo", visto abundantemente nas *selfies* que se tornaram moda. Sempre que tem uma experiência, nosso "eu" lança uma sombra. Você sabe disso, todos sabem disso. Parte da sombra é formada por padrões de hábito ou traços que chamamos de caráter. Parte da sombra é o "mim", nossa persona. No estágio adulto, geralmente nossa autoexperiência quântica cede lugar a uma experiência eu/mim que chamo de ego/caráter/persona (detalhes mais adiante). Dessa forma, *o autocentrismo excessivo* também bloqueia o sol — a alegria da autoexperiência quântica.

Vamos voltar ao prazer. Você já percebeu que o prazer envolvendo um parceiro, combinado com o autocentrismo, produz a tendência a objetificar o parceiro? Desse modo, o prazer traz felicidade, sem dúvida, mas é diferente da felicidade que sentimos com a expansão da consciência. O prazer com excesso de autocentrismo costuma levar à contração da consciência, que também é uma sombra usada por nosso ego para cobrir o sol da felicidade.

Além disso, os circuitos de prazer do cérebro são acompanhados de circuitos de vício. Vícios brandos, como videogames, mídia digital, celulares e abuso das "redes sociais" (que pode levar a comportamentos antissociais), podem contribuir bastante para a infelicidade. Estudos sobre vícios pesados como álcool, drogas, pornografia e outras distrações profundas estão bem documentados e são um modo garantido de subverter sua capacidade inerente de felicidade.

O convívio com o materialismo científico criou outra nuvem que encobre o sol do *self* quântico: o processamento de informações. As informações consistem em significados de outras pessoas, programados em símbolos. Seu cérebro as acolhe como software, caso você deseje. Logo, se você vive apenas de informação e nem se preocupa em compreender o significado dela, não está mais usando a mente nem seu poder causal para processar o significado e compreendê-lo. Desse modo, o processamento de informações levado ao extremo, tal como fazem muitos jovens hoje em dia, transforma-os literalmente em robôs-f (robôs filosóficos) ou humáquinas (conceitos que apresentei na Introdução) e impede-os de perceber a alegria do significado e do propósito. Nesse sentido, o vício da informação bloqueia o sol do *self* quântico de sua experiência.

Assim, o caminho psicoterapêutico para a felicidade consiste em remover o maior número possível de nuvens. Os psicoterapeutas tentam ajudar seus clientes a removê-las com graus variados de sucesso. Dissipadas as nuvens, todas as experiências de felicidade estão disponíveis para qualquer um que queira ser pragmático sobre elas.

No entanto, talvez não seja tão simples assim. As tradições espirituais oferecem outra perspectiva para aquilo que constitui as nuvens fundamentais que encobrem o sol, consistente nas três dicotomias fundamentais da natureza humana que precisam ser integradas como parte da exploração do arquétipo da inteireza: transcendente-imanente, exterior-interior, homem-mulher. Esta citação de Jesus no Evangelho de Tomé ilustra isso perfeitamente:

> Quando fizerdes de dois um,
> e quando fizerdes o interior como o exterior,
> o exterior como o interior,
> o acima como o embaixo,
> e quando fizerdes
> do macho e da fêmea uma única coisa,
> de forma que o macho não seja mais macho
> nem a fêmea seja mais fêmea,
> ... então, entrareis no Reino [de Deus].

Vamos olhar cientificamente para o vício em substâncias a fim de compreender a importância da integração dessas dicotomias. As pessoas consomem ópio e substâncias relacionadas que preenchem pontos receptores de opiáceos. Porém, moléculas neurotransmissoras como dopamina, produzidas pelo próprio cérebro, também as preenchem! Pense nisso! A alegria do sexo só se revela plenamente quando você presta atenção não apenas no seu orgasmo, como também no prazer do parceiro. Ocupar dessa maneira o cérebro, produzindo dopamina para você se esquecer de seu sofrimento, exige muito trabalho concentrado. As pessoas que tendem ao vício ingerem moléculas de drogas como cocaína para gerar as mesmas moléculas de dopamina no cérebro, algo que não requer esforço com o consumo de drogas exteriores. Infelizmente, porém, as drogas viciam. Além disso, depois que a pessoa começa a consumi-las, a capacidade de produção de dopamina do cérebro fica comprometida. Esse golpe duplo transforma o tratamento psicológico dos vícios em um desafio bem grande.

Um estudo científico mostrou que apenas 5% a 10% dos pacientes encontram ajuda nos tratamentos atuais de cura de vícios, e, nesses casos, sabe-se que os médicos envolvidos foram extraordinariamente compassivos. Sem dúvida, é importante oferecer aos viciados opções mais interessantes para encontrar a felicidade do que o consumo dessas substâncias.

Eis a conclusão: em suas formas atuais, a psicoterapia carece de algumas coisas. Uma delas é a criatividade quântica, um método científico e sistemático de introduzir novas potencialidades no inconsciente para a escolha do viciado, de modo que, com o tempo e com a ajuda de um terapeuta, ele acaba descobrindo a potencialidade de cura específica de que precisa. O outro ponto importante que falta é usar o *arquétipo da inteireza* para a cura; por exemplo, a necessidade de equilibrar as dicotomias fundamentais que foram mencionadas.

Como você verá nos próximos capítulos, a ciência quântica da felicidade pode explicar essas dicotomias e com isso também pode nos ajudar a integrá-las.

As três dicotomias fundamentais

A primeira dicotomia fundamental é a *dicotomia inconsciente-consciente* (que as tradições espirituais chamam de dicotomia transcendente--imanente, acima-abaixo, sagrado-mundano). No inconsciente, somos um; na consciência total da percepção-consciente, vivenciamos a divisão sujeito-objeto.

No entanto, a unidade não é compulsória na visão de mundo quântica; é apenas uma potencialidade. Os materialistas podem tirar proveito disso, preferindo manter-se limitados e declarando que não existe transcendência. Eles criam uma filosofia atraente — coma, beba e seja feliz (pratique sexo e, naturalmente, mantenha acesso fácil à autoestrada da informação) — e conseguem confundir as pessoas, impedindo-as de concretizar a própria potencialidade. Portanto, essa postura também acabou aumentando a dicotomia mundano-sagrado já existente.

A segunda dicotomia fundamental é a *dicotomia exterior-interior*. Experimentamos exteriormente objetos materiais, mas experimentamos sentimentos sutis, significados e arquétipos como objetos interiores. Como explicamos isso? Os materialistas dizem: Não se preocupe! Presumem que tudo é matéria *e isso é tudo o que importa*. Com isso, não precisam prestar atenção na psique, tampouco em experiências puramente interiores como sonhos, sugestões intuitivas e coisas do gênero.

Por fim, a *dicotomia homem-mulher*. Aproximadamente metade da população é de um sexo, e a outra metade é do outro, e os dois sexos processam as coisas de maneira diferente.

Os materialistas dizem que a diferença está no cérebro. Os homens, por exemplo, têm uma contagem de neurônios 4% maior, mas as mulheres têm mais capacidade de formar conexões sinápticas, o que as torna mais capacitadas a realizar várias tarefas ao mesmo tempo — algo muito importante para as mães.

Todavia, as tradições espirituais não veem as diferenças entre homem e mulher dessa maneira. Elas se referem à dicotomia homem-mulher como a *dicotomia cabeça-coração*. Carl Jung teorizou de forma similar sobre os arquétipos da *anima* e do *animus* no inconsciente coletivo. O *animus* é o arquétipo junguiano da potencialidade masculina reprimida nas mulheres; a *anima* é o arquétipo junguiano da potencialidade feminina reprimida nos homens.

As tradições espirituais afirmam que fomos idealizados para desabrochar quando equilibramos e harmonizamos as três polaridades.

A visão de mundo quântica oferece uma explicação para essas dicotomias, mantendo equidade para os dois polos, como você verá nos próximos capítulos. A compreensão desse conceito leva-nos ao caminho do equilíbrio e da harmonia conosco mesmos e com os demais.

Voltando a todos esses meios pragmáticos de obter a felicidade — prazer físico, significado, satisfação e fluxo —, você precisa vê-los como parte do balanceamento dessas dicotomias fundamentais. Quando você complementa a sensação de felicidade obtida pelo prazer físico com atividades que lhe trazem significado e propósito satisfatórios, está equilibrando o exterior e o interior. Quando você está no fluxo, está sendo criativo, e esse é um meio de equilibrar a dicotomia inconsciente-consciente, transcendente-imanente.

Desse modo, na ciência quântica, baseada nos ditames da visão de mundo quântica, podemos explorar a felicidade de todas as formas mencionadas.

1. Vivendo os circuitos de prazer do cérebro, percorrendo o caminho físico. Mas atenção! Esse é um beco sem saída em função de todos esses circuitos cerebrais do vício.
2. Vivendo com sentimentos positivos centralizados nos chakras corporais associados; esse é o caminho vital.
3. Vivendo com foco no significado e em sua compreensão em vez de processar informações; esse é o estilo mental de vida.
4. Vivendo com propósito, guiado por um ou mais arquétipos, desenvolvendo criativamente a inteligência intuitiva; esse é o caminho intuitivo de exploração da felicidade.
5. E, finalmente, vivendo no fluxo enquanto dança com o espírito (o *self* quântico), que é o caminho de vida para uma pessoa de iluminação quântica *no mundo*.

   Vamos acrescentar mais um.
6. A ciência quântica também nos indica o caminho para escapar completamente dos grilhões do mundo, como a psicologia iogue, o caminho da felicidade iluminada *fora deste mundo*.

O espectro de felicidade da ciência quântica

Não é muito difícil explicar o que seria a saúde mental ou a felicidade. Se os componentes do ecossistema da psique — o sujeito (*self*) e os objetos — estão em equilíbrio e harmonia, atuando como um todo, podemos chamar isso de saúde mental perfeita. A escala da saúde mental em termos de qualidade nos indica até que ponto nos aproximamos dessa perfeição. Na década de 1960, o psicólogo Abraham Maslow apresentou uma escala simples de felicidade: patológica, normal e positiva.

No século 21, podemos melhorar isso. Hoje, classificamos as pessoas em níveis crescentes de felicidade, desde o Nível 0 até o Nível 6. Vamos chamar essa escala de espectro da felicidade segundo a ciência quântica (Figura 4).

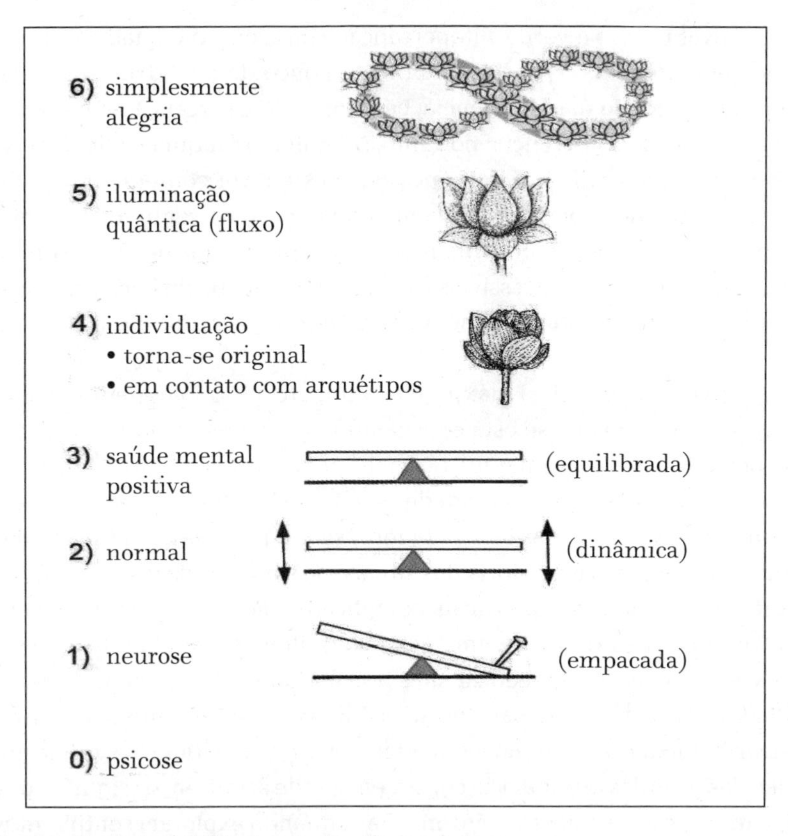

Figura 4. O espectro da felicidade segundo a ciência quântica.

Você pode estimar seu nível de felicidade por meio de sua estabilidade, identificando aproximadamente o tempo que leva para voltar ao normal após uma perturbação ou emoção forte. Em detalhes, os níveis são os seguintes:

Nível 0 – Aqui estão as pessoas suscetíveis à patologia da psicose e da neurose. Diversos fatores, inclusive problemas genéticos e traumas de infância, podem levar à experiência desses níveis mais baixos. O Nível 0 é aquele em que não há praticamente nenhuma autopercepção-consciente ou felicidade; aqui, até o prazer é vivenciado de maneira mecânica ou molecular; a consciência mantém-se contraída. Pessoas nesse nível sofrem de tendências psicóticas. Porém, com quase nenhuma capacidade de focalizar ou meditar, não se disponibilizam para a psicoterapia. Problemas emocionais negativos duram dias, até meses ou anos para esses indivíduos. É isso que torna possível o fenômeno dos assassinos em série.

Nível 1 — É o nível da autopercepção-consciente moderada e de uma felicidade mínima. É possível sentir um pouco de felicidade porque o prazer faz parte de sua experiência, bem como certa percepção-consciente da expansão da consciência; portanto, o resultado é alguma felicidade. A neurose é comum. Felizmente, pessoas nesse nível conseguem prestar certa atenção nos objetos e também podem relaxar e sentir alívio com o retorno da inteireza, embora momentânea e com a ajuda de professores e terapeutas. Assim, são acessíveis à terapia. Quando se abalam, só se acalmam após algumas horas ou, na pior hipótese, após vários dias.

Nível 2 — É o nível máximo de autopercepção-consciente do ego (a consciência de que se está consciente), mas de felicidade moderada. As pessoas psicologicamente "normais" têm felicidade Nível 2, mas na verdade flutuam entre a felicidade Nível 2- e 2+. Na ciência quântica, usamos a expressão "normal" para representar pessoas que podem lidar com suas neuroses na maioria das situações, com a ajuda de uma terapia ocasional quando as coisas ficam complicadas. Pessoas com saúde mental "normal" desfrutam de uma psique equilibrada, sem muitos altos e baixos; são capazes de realizar suas funções habituais de maneira apropriada. Quando as pessoas "normais" lidam com a neurose, ficam no Nível 2-. Quando exploram a felicidade, quando exploram o significado que elas próprias atribuem às coisas, em vez de seguirem os significados de outras pessoas (ou seja, informações), quando exploram sentimentos nobres, estão no Nível 2+.

O mais baixo denominador comum da "normalidade", 2-, é uma personalidade que se digladia com a dinâmica prazer-dor dos circuitos cerebrais de prazer e de emoções negativas e que em tempos mais recentes ficou viciada em informação.

Para o Nível 2, a felicidade ainda é muito focada no prazer, embora não necessariamente mecânico, mas um pouco misturado com sensações no corpo. Ocasionalmente, pessoas desse nível obtêm felicidade explorando significado e propósito e até a alegria do fluxo, em sua maioria físico. Pessoas criativas no mundo — *criatividade exterior* — desfrutam do fluxo em suas atividades criativas, mas elas também flutuam entre 2- e 2+.

Não se iluda: a felicidade das pessoas nesse nível provém principalmente do prazer e das realizações. Elas conseguem manter relacionamentos íntimos, mas muito baseados no vínculo do prazer. Podem se dedicar à criatividade exterior, tanto situacional quanto fundamental; em muitas culturas, os homens conseguem isso mais do que as mulheres. Com um pouco de inspiração e estímulo, podem se dedicar até à criatividade interior ou ao crescimento pessoal, mas só quando usam o contexto de outras pessoas. Em outras palavras, pessoas desse nível se saem melhor tendo um terapeuta ou um guru para funcionar no 2+.

Essas pessoas levam menos tempo para se recuperar de abalos do que os níveis anteriores, mas ainda precisam de alguns minutos ou até horas ou dias (quando, por exemplo, se recuperam de uma discussão com alguém de seu relacionamento íntimo) para se recuperar de um distúrbio emocional.

Nível 3 — É definido quando, geralmente com ajuda, a pessoa desenvolve circuitos cerebrais emocionais positivos e equilibra, até certo ponto, o negativo; assim, adquire certa inteligência emocional. É o estágio inicial da saúde mental positiva. Você se sente mais feliz do que infeliz.

Nesse nível, lidamos conscientemente com nosso crescimento pessoal e autoaperfeiçoamento. Exploramos plenamente nosso potencial humano e trabalhamos na incorporação e expressão dos arquétipos, embora apenas como seguidores (de gurus ou tradições), usando a criatividade situacional. Descobrimos a importância da autenticidade, encontramos certo equilíbrio em nossa dicotomia transcendente-imanente e até um pouco de equilíbrio entre nossas experiências exteriores e interiores.

Nível 4 — Esse é o nível em que nos tornamos indivíduos, com nossa própria visão de pelo menos um arquétipo; o resultado final, que chamo de individuação, é a cooptação de uma expressão de Carl Jung. Pessoas desse nível conseguiram integrar a maior parte das três dicotomias principais em seu modo de vida. Elas vivenciam a felicidade de forma substanciosa (com muito mais felicidade do que infelicidade). A alegria do fluxo entrou em sua vida com destaque; assim, ela vive no fluxo durante certo tempo quase todos os dias.

O indicador que revela o nível dessas pessoas é o fato de se recuperarem rapidamente de abalos emocionais, embora não tanto em relacionamentos íntimos. Estão caminhando rumo ao domínio completo da inteligência emocional.

Além das três dicotomias fundamentais, há ainda as dicotomias arquetípicas associadas aos arquétipos: bom-mau, verdadeiro-falso, belo-feio etc. A culminação da exploração da inteireza se dá quando todas as principais dicotomias fundamentais e arquetípicas são integradas, o que exige a exploração criativa de cada uma delas. Você se torna *original* no modo como acompanha o fluxo com o *self* quântico no Nível 4.

Nível 5 — É a exploração bem-sucedida do arquétipo da inteireza. Desse modo, o Nível 5 é atingido quando as pessoas chegam a dominar todos os arquétipos comuns, exceto o *self* (oito deles: verdade, amor, beleza, abundância, poder, justiça, bondade e inteireza), e atingem a capacidade de viver praticamente dentro do fluxo criativo. Logo, o Nível 5 é uma espécie de "iluminação" (embora não a tradicional), e essas pessoas estão vivendo mais ou menos num estado constante de alegria, a alegria do fluxo de forma livre de conflitos. Em vez de "saírem do jogo do ego", como na iluminação tradicional, as pessoas desse nível ficam no mundo e o servem. No budismo, isso se chama "modo de vida do *bodhisattva*" (palavra sânscrita que significa um intelecto guiado pela criatividade fundamental).

Nível 6 – Começa com a iluminação tradicional, na qual experimentamos a realidade de quem somos de fato (autorrealização) e a tentativa de vivenciá-la. O adepto se estabiliza no Nível 6 quando vive em *Nirvikalpa Samādhi* – um samādhi sem separação, o estado mais exaltado da consciência. As tradições chamam esse estado de *compreensão profunda de Deus*.

É importante lembrar que esse é um *espectro* da felicidade, o que significa que podemos nos mover entre esses diversos níveis. O espectro da felicidade da ciência quântica serve como uma espécie de guia, ajudando-nos a refletir em que ponto de nossa jornada pessoal nós nos situamos. Sua intenção não é categorizar as pessoas em si, mas servir como ferramenta de autorreflexão.

Também é importante notar que gurus ou psicoterapeutas são guias úteis em boa parte desse espectro da felicidade, pelo menos até o Nível 4, embora, após o Nível 3, o papel do guru ou do terapeuta seja o de colaborador, ou então de inspirador.

Para termos um modelo integrativo e consistente da psicologia, que funciona em todos os níveis e orienta as pessoas a progredir em seu nível de felicidade, precisamos de uma ciência unificadora de todos esses níveis de felicidade. Veremos que a nova ciência – a psicologia quântica vista como a ciência quântica da felicidade – nos proporciona essa ciência integral.

capítulo 2

a história de amit: como um físico quântico aprendeu a ser feliz

Minha jornada, iniciada sob a infelicidade e o materialismo científico, não começou pela busca da verdade suprema ou do amor, mas pela procura da inteireza, como reação a questões profundas que devem ter saído de meu *self* quântico. Após "Por que me sinto tão infeliz?" seguiu-se "A física quântica tem alguma relação com a felicidade?".

No começo, eu só queria praticar a física de um modo que fosse relevante para a vida; procurava uma física feliz, uma física que me fizesse feliz, que fosse um subproduto de meus esforços. O que descobri como resultado de cerca de dez anos de pesquisa na visão de mundo quântica foi o seguinte: a consciência é a base de toda existência; todas as nossas experiências provêm de possibilidades da consciência, dentre as quais ela faz sua escolha. Assim, a consciência pode escolher a felicidade no lugar da infelicidade. Concordo com as tradições espirituais que declaram unanimemente que a consciência quer que encontremos a felicidade. Isso foi expressado no adágio "Deus é benevolente". Mas queremos estar sincronizados com o movimento deliberado da consciência. É por isso que suas escolhas tornam-se tão importantes.

Observe a Figura 5, por exemplo. Alguns verão uma mulher jovem; outros, uma idosa. Em 1915, o falecido cartunista britânico

William Ely Hill publicou essa imagem, chamada "Minha esposa e minha sogra". A perspectiva com que você olha determina a imagem que enxerga. Experimente; mude um pouco a perspectiva deslocando a cabeça; mais cedo ou mais tarde, você verá o outro significado emergindo das mesmas linhas. Os significados estão em você; e, tal como na vida, o que você "vê" é o que você "recebe".

Figura 5. Minha esposa e minha sogra (interpretação artística do desenho original de W. E. Hill).

Muitos cientistas negam que tenhamos tal escolha a nosso dispor. Eles aderem à visão de mundo da física newtoniana arcaica, acredite ou não. Há séculos, Newton disse que os corpos materiais se movem de maneira determinista e que a escolha não é um fator. No entanto, Newton estava falando de corpos materiais no mundo macro, e a questão da felicidade é uma questão para nós, seres vivos e sencientes. As leis de Newton são pertinentes ao movimento exterior de corpos no tempo e no espaço físico. A felicidade é uma condição que atribuímos a nosso estado interior — um estado daquilo que chamamos de nossa psique. Por que atribuir as propriedades de maçãs a laranjas?

Se você fosse um físico na década de 1970, mais cedo ou mais tarde a busca pela física feliz iria levá-lo àquilo que chamam de "problema da mensuração quântica". Permita-me explicá-lo antes que desista de ler porque as palavras "mensuração quântica" assustaram você. O conceito de mensuração quântica pode ser tudo, menos assustador. A física quântica diz que objetos são ondas de possibilidades, e alguns físicos renegados da década de 1970, entre os quais um laureado pelo Prêmio Nobel, sugeriam que a consciência está envolvida na conversão das possibilidades em eventos manifestados de experiência quando nós os observamos ou *mensuramos*. Um físico chegou a proclamar que "criamos nossa própria realidade" graças a essa mensuração quântica. Infelizmente, ninguém do mundo da ciência naquela época sabia o que *é* a consciência. O modo com que a ciência convencional pensava na consciência naquela época — um fenômeno do cérebro — deu origem a paradoxos aparentemente insolúveis. Assim, dediquei-me a encontrar uma solução para esses paradoxos, pensando na consciência e em sua relação com a física quântica, especialmente no campo da mensuração quântica.

Quando cheguei à pergunta "O que é a consciência?", não pensei nas tradições espirituais; na época, eu era um materialista convicto. A etimologia sugere que a consciência é nosso veículo de conhecimento. Mas como podemos conhecer aquilo que é fundamental no modo como conhecemos? Percebeu a dificuldade? Na década de 1970, eu era professor de física em uma universidade; tinha acesso a neurocientistas, psicólogos e até filósofos. Mas consultá-los não me ajudou muito; esses campos de conhecimento também tinham seus paradoxos, sempre que a consciência, em seu aspecto subjetivo, entrava na discussão. O problema é que os praticantes desses campos vestiam, de maneira mais ou menos universal, a camisa de força do materialismo científico, com o qual você já está familiarizado. Muito depois, o problema da consciência total da percepção-consciente ficou conhecido como "o problema duro", mas nessa época eu já o havia resolvido.

O que abriu minha mente para pensar na consciência além da linha de partida foi, acima de tudo, uma experiência de *unidade*. Foi tão especial e tão iluminadora que eu a anotei e a transcrevo:

> Numa manhã ensolarada de novembro, estava sentado em silêncio em minha poltrona do escritório praticando *japa*.* Era o sétimo dia após ter iniciado a prática e ainda tinha muita energia sobrando. Após uma hora de *japa*, tive vontade de sair para caminhar na rua. Saindo do escritório, fiquei repetindo deliberadamente o meu mantra; saí do prédio, atravessei a rua e fui até o gramado. Então, o universo abriu-se para mim.

> ... o prado, o bosque, o manancial
> A terra e o que nela se via,

* Meditação com um japamala, ou rosário de contas, feita com a repetição de um mantra. [N. de T.]

Tudo me parecia
Envolto em luz celestial,
Um sonho de esplendor e louçania.*

Parecia que eu era um só com o cosmo, a grama, as árvores, o céu. As sensações estavam presentes; na verdade, ampliadas além do que eu podia crer. Mas essas sensações empalideceram se comparadas com o sentimento amoroso que se seguiu, um amor que envolveu tudo em minha consciência — até que eu perdesse a compreensão do processo. Isso foi ãnanda, a felicidade sublime. Houve um ou dois instantes que não posso descrever, sem pensamentos, sem nem mesmo sentimentos. Depois, foi pura felicidade. Ainda era felicidade enquanto caminhava de volta para meu escritório. Era felicidade quando conversei com nossa impertinente secretária, mas ela estava bela na felicidade e senti amor por ela. Era felicidade quando dei aula para minha grande turma de calouros; o ruído das fileiras do fundo, até o rapaz do fundo que atirou um avião de papel, era felicidade. Era felicidade quando cheguei em casa e [minha esposa] Maggie me abraçou e eu senti que a amava. Foi felicidade mais tarde, quando fizemos amor.
Tudo foi felicidade.

O sentimento de amor e de felicidade não durou muito. No final do segundo dia, ele começou a arrefecer. Quando acordei, na manhã seguinte, já tinha ido embora.

Segundo, o que me ajudou a resolver o problema da mensuração quântica foi o convívio com místicos, pessoas que afirmam que há uma Unidade além de toda a diversidade do mundo observado. As religiões chamam essa Unidade de "Deus" e suas representações populares causam muita confusão, sendo irracionais do ponto de vista científico, de modo geral. No entanto, isso não se aplica aos ensinamentos místicos. Descobri que aquilo que os místicos dizem pode não soar racional, mas não é irracional e não pode ser refutado por argumentos racionais.

Assim, num dia memorável de 1985, enquanto conversava com um místico, descobri que, se concluímos que a consciência é a base de toda existência e que as possibilidades quânticas são possibilidades dentre as quais a própria consciência faz suas escolhas, todos os paradoxos da mensuração quântica se dissolvem como orvalho ao sol matutino. Mais adiante, vou lhe contar os detalhes da história (ver Capítulo 4), mas não demorou para que Henry Stapp, físico de Berkeley, viesse com uma solução similar

* Versão extraída da edição brasileira do livro *William Wordsworth: poesia selecionada*, traduzida por Paulo Vizioli (São Paulo: Mandacaru, 1988). [N. de E.]

e o físico da Universidade Rutgers, Casey Blood, ampliasse as questões envolvidas. Um novo modo de pensar a física quântica e a consciência estava a caminho.

Infelizmente, minha solução foi "inaceitável" para cientistas acadêmicos, psicólogos e filósofos. Mesmo no contexto quântico, a metafísica da primazia da consciência deve ser classificada como idealismo: a consciência nada mais é do que uma ideia, por mais que na física quântica a matéria também seja uma ideia na forma de ondas de possibilidade. Com efeito, chamei o novo ditado de idealismo *monista*; a consciência não é dupla, uma sem a segunda.

Como mencionei antes, em 1982, um grupo de físicos liderados por Alain Aspect já havia demonstrado experimentalmente a existência de tal *unidade*, chamada não localidade quântica. Não localidade é a comunicação sem sinal; se existe apenas Um, quem precisa de sinais para se comunicar? Assim, ficou claro para mim que a filosofia do idealismo monista, como o materialismo científico, também é científica. Pode chamá-la de idealismo científico, se preferir. O materialismo científico é uma filosofia que pode explicar adequadamente os assuntos do âmbito não vivo, mas fica repleto de paradoxos quando aplicado ao que é vivo. Convenci-me de que o idealismo científico é a metafísica apropriada para tudo o que é vivo, inclusive os seres humanos.

Entretanto, no início da década de 1980, os pensadores acadêmicos já haviam expurgado o pensamento idealista das disciplinas acadêmicas, optando pelo materialismo científico em seu lugar. Não se preocuparam com o fato de essa visão ser um dogma exclusivo, que exclui muitos fenômenos estabelecidos empiricamente na biologia, medicina e psicologia, para não mencionar a religião e a espiritualidade. Esse é o poder do dogma sobre a mente humana!

Felizmente, sempre tivemos cientistas renegados em todos os campos, especialmente na psicologia, na qual os novos ramos da psicologia junguiana e transpessoal acolheram a abordagem quântica. Estabeleci um novo paradigma da ciência chamado *ciência dentro da consciência* e comecei a trabalhar na integração das abordagens convencionais e alternativas na biologia, medicina e psicologia, segundo sua influência e seus conceitos.

Nessa tarefa, foi crucial minha descoberta de uma ciência de todas as nossas experiências como resultado de uma série de coincidências (que Carl Jung provavelmente chamaria de *eventos de sincronicidade*). Começaram em 1993, após o lançamento do meu primeiro livro sobre o novo paradigma, *O universo autoconsciente*. Eu estava em meu primeiro programa de rádio quando uma senhora me perguntou: "O que acontece depois que morremos?". Eu não sabia! A pergunta me surpreendeu; apesar de ser professor universitário, obviamente não estava preparado para algo daquela magnitude. É embaraçoso para um acadêmico confessar a ignorância, mas recuperei-me e em pouco tempo esqueci-me da pergunta.

Mais ou menos um mês depois, um teosofista idoso começou a fazer um curso sobre *O universo autoconsciente* comigo. Na verdade, o que aconteceu é que ele começou a encher a *minha* cabeça com ideias teosóficas, como a reencarnação. No começo, não levei o assunto muito a sério. Algum tempo depois, enquanto dormia e sonhava, ouvi alguma coisa. Era como se uma voz falasse comigo. A voz foi ficando cada vez mais forte. Não demorou para se transformar numa ordem, que pude ouvir claramente: "*O livro tibetano dos mortos* está correto; cabe a você provar isso". A ordem foi tão intensa que acabei acordando. *O livro tibetano dos mortos* é um guia para as "experiências" da "alma" sobrevivente entre a morte e o renascimento. Depois desse sonho, comecei a levar a sério a reencarnação e a vida após a morte.

Dois meses depois, uma aluna de pós-graduação em filosofia cujo namorado havia morrido me procurou em meu escritório e me pediu para ajudá-la em seu luto. Eu lhe disse que não era terapeuta ou psicólogo, mas ela insistiu em falar comigo e voltou várias vezes. Um dia, eu estava tentando confortá-la dizendo-lhe que talvez o corpo-mente sutil de seu namorado, bem como sua essência, tudo não físico, naturalmente, teria sobrevivido à morte física, uma ideia que me veio de minha formação hindu, mas que nunca levei a sério por causa do dualismo inerente a ela: Como pode haver uma interação do físico com o não físico sem um mediador? De repente, ocorreu-me uma ideia: suponha que tanto a essência física quanto a sutil de uma pessoa consistam em possibilidades quânticas e a consciência faz sua mediação de forma não local, sem troca de sinais? Isso não resolveria o problema do dualismo e também da sobrevivência à morte? Mais tarde, escrevi um livro chamado *A física da alma: A explicação científica para a reencarnação, a imortalidade e as experiências de quase morte*.

Basta dizer que essa ideia abriu o caminho para tratarmos da ecologia da psique dentro da ciência de uma forma que não tinha sido possível antes. A nova abordagem também me permitiu desenvolver uma teoria da criatividade, oferecendo base científica para o conceito oriental dos chakras, definindo um caminho quântico para o crescimento pessoal e a transformação espiritual e abrindo a porta para o desenvolvimento de uma ciência daquilo que chamamos de iluminação espiritual.

Obviamente, eu estava perto de desenvolver uma abordagem integral para a felicidade dentro da ciência, em que as conexões entre consciência e cérebro, a mente que atribui significados e o cérebro, os sentimentos de energia e os órgãos do corpo, os arquétipos, as intuições, a criatividade e o fluxo requeridos para sua exploração teriam tratamento científico e bem definido. Imaginei que isso seria bem recebido por qualquer pessoa que buscasse significado e propósito na vida, criatividade, crescimento espiritual, felicidade e iluminação espiritual.

Ficaram faltando apenas duas coisas importantes — na verdade, duas questões bem grandes. Em última análise, para encontrar a felicidade, a pessoa precisa se livrar de algumas das infelicidades crônicas que ficam gravadas no cérebro, quer no nascimento, quer na interação com o ambiente à medida que crescemos. Lidar com essa infelicidade embrenhada exige psicoterapia. Logo, a primeira grande questão é: Existe alguma evidência de que a abordagem quântica é relevante para a psicoterapia?

A segunda questão aberta foi mais assustadora ainda. Em 2000, publiquei um livro especificamente sobre a integração entre ciência e espiritualidade, no qual criei a expressão "yoga quântica" referindo-me à integração entre ciência e espiritualidade na vida da pessoa. A jornada da minha vida começou com a ideia da integração e eu vi a yoga quântica — integradora das três dicotomias fundamentais (ver Capítulo 1) — como a exploração do arquétipo da inteireza. Infelizmente, a verdade é que não havia evidências definitivas de que poderíamos usar a yoga quântica para obter essa integração. Sim, criei parte dela com base em tradições de sabedoria espiritual, com a ajuda de alguns mestres da espiritualidade. No entanto, o conceito não estava completo, de modo algum. Foi então que me dei conta da importância das palavras do mestre espiritual Krishnamurti: "A verdade é uma terra sem caminhos". Desde então, tornei-me um praticante sério da criatividade interior, tendo em mente o arquétipo da inteireza. Tenho de usar a yoga quântica primeiro, antes que possa pedir que os outros a usem.

Depois de todos esses anos, posso dizer o seguinte: agi conforme o discurso que preguei, a ponto de perceber que a yoga quântica funciona. Dou detalhes nos capítulos 23 e 24.

Quanto à primeira questão, tive uma surpresa em 2013. Uma jovem psicoterapeuta chamada Sunita Pattani tinha escrito um livro no qual discutia muitos casos em que aplicara ideias quânticas à psicoterapia, provando sua relevância. Sua agente me pediu para escrever o prefácio, o que fiz com alegria, proclamando seu livro como o "primeiro livro" sobre psicologia quântica.* Dois anos depois, conheci Sunita em Londres e decidimos escrever juntos o livro que você está lendo neste momento.

---

* O livro em questão é *The transcendent mind*, publicado no Brasil em 2020 pela editora Aleph, sob o selo Goya, com o título *O poder da mente*. [N. de E.]

No início da década de 1990, participei de uma conferência sobre a consciência em Bangalore, na Índia. Fiz minha apresentação e fui bem recebido. Fiquei muito contente e entusiasmado quando o principal professor espiritual do evento pediu para que eu fosse conhecê-lo. Fui vê-lo com a ideia de que poderíamos ter uma bela discussão intelectual sobre física quântica e de que poderia lhe mostrar as maravilhas da nova integração entre ciência e espiritualidade. Ai de mim! Após as amenidades de praxe, o sujeito me derrubou com esta pergunta: "Diga-me, professor, o que você faz quando está sozinho?". Senti-me acabrunhado. Nessa época, o que eu fazia quando estava sozinho? Como a maioria de vocês, eu não lidava bem com o tédio, que é uma forma branda de infelicidade. Eu também procurava alguma coisa para fazer, pelo menos alguma coisa para entreter meus pensamentos.

Após tantos anos, hoje minha vida é bem diferente. Às vezes, quando estou sozinho, simplesmente relaxo, fico sentado quieto, sem fazer nada. O que antes era tédio tornou-se relaxamento. E, de vez em quando, com toda aquela agitação à minha volta enquanto aguardo meu próximo voo no aeroporto, o fluxo acontece e o mundo desaparece na alegria que me traz. O que causou a mudança? Viver de forma quântica e agir conforme meu discurso. Assim, será que encontrei um modo melhor de viver a vida, sob uma felicidade mais ou menos imaculada?

A resposta é um retumbante "Sim".

Uma confissão final.

Não sou iluminado, nem no sentido quântico (Nível 5), muito menos no sentido tradicional (Nível 6). Porém, despudoradamente, considero-me alguém que atingiu o Nível 4 de felicidade e que está bem adiantado na busca pelo Nível 5. Isso me qualifica (espero!) a contribuir com este livro de forma significativa, não apenas com base na teoria, como também na *experiência*, e afirmo com toda certeza: você também pode criar a felicidade, tal como eu.

capítulo 3

a história de sunita: minha jornada até tornar-me psicoterapeuta quântica

Há duas vozes bem diferentes neste livro: uma é a do físico quântico teórico, dr. Amit Goswami, cuja história você acabou de ler; a outra pertence a mim, Sunita Pattani, psicoterapeuta. Neste ponto, você pode estar se perguntando: o que duas pessoas com formações tão diferentes podem ter em comum? A resposta, pura e simplesmente, é o desejo profundo de compreender quem somos em nosso cerne — pois como podemos esperar que a humanidade atinja um estado de felicidade mais iluminado se nós não compreendermos primeiro a profundidade de nosso próprio ser?

Se alguma coisa ficou aparente para mim desde o começo de minha prática psicoterapêutica foi que o paciente só progride até os limites da experiência e da compreensão de seu terapeuta. Em outras palavras, embora haja uma concordância razoavelmente geral na psicologia (como quanto à existência de uma psique consciente e uma inconsciente), a verdade é que cada psicólogo ou terapeuta vai lhe dizer coisas diferentes em resposta às suas perguntas sobre patologia (bem mais infelicidade do que felicidade), "saúde mental normal" (um bom equilíbrio entre felicidade e infelicidade) e saúde mental positiva (mais felicidade do que infelicidade), dependendo da metafísica que seguem.

Pense nestes três exemplos: Susan me procurou para fazer terapia depois de quatro semanas de reabilitação para tratar de alcoolismo. Embora não estivesse mais bebendo, tinha outros problemas que queria resolver. Quando lhe perguntei como havia conseguido parar de beber, ela me contou que acreditava que seu corpo era um templo que hospedava seu ser interior — *seu espírito*. Essa percepção levou-a a tratar seu corpo com o respeito que ele merecia. Percebi que Susan ficou um pouco hesitante enquanto me falava dessa constatação. Quando lhe perguntei a razão, ela disse que sua terapeuta anterior não tinha entendido o que ela quis dizer ao se referir a seu corpo como um templo. A terapeuta disse a Susan que estava um pouco preocupada com essa analogia, e isso, naturalmente, a deixou pouco à vontade; em suas palavras, ela se sentiu "um pouco tola".

Anna, uma mulher que participou de um de meus workshops, disse-me: "Passei por muitos terapeutas nestes anos todos, mas recentemente encontrei uma psicoterapeuta que foi ótima! Ela me ajudou a lidar com problemas familiares de narcisismo e fiquei espantada com meu progresso. Mas continuei a sentir que estava atingindo uma parede. Tentei explicar a necessidade que sentia em minha mente para ir mais fundo em mim mesma. Falei do desejo que tinha de meditar e de escarafunchar em meu interior, mas esse desejo foi posto de lado. Não estou reclamando, pois essa terapeuta me ensinou aquilo que preciso saber para cuidar de 'mim' e me amar! Foi algo sobre o qual nunca pensei em meus 36 anos de vida. Foi muito empolgante e adorei a ideia de cuidar de mim mesma e de me amar. Mas nunca passou disso: comprar um perfume especial ou me mimar com alguma COISA. Isso reforçou a ideia de que eu não conseguiria chegar até aquela parte mais profunda de mim mesma enquanto não resolvesse tudo e conseguisse ter o peso perfeito e ser uma pessoa melhor para dar início ao processo".

O terceiro exemplo que tenho para compartilhar é pessoal, pois é a minha história. Há alguns anos, sofria terrivelmente por conta de uma compulsão alimentar. Eu me esgotava, e, para ser franca, ela estava literalmente drenando minhas forças. Minha saúde estava seriamente deteriorada e ganhei quase 27 quilos em muito pouco tempo. Meu casamento estava desmoronando, e, para piorar as coisas, minha carreira estava estagnada. Eu estava "quebrada" em muitos níveis, inclusive financeiro.

Para mim, talvez o fator mais frustrante fosse a opinião dos outros, que vinham me dizer que eu precisava perder peso, ter mais força de vontade ou simplesmente "me recompor". As pessoas não entendiam o problema e a terapia convencional não parecia melhorar nada. Livros convencionais de autoajuda sugeriam que eu teria questões emocionais por resolver e que eu precisava encontrar as raízes dessas questões, que, naturalmente, estariam escondidas em algum recôndito de minha infância que eu jamais conseguiria atingir. Tentei todo tipo de solução, inclusive a hipnoterapia, mas no meu caso ela não funcionou.

Com o tempo, curei-me após trabalhar diversas áreas de mim mesma, percebendo que todos os meus aspectos — mental, emocional, físico e espiritual — precisavam de atenção individual. Aprendi a confiar em meu corpo, trabalhar com minha energia e usar minha intuição. Acima de tudo, tive de usar de compaixão e empatia comigo mesma, e, em última análise, precisei acreditar que fui destinada a atingir meu bem-estar.

De diversas maneiras, terapias convencionais como a Terapia Cognitivo-Comportamental (TCC) chegaram perto disso, mas ainda faltou um pouco. Houve uma resposta para minha cura, mas exigiu seriedade e criatividade espiritual.

Esses exemplos ilustram a necessidade de avanços na abordagem da psicoterapia. Pedem-nos para incorporar o espírito, bem como a exploração de anseios profundos, para que nos conheçamos melhor.

Entre meus 25 e trinta e poucos anos, passei por um período complicado, minha "noite escura da alma". Minha saúde, finanças, relacionamentos e carreira estavam com problemas e eu tentava desesperadamente encontrar um meio de fazer com que a vida desse certo. Nesse período, li muitos livros e tentei muitas ferramentas, técnicas e abordagens diferentes — algumas das quais funcionaram e outras quase. Com o tempo, quase no final dessa fase, comecei a estudar psicoterapia, pois a verdade é que ensinamos aquilo que mais precisamos aprender.

Talvez o *insight* mais valioso que obtive com essa experiência tenha sido o fato de que precisava compreender melhor quem eu era, tanto do ponto de vista energético quanto físico. Contudo, ainda não tinha conseguido mesclar esses dois aspectos com a minha prática terapêutica. Isso significa que eu tinha a teoria, mas que havia lacunas em meus conhecimentos práticos e em sua aplicação. Só depois que encontrei uma paciente que não consegui ajudar (por conta de minha falta de habilidade prática) é que as coisas mudaram significativamente para mim. Passei a praticar diversas modalidades e estudei melhor os traumas psicológicos. Com o tempo e a prática, aprendi a usar a visão de mundo quântica para facilitar a autocura dos pacientes e hoje me dedico a pesquisas nesse campo, visando o seu aprimoramento.

Sobre o aconselhamento

Contudo, antes de apresentar mais informações, gostaria de compartilhar um pouco daquilo que aprendi em minha jornada como terapeuta.

- **Comece onde você está**. Numa sociedade em que nos acostumamos a receber satisfação instantaneamente, é importante perceber que, para alguns indivíduos, a cura vai levar algum tempo. Todos nós passamos por traumas e depois nos curamos, de diversas maneiras. No passado, trabalhei com pacientes que sofreram anos de maus-tratos com consequências devastadoras e leva tempo até trabalhar com esses traumas e permitir a cura. Além do fator tempo, é essencial compreender tanto a multiplicidade de experiências como a maneira pela qual se aplicam a você.
- **Não existe um método terapêutico correto**. A psicologia baseada na ciência quântica é uma psicologia inclusiva, que reconhece a importância das diferentes ferramentas e técnicas exigidas no processo de cura. O processo que compartilho com você neste livro é a *minha* interpretação sobre como a psicologia de base quântica pode ser usada para facilitar a cura. Convido sempre os terapeutas a usarem a visão de mundo quântica para fundamentar sua prática, construindo suas ferramentas e habilidades de uma maneira que funcione para eles.
- **Terapia e autoajuda são um amálgama entre arte e ciência**. Ferramentas e técnicas são importantes, mas saber quando utilizá-las é igualmente essencial. Aprender a prestar atenção em seus instintos sobre os pontos a tratar e o ritmo do tratamento é essencial. Geralmente, trabalho com pacientes que assimilam as coisas lentamente, o que é bom.

Começamos a compreender a realidade unitária subjacente de nossa existência quando vivenciamos mudanças profundas em nossa percepção. Nosso foco passa do autosserviço ao serviço da humanidade, quando começamos a encontrar e a incorporar mais de nossos arquétipos fundamentais, como verdade, justiça, amor e inteireza. Sabemos que estamos passando por uma cura profunda quando o amor, a compaixão, a bondade e a unidade tornam-se expressões naturais para nós. Começamos a perceber quem somos de fato. Somos capazes de ver os desafios da vida sob uma nova perspectiva quando começamos a vivenciar um nível mais elevado de felicidade e de paz interior. Essas mudanças profundas são o resultado de nossa manifestação de um novo sentido para a vida, geralmente num novo contexto arquetípico do inconsciente.

Por outro lado, é possível que a pessoa vivencie uma mudança profunda (obtendo mais sabedoria), embora, ainda assim, tenha de enfrentar questões específicas ligadas à cura, como um vício. Por experiência, sei que esse problema pode representar um desafio e tanto.

Em alguns casos, descobri que o uso das ferramentas e técnicas que aprendi em meu treinamento basta para ajudar um paciente a resolver seus problemas. Porém, também tenho observado que, em outros casos, essas abordagens não são suficientes para proporcionar a cura emocional a alguém. Com frequência, os pacientes intuem que a vida tem um propósito mais profundo – algo que conseguem sentir, mas que não são capazes de descrever; um anseio interior ou mesmo um vazio ocasional que não conseguem compreender.

Graças à minha pesquisa pessoal, consegui entender que esses sentimentos sem nome foram estudados por teorias psicológicas anteriores, mas, na minha opinião, nem sempre foram compreendidos plenamente ou considerados na prática porque contêm (aquilo que alguns podem chamar de) um elemento espiritual ou místico.

Tendo optado por trabalhar continuamente em meu desenvolvimento pessoal e por explorar outras áreas de pesquisa na psicologia transpessoal, sinto que obtive uma perspectiva muito mais ampla sobre a cura emocional. Vivenciei pessoalmente tanto mudanças na consciência quanto vislumbres daquilo que considero a verdade e sinto que isso teve um grande impacto na maneira como trabalho como psicoterapeuta com meus pacientes.

Meu treinamento profissional, por si só, não me equipou para conectar--me plenamente com a profundidade da consciência. Foi o questionamento sobre quem realmente sou que me dotou dessa experiência. Além disso, tornei-me consciente de que só posso ajudar meus pacientes até o limite de minha própria compreensão e experiência pessoal.

Vale a pena mencionar que os métodos que escolhi não são o único caminho para propiciar a cura emocional. Cada terapeuta e cada paciente são diferentes e têm seus próprios métodos de trabalho e de reação. O que estou propondo é que, em vez de analisar simplesmente os desafios e o comportamento do indivíduo, devemos começar a fazer a pergunta mais importante: "Quem sou eu?".

Quando começamos a ultrapassar a observação e o gerenciamento do *self*-ego, percebemos que, de fato, não somos apenas esse ego – geralmente uma massa complexa de crenças e de experiências –, mas que adicionalmente somos algo *bem maior*, interconectado com tudo o mais, formando uma verdade universal. A pergunta "Quem sou eu?" pede que expandamos nossa própria percepção-consciente para talvez levar em consideração o ponto onde psicologia, misticismo e ciência se encontram.

Ciência quântica

A ciência quântica nos leva a uma abordagem da psicologia que trata de quem somos em sua essência; logo, ela dá atenção tanto a questões específicas de cura como reconhece a importância das mudanças profundas que as pessoas fazem e que às vezes vivenciam na terapia.

Até pouco tempo, meu trabalho envolveu alguns aspectos de experiências de quase morte, filosofia oriental e parapsicologia. No entanto, faltava a inclusão da física quântica e da psicologia energética. Embora eu estivesse ciente de que a física quântica tinha alguma conexão com a consciência, a perspectiva de incorporá-la ao meu trabalho era extremamente assustadora, pois achava que não compreendia adequadamente o assunto.

Apesar de termos certa familiaridade com o trabalho um do outro, conheci o dr. Amit Goswami em maio de 2015 quando ele estava visitando Londres para ministrar um workshop. Foi nesse encontro que ele compartilhou comigo seu conceito de abordagem integrada entre ciência e espiritualidade, dizendo-me que tinha quase terminado de escrever este manuscrito. Conforme as horas passavam, foi ficando evidente que compartilhávamos a mesma visão de uma abordagem multidisciplinar para a consciência e a felicidade.

Ela exige a exploração multidisciplinar de nós mesmos, algo que inclui a psicologia, a espiritualidade e a física quântica; uma exploração para a qual a ciência quântica da felicidade — desenvolvida e apresentada neste livro — abre as portas.

A etimologia sugere que a doença é um tipo de fragmentação e que a cura consiste em recuperar a inteireza. Seguidores do materialismo científico podem ser cínicos sobre a cura no sentido de conseguir algum tipo de "inteireza". Se o determinismo — a ideia de que somos máquinas materiais seguindo leis determinísticas da física à maneira newtoniana, que, em última análise, determinam nosso comportamento — é válido, então nosso comportamento não pode mudar de maneira fundamental, só modificar-se ou adaptar-se para enfrentar novas situações de vida.

Obviamente, essa abordagem, adaptada por psicoterapeutas cognitivos e behavioristas, não tem potencial de cura em longo prazo. Pode dotar você de formas suportáveis de lidar com seus sintomas, torná-los toleráveis. Mas adicione consciência, livre-arbítrio e criatividade à sua "máquina" em sua ciência e obterá um grande apoio para poder mudar de verdade. Adicione ainda o inconsciente como reservatório de suas potencialidades, antigas e novas; é outro nível de seu ser situado fora do espaço e do tempo, algo de que você não tem consciência, mas que tem o poder causal de afetá-lo. O processamento e o poder causal do inconsciente vão se somar à sua capacidade criativa de mudar.

Adicione à sua ciência as emoções e o conceito de movimentos sutis da energia para afetar seus estados emocionais e obterá suporte para a inteligência emocional — um ingrediente necessário da inteireza psicológica. Some ainda ao repertório de sua ciência estados "superconscientes" de uma consciência superior, além de seu subconsciente condicionado e você obterá ainda mais alavancagem para fazer mudanças e se tornar inteiro. Adicione, então, as intuições que lhe ocorrem como precursoras desses estados superconscientes e acrescente à sua caixa de ferramentas o processo criativo como ciência da manifestação e seu empoderamento será real. É isso que a abordagem quântica da psicologia e a ciência quântica da felicidade lhe permitem fazer. Na verdade, é uma abordagem base do tipo "faça você mesmo", para tornar-se mais feliz de maneira mais consistente.

A verdade é que a prática psicoterapêutica está mudando, pois muitos terapeutas estão começando a reconhecer que as técnicas tradicionais têm uso limitado. No final das contas, a única coisa que nos preocupa como terapeutas é: como posso ajudar meu paciente a se curar? O fato é que hoje muitos estão incorporando à própria prática técnicas como hipnoterapia, Técnica de Libertação Emocional (cuja sigla em inglês é EFT), reimpressão matricial, regressão a vidas passadas e meditação (só para citar algumas) porque FUNCIONAM! Essas abordagens não só nos levam além do materialismo científico para pensar no papel da física quântica no processo de cura, como também sugerem que a física quântica, a psicologia e a espiritualidade se reuniram para ajudar a humanidade a progredir na exploração da felicidade.

Essa integração me permitiu levar para a psicoterapia dois elementos muito importantes que estavam faltando e que exigem mais atenção. Um é a criatividade; o outro é a ideia das três dicotomias fundamentais, que criam barreiras fundamentais em nossa jornada rumo à felicidade e à saúde mental.

O livro

No final do encontro em Londres, Amit e eu decidimos escrever juntos este livro. Ele proporcionaria a explicação científica para a primazia da consciência, delineando como o inconsciente pode ser científico, como as experiências poderiam ser explicadas e como a jornada de transformação de um estado predominantemente infeliz para outro predominantemente feliz pode ser abordada na ciência. Dentre outros fatores, ele também forneceria evidências para a noção de que a consciência é a base de toda existência. Em suma, ele forneceria a teoria científica para uma ciência quântica da felicidade e dados experimentais para apoiá-la. Eu, de minha parte, adicionaria os elementos práticos — as ferramentas necessárias para a aplicação dessa ciência à vida de pessoas comuns que têm neuroses. Pessoas que precisam claramente de terapia antes de poderem abordar os componentes mais elevados e espirituais da felicidade. Para mim, o fator mais importante é conseguir encontrar maneiras de aplicar a teoria à vida cotidiana, visando ao nosso desenvolvimento e ao de nossas futuras gerações. E é minha esperança sincera que este livro, *Psicologia quântica e a ciência da felicidade*, funcione como base para que você faça exatamente isso!

capítulo 4

o inconsciente pode ser científico? a consciência e os dois níveis de realidade da física quântica

Pergunta: O que a consciência e a física quântica têm em comum? A resposta, em uma palavra, é *transcendência*. Vamos explorar essa palavra e sua aplicação a esta obra.

Há milênios, nossos ancestrais não dispunham da instrumentação que temos hoje para estudar o mundo material; assim, os pesquisadores curiosos daquela época passavam o tempo estudando a própria consciência, valendo-se de métodos experimentais como a meditação. E, de vez em quando, um pesquisador vinha com uma declaração como esta: "Existimos não só neste mundo imanente do espaço-tempo, no qual impera a separação, como também em um mundo situado fora do espaço e do tempo, no qual existe apenas unidade; podemos chamá-lo de mundo transcendental. Descobri essa unidade; e depois fiquei repleto de alegria e de felicidade!".

Com o tempo, essas pessoas reuniram muitos apoiadores para suas ideias graças a seguidores que usaram muitas técnicas de marketing (chamadas de religião, cada uma definindo sua marca) de que empresas modernas iriam se orgulhar. Contudo, esses seguidores, preguiçosos demais para meditar, não avaliaram como seria possível experimentar ficar "fora do espaço e do tempo" e por isso interpretaram tudo errado. Com o tempo, esses ensinamentos curiosos passaram a ser chamados de *misticismo*; "ninguém consegue entender os místicos (e os conceitos místicos de unidade e transcendência)" tornou-se a sabedoria dominante em tempos mais recentes. As pessoas começaram a dizer "caia na real" como se houvesse apenas matéria movendo-se no espaço e no tempo — uma realidade, um mundo, objetos separados e independentes, ponto —, e fim de conversa. Como mencionei antes, essa visão moderna é chamada de monismo material.

Os cientistas materialistas têm muita influência hoje. Antes de começar a escrever este capítulo, procurei o conceito de "transcendência" no dicionário de inglês da Universidade de Oxford. O dicionário define a palavra como "existir além da experiência" e "existência além do nível normal ou físico". Não faz menção alguma à consciência na definição.

Evidentemente, os místicos estavam falando da consciência. O âmbito fora do espaço e do tempo é o âmbito da consciência não manifestada, não um mundo duplo. Se um desses místicos antigos se encontrasse com um desses cientistas modernos, explicaria como é fútil tentar compreender a transcendência sem pesquisar a consciência. Os místicos são pessoas relativamente raras atualmente; mas, se você tiver a sorte de conhecer um deles, vão lhe dizer a mesma coisa.

É interessante observar que no final do século 19, quando o monismo material ainda não tinha atingido o status de que desfruta hoje no mundo acadêmico e na mídia, tivemos um gênio científico chamado Sigmund Freud que reviveu o conceito dos dois domínios da realidade: ele chamou esses domínios de *inconsciente* e *consciente*. Sem dúvida, segundo o conceito de Freud, o inconsciente situa-se além da experiência, além de nossa percepção-consciente sujeito-objeto, algo bem similar àquilo que os místicos se referiam como domínio transcendente da consciência. Naturalmente, os cientistas materialistas não gostaram disso. Chamaram a psicologia de Freud de "psicologia vodu".

Na verdade, não podemos culpar nem mesmo as pessoas espiritualizadas por não verem a conexão entre o conceito de Freud e o conceito dos místicos. O inconsciente de Freud é o ponto de onde provêm nossas aberrações mentais, neuroses e psicoses; essa patologia não se aproxima, de modo algum, da experiência da alegria e da felicidade para os místicos.

As ideias de Freud tocaram num ponto popular e hoje todos usam a palavra *inconsciente*. Para piorar as coisas para os materialistas, Carl Jung generalizou ainda mais a psicologia de Freud e declarou que o inconsciente tem não só um aspecto pessoal e "negativo", como também um aspecto coletivo e habitualmente "positivo". Em outras palavras, o inconsciente não é apenas um repertório de memórias pessoais; também *é* um repertório da memória coletiva da humanidade!

Isso eleva o espectro: Será que todos nós temos também um inconsciente compartilhado? Isso se parece muito com o conceito místico da consciência transcendente que não é comum de ser percebida. Assim como Freud, até hoje Jung tem muitos seguidores entre psicólogos e pacientes. É que funciona! Quando você mora numa casa em chamas (uma psique conturbada), não se preocupa com validação metafísica; você quer resultados.

Agora, vamos falar de física quântica. Curiosamente, também no final do século 19, uma raça de cientistas, os físicos, começou a estudar a matéria submicroscópica e a descobrir coisas estranhas a respeito dela. Se você estudar a história da física, descobrirá que a palavra *quantum* significa "uma quantidade discreta", ou seja, a ideia original era que a energia, assim como a matéria, consiste em componentes discretos. No caso da matéria, chamamos esses componentes de partículas elementares; no caso da energia, os componentes são chamados de *quanta* (plural de *quantum*). Infelizmente, tanto energia quanto matéria também mostram um comportamento de onda. Inicialmente, essa dualidade onda-partícula era considerada um paradoxo.

Mais tarde, nas mãos de dois físicos, Werner Heisenberg e Erwin Schrödinger, a física tornou-se praticamente mística. Esses dois físicos descobriram uma equação matemática que governa o comportamento de todos os objetos submicroscópicos da matéria e da energia. A solução dessa equação proporciona-nos ondas, ponto. Isso só pode fazer sentido se você aceitar categoricamente que os objetos quânticos são ondas de possibilidade. Então, elas se tornam objetos concretos de nossa experiência — *partículas* — quando *nós* as observamos (o efeito do observador). Mas onde eles residem antes que os observemos? Residem em *potentia*, o domínio da potencialidade ou possibilidade, disse Heisenberg. Onde fica esse domínio da potencialidade? Deve ser um lugar que transcende espaço e tempo.

Três físicos, Albert Einstein, Boris Podolsky e Nathan Rosen, explicaram (embora eles próprios não aprovassem a explicação) que, se dois objetos quânticos de possibilidade interagem, adquirem uma propriedade estranha chamada *correlação*. Ficam entrelaçados, podendo comunicar-se instantaneamente, embora estejam a galáxias de distância e não estejam mais interagindo (Figura 6).

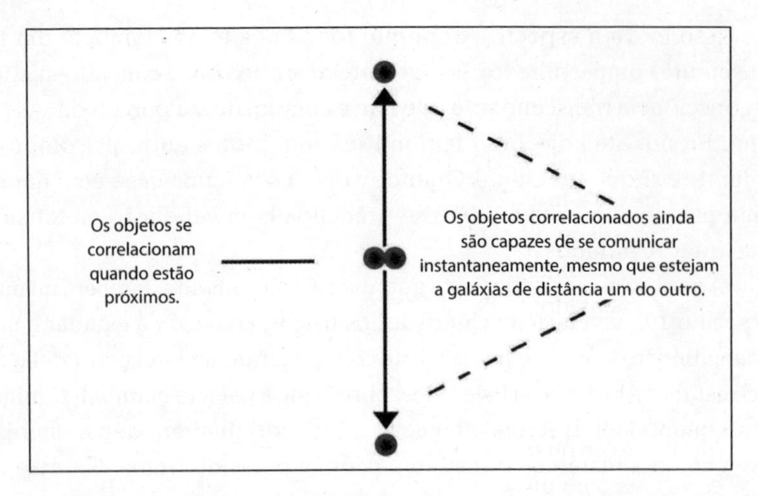

Figura 6. Objetos quânticos, quando correlacionados, podem se comunicar instantaneamente mesmo quando estão à distância, a qualquer distância.

No espaço e no tempo, os objetos comunicam-se com sinais e os sinais movem-se dentro de um limite de velocidade (a velocidade da luz). Essa é a mensagem da teoria da relatividade de Einstein. Assim, Einstein, Podolsky e Rosen pensaram que a física quântica seria contraditória em relação à teoria da relatividade, e por isso não a aprovaram.

Naturalmente, porém, o preconceito os cegou, e para isso há uma explicação simples. É claro que objetos não podem se comunicar mais depressa do que a velocidade da luz quando a comunicação se dá por meio de sinais, como é o caso da comunicação no espaço e no tempo. Suponha, porém, que objetos quânticos estão entrelaçados em unidade no domínio da potencialidade: eles se comunicam sem sinais, *eles são Um*. Você não precisa de sinais para se comunicar consigo mesmo!

Na introdução, como você deve se lembrar, apresentei os conceitos de localidade — a comunicação no espaço e no tempo com a ajuda de sinais — e não localidade — a comunicação sem sinais que ocorre por meio do domínio da potencialidade, fora do espaço e do tempo. A não localidade é um fato observado, o que também se pode dizer do domínio da potencialidade; os físicos precisam se entender com essa realidade.

No entanto, antes que nos adiantemos demais, suponho que você ainda esteja intrigado com um conceito. *O que é uma onda de possibilidades?* Boa pergunta! A física quântica deveria mesmo intrigá-lo. Como disse o físico Niels Bohr, se a física quântica não o chocar, provavelmente é porque você não a compreendeu.

O que é uma onda de possibilidade?

O que significa afirmar que um objeto quântico, como um elétron, por exemplo, é uma onda de possibilidades? Como sabemos disso?

Imagine que um observador liberou um elétron em repouso no meio de um laboratório sem quaisquer forças atuando sobre ele. Imagine que nem a força da gravidade o está puxando; isso torna o conceito mais simples. Bem, as leis de movimento de Newton lhe dizem que o elétron deveria ficar onde o experimentador o liberou. A física quântica diz outra coisa; o elétron é uma onda e as ondas nunca ficam no lugar; elas se expandem. Logo, a onda do elétron deve estar dispersa pela sala em questão de instantes. Para resolver o problema, observamos, medimos, fazemos um experimento.

A observação ou mensuração da posição do elétron exige um aparato experimental, como um contador Geiger, por exemplo. Você já deve ter visto um fazendo *tique-tique-tique* na presença de materiais radiativos. O experimentador instala uma rede tridimensional de contadores Geiger na sala. Eis o que ele descobre: em determinada mensuração, apenas um dos contadores Geiger dispara; o elétron vai aparecer em dado lugar, mas não necessariamente na mesma posição em que foi liberado. Portanto, a física de Newton está errada no caso dos elétrons, mas será que a física quântica é a física certa? *Sim.* Se o observador fizer um número suficientemente grande de experimentos idênticos, as posições mensuradas do elétron vão se parecer com uma curva em forma de sino (Figura 7), conforme as predições da física quântica.

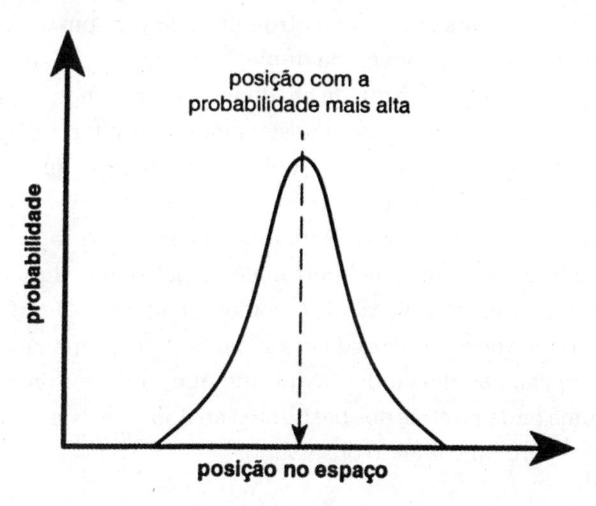

Figura 7. Na distribuição de probabilidade do elétron livre, o traçado das posições do elétron delineando uma curva de sino concorda com a predição da matemática quântica.

Logo, em termos potenciais, em possibilidade, o elétron está em todos os pontos da sala como onda num domínio não local da realidade, que está em toda parte *e* em lugar nenhum; quando mensuramos ou observamos, o elétron se torna uma realidade manifestada, uma partícula, e só se manifesta em um lugar em dada observação.

Alguns instrutores dizem a seus alunos: "Ninguém compreende a física quântica", fazendo da incompreensão da física quântica uma virtude que permite que o aluno tenha sucesso na carreira, usando a física quântica sem compreendê-la. Mas o que você não compreendeu se está pronto para abrir mão da ideia de que só existe um domínio da realidade, ou seja, o espaço-tempo?

Justamente quando pensamos que os elétrons são muito amigáveis (pois fazem onda para nós), descobrimos que a onda vem de outro domínio, onde não podemos vê-los; quando os vemos, não são ondas, são partículas. Ficou desapontado? Ilustrei isso com um experimento mental porque facilita a compreensão. Num experimento concreto, usamos o comportamento conhecido das ondas e verificamos se os elétrons exibem o mesmo comportamento ondulatório. Veja o caso do chamado experimento da fenda dupla. Se você fizer uma onda de água passar por uma tela com duas fendas, uma onda torna-se duas e essas duas ondas se mesclam (um fenômeno chamado de interferência), criando um padrão chamado de padrão de interferência. A onda aumenta em alguns lugares; entre outros lugares, não há onda alguma. Será que os elétrons criam um padrão de interferência num aparato com fenda dupla?

Digamos que lançamos um elétron de cada vez com um emissor de elétrons sobre uma tela com fenda dupla. Novamente, o elétron transforma-se em ondas e depois se divide em duas ondas na fenda dupla; as duas ondas interferem uma na outra e observamos o resultado. Cada elétron chega à placa fotográfica (Figura 8) como uma partícula que obscurece a natureza de onda, como antes.

Mas sabemos o que fazer. Repetimos o experimento; depois que o segundo, o terceiro, o enésimo elétron passa pela fenda dupla (algo que não vemos) e cai sobre a placa, observamos o padrão. Veja só! Conforme previsto, tal como no caso das ondas de água, os elétrons criaram um padrão de interferência, não deixando dúvidas de que cada elétron, individualmente, é uma onda por trás dos bastidores no domínio da potencialidade, tornando-se partícula quando observado.

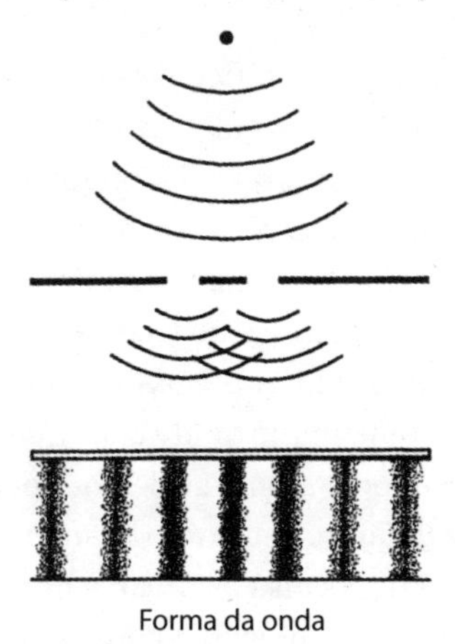

Figura 8. O experimento da fenda dupla para um único elétron, quando repetida para muitos elétrons idênticos, mostra um padrão de interferência de ondas.

Portanto, podemos aludir a outro domínio da realidade e confirmá-lo, transcendente e tudo o mais; mas será tal domínio a consciência, como disseram os místicos há milênios e como afirmam as tradições espirituais ainda existentes? Dizem que esse conhecimento foi mantido através das eras sem qualquer ruptura, pois sempre há alguns "místicos" que constatam a veracidade da transcendência mediante a "experiência" direta, por mais que isso soe paradoxal. Em sânscrito, essa ideia é chamada de *guru parampara*. Os místicos são uma linhagem de videntes contínua, sem ruptura.

Um pouco mais de história. Alguns físicos (fui um deles) perceberam que a mensagem final da transcendência na física quântica tinha de ser a consciência. Até Heisenberg previra isso quando disse que a mudança que ocorre quando mensuramos (observamos) uma onda de potencialidade transformando-se numa partícula manifestada é, na verdade, uma mudança em nosso conhecimento sobre o objeto. E... com qual agente conhecemos? Ele é chamado de *consciência*, o que, etimologicamente, significa um veículo *com o qual se conhece*.

Cheguei à pesquisa da consciência quando ponderei a questão: "Qual é o agente que transforma a possibilidade em realidade manifestada?". Para encurtar a história, a resposta é a consciência, mas só se você define consciência como a base transcendente de toda existência, a base comum para todos os objetos, tal como os místicos pensavam acerca de nosso ser e Carl Jung pensava acerca de nosso inconsciente. A consciência, e não a matéria, é a fundação primária da realidade. Chamo essa metafísica de *idealismo monista*.

Atenção: há algo de muito prático nisso tudo. Como você sabe, conforme tratamos na Introdução, a atual psicologia materialista e o conceito de consciência adotado por eles, ou seja, orientado para o cérebro, é sobretudo uma psicologia negativa. Nosso cérebro tem ligações (é verdade!) geradas através da evolução para emoções negativas — luxúria, raiva, violência, competitividade, dominação e coisas parecidas. Se o cérebro é tudo o que existe e você afirma que é assim mesmo, a negatividade faz parte de seu quinhão; e como muita gente acha que o cérebro é tudo o que existe e insiste em permanecer assim, as pessoas passaram a crer na negatividade (que acaba modelando seu comportamento e sua realidade). No entanto, o cérebro não é uma coisa estática; a neuroplasticidade, a capacidade de mudança do cérebro, hoje é de conhecimento comum. Suponha que somos a consciência imanente no cérebro e também a consciência transcendente por trás do cérebro — o inconsciente; o que acontece? A positividade volta correndo. Podemos equilibrar a negatividade com nossas intuições de positividade do inconsciente (chamadas pelos filósofos antigos de "voz dos anjos"), como amor, bondade e beleza. E depois, abre-se espaço para uma autêntica psicologia positiva.

Sem dúvida, historicamente, a mensagem da psicologia espiritual sempre foi positiva e Carl Jung a introduziu na psicologia moderna. Agora, a física quântica e dados experimentais da não localidade a estão tornando científica.

Como a consciência cria o mundo

Assim, veja o que sabemos: a consciência transforma ondas de possibilidades em partículas manifestadas quando as mensuramos com um contador Geiger. Isso não é tão intrigante, e você pensa: "Por mim, tudo bem". Mas espere... aqui, temos um enigma para as pessoas que acreditam que a consciência é simplesmente um fenômeno cerebral. Um contador Geiger é feito de elétrons e de quarks, ambos ondas de possibilidades; logo, o próprio contador Geiger deve consistir em possibilidades. Uma possibilidade somada a outra possibilidade só geram uma possibilidade maior, nunca uma experiência manifestada. Na verdade, até o observador humano, o cérebro do experimentador, é feito de possíveis partículas elementares, segundo os cientistas materialistas. Quando somado ao elétron e ao contador Geiger, vai gerar ondas de possibilidades ainda maiores, mas não realidade manifestada. Todavia, precisamos aceitar que, na presença de um observador humano, observando um elétron com um monte de contadores

Geiger, um contador Geiger sempre reage com seu tique-tique. Qual a explicação para esse efeito do observador?

Intrigante? Talvez... especialmente se você acredita que o observador humano é uma máquina material; aí o enigma fica sério. Esse paradoxo da mensuração manteve muitos físicos quânticos em claro por noites a fio, durante décadas. O paradoxo e o fato de você ficar intrigado com ele tornam-se ainda mais sérios quando se descobre que é um teorema matemático atribuído ao matemático John von Neumann, segundo o qual nenhuma interação material pode converter possibilidade em realidade manifestada. Vá entender!

Se você é um materialista científico, vai descer ainda mais fundo na proverbial toca do coelho ao perceber que esse paradoxo é fatal para toda a metafísica do materialismo científico, uma vez que a validade e a durabilidade da física quântica acham-se além de qualquer censura. Será que é hora de mudar sua visão de mundo?

Com toda certeza.

O próprio Von Neumann analisou a questão: o observador humano não é feito apenas de partículas elementares; além disso, um observador tem uma consciência não material individual — seu aparato de conhecimento, argumentou. Não sendo material, a consciência do observador está fora dos cálculos de possibilidades da física quântica. Essa consciência não material escolhe uma faceta em meio a ondas multifacetadas de possibilidades e causa o colapso dessa faceta em realidade manifestada; no caso do elétron em nosso experimento mental, uma posição específica.

No entanto, o físico Eugene Wigner mostrou um paradoxo no pensamento de Von Neumann. Suponha que dois observadores estão vendo o mesmo elétron ao mesmo tempo, escolhendo dois contadores Geiger diferentes em duas posições diferentes para sua manifestação. Quem vai escolher? Que escolha vai prevalecer? Se as duas escolhas forem válidas, dois contadores Geiger em dois locais diferentes vão reagir simultaneamente; a experiência contradiz isso. Se uma escolha suplantar a outra porque quem escolheu é o "chefão", o problema passa a ser: quem vai ser o chefão? O paradoxo permanece intacto.

O paradoxo é solucionado se não for a consciência individual de ninguém que escolhe, mas sim uma consciência maior, não local, Una e de todos (Deus?). Parece familiar? É assim que pensam os eruditos espirituais e religiosos.

Um desses pensadores foi o bispo Berkeley, do século 18. Ele era um idealista: acreditava numa filosofia segundo a qual as coisas materiais não são reais de fato; nossas ideias acerca de sua consciência é que são reais, porque, sem essas ideias, como obteríamos as informações sobre as coisas materiais?

Está claro, porém, que também há um problema nessa afirmação. Você já deve ter se intrigado com esse enigma, pois mexe com nossa mente até hoje: se uma árvore cai e produz um som, mas não há ninguém na floresta para ouvi-lo, há ou não o som? Berkeley parece estar dizendo que não deveria haver som porque não há nenhuma pessoa dotada de consciência na floresta. Evidentemente, porém, isso contradiz as leis de causa e efeito de Newton: se a árvore cai, tem de haver um som. Assim, Berkeley explicou: a consciência de Deus sempre estará presente; por isso, sempre haverá um som.

Logo, será que o colapso quântico acontece em função da ação causal de um Deus onipresente? Contudo, isso também é paradoxal; se, como argumentou Berkeley, "Deus sempre está por perto", então as possibilidades quânticas sempre sofreriam colapso, sem deixar espaço para que as ondas de possibilidades se expandam e façam sua mágica ondulatória, experimentalmente demonstrada.

Acontece que em maio de 1985 eu estava conversando sobre tudo isso com o escritor e místico Joel Morwood. Estava falando longamente sobre a consciência, dizendo que, se ela é um fenômeno cerebral, é paradoxal; se a consciência é a consciência imaterial individual, é paradoxal; se a consciência é a consciência-Deus dual e onipresente, é paradoxal! O que um físico quântico precisa fazer para resolver o paradoxo?

O restante é história. Tivemos uma discussão acalorada. Em certo momento, Joel perguntou: "A consciência é anterior ao cérebro *ou* o cérebro é anterior à consciência?".

Respondi todo presunçoso (sou o físico, ele é apenas um cineasta!), "sei tudo sobre isso. Você está falando da não localidade". Com efeito, como disse antes, a não localidade define o domínio da potencialidade quântica, no qual residem ondas de possibilidades; nesse domínio, a comunicação se dá sem sinal, é instantânea. Naturalmente, esse domínio situa-se fora do espaço e do tempo; o que vem antes ou depois não pode ser perguntado.

Joel mostrou-se ácido. "Você tem antolhos científicos na cabeça", disse. Depois, gritou: "Não existe nada senão Deus!".

Se me permite dizer, eu havia escutado essas palavras muitas vezes antes; são do sufismo, mas todos os místicos falam assim. Como disse Jesus: "O reino de Deus está em toda parte". E os Upanishads dizem: *Sarvam Khalydam Brahman* ("tudo é a consciência", em sânscrito). Contudo, daquela vez a minha reação interior foi inesperada, uma surpresa completa para mim mesmo. Estou pensando, suponha que a consciência é a base da existência no domínio da potencialidade e a matéria (inclusive o cérebro do observador) é uma possibilidade da própria consciência; o que vai acontecer? Uma reviravolta de 180 graus em meu modo de pensar? Sim, mas quem se importa? Eu resolvi o problema da mensuração. Se o domínio não local da realidade que chamamos de potencialidade é a consciência — a única, inseparável de suas possibilidades —, então a consciência está escolhendo em si mesma, sem sinal, sem a necessidade de troca de energia, como a expressão "não localidade" já sugere. Tudo de que precisamos para iniciar um novo paradigma é identificar o domínio não local de potencialidade com a própria consciência, tal como pensam os místicos, especialmente no Oriente *e*, quando a consciência escolhe, não só o objeto se manifesta, como também o cérebro e o observador — o sujeito. Então, a consciência se identificou com o cérebro no processo de mensuração.

A importância do observador

Logo, a resposta ao paradoxo criado pela ideia de Berkeley acerca da onipresença de Deus consiste em afirmar o efeito do observador: não só Deus ou a consciência unitária, mas também a presença do observador é necessária para todo evento de colapso quântico. Berkeley estava errado ao afirmar que a consciência-Deus está separada da consciência humana; compreendi que, de algum modo, a consciência-Deus atua através da consciência humana.

Portanto, não existe som de uma árvore caindo, não existe realidade manifestada, a menos que haja um observador para ouvir o som. Mas então, segundo a física quântica, o observador — seu cérebro — é uma potencialidade antes da realidade manifestada; logo, não existe observador manifestado sem uma efetiva manifestação. Essa lógica é circular. É um paradoxo, a menos que você compreenda, como dito antes, que a mensuração quântica consiste em um "cossurgimento dependente" de sujeito e objeto. Sabe da melhor? A expressão "cossurgimento dependente" vem do budismo e foi enunciada há milênios.

Atualmente, muitos cientistas tomam como certo que as pessoas do presente são mais inteligentes que as pessoas do passado. Sério? Os materialistas científicos deixam de lado, convenientemente, a importância do efeito do observador. Eles continuam a achar que a manifestação da realidade quântica é apenas a manifestação do objeto. Se fosse assim, poderiam fazer suposições *ad hoc* para distrair e confundir o coitado do leigo.

A mais conhecida dessas distrações é chamada de Interpretação de Muitos Mundos (IMM) da mensuração quântica. Suponha que no momento da mensuração, o universo se divide em muitos universos paralelos diferentes, contendo cada um a manifestação de uma das facetas de potencialidade; em outras palavras, no lugar de um evento de "manifestação", todas as potencialidades se efetivam em algum dos muitos mundos. Não há necessidade de invocar um agente de manifestação. Numa das versões mais recentes dessa teoria, inclui-se até o cérebro do observador; cada um dos universos contém o estado cerebral apropriado do observador.

De acordo com meu entendimento, os materialistas científicos não estão compreendendo o problema. Estão equivocados quanto ao sujeito. A verdadeira questão é: Como o cérebro se torna o *self* ou sujeito da experiência do objeto, que é o que distingue uma mensuração de uma mera interação? Novamente, surge aquela questão difícil.

Após a manifestação, vê-se que a consciência se identificou com o cérebro, tornando-se o observador manifestado que ouve o tique-tique do elétron no contador Geiger e relata, na primeira pessoa, "Ouço o tique". Assim, o cérebro precisa ser especial para capturar a consciência desse modo. Essa coisa especial no cérebro é o que chamo de hierarquia entrelaçada, ou emaranhada — um entrelaçamento de dois aparatos cerebrais que conseguem capturar a consciência quando ela entra no cérebro para olhar por intermédio dele, de modo que o cérebro adquire um *self*, uma representação da consciência.

Em uma hierarquia simples, um nível causa o outro, num relacionamento linear. Uma hierarquia entrelaçada é um relacionamento circular: um nível cria o outro e por isso não se sabe qual está acima de qual. A pergunta sobre a galinha ou o ovo ("quem veio primeiro?") é semelhante à hierarquia entrelaçada. Talvez você já tenha visto a tirinha do Charlie Brown ("Minduim", no Brasil) na qual Charlie Brown diz à sua amiga psiquiatra, Lucy: "Como posso corrigir algumas de minhas falhas?". E Lucy diz: "Sabe por que você tem falhas, Charlie Brown? São suas fraquezas! São suas fraquezas que causam suas falhas". "Bem, e como posso curar minhas fraquezas?", pergunta Charlie Brown. "Você precisa se livrar dessas falhas." Podemos ver a circularidade causal nesse diálogo divertido.

A ideia de que uma hierarquia entrelaçada em nosso cérebro é crucial para resolver o problema da mensuração quântica me ocorreu enquanto lia o livro de Doug Hofstadter, *Gödel, Escher, Bach: An Eternal Golden Braid*,* em 1981. A ideia de Hofstadter era a construção de um programa de computador de inteligência artificial autoconsciente, e nesse campo a ideia não progrediu. Minha intuição me disse que a ideia era correta para pensar sobre o cérebro, para resolver o problema da mensuração quântica.

Eu disse antes que, mesmo depois de reconhecer que a consciência, e não a matéria, é a base da existência, resta um paradoxo com o efeito do

* Publicado no Brasil como *Gödel, Escher, Bach: Um entrelaçamento de gênios brilhantes*. Brasília: UnB, 2000. [N. de T.]

observador que lembra a circularidade: sem observador manifestado, não há manifestação; sem manifestação, não há observador manifestado! A resposta é que a razão pela qual o colapso ocorre na presença do cérebro de um observador, mas não de um contador Geiger, é que o cérebro contém uma hierarquia entrelaçada como parte de si.

Como a hierarquia entrelaçada confere autoidentidade? Acompanhando Hofstadter, pense na frase do mentiroso: "Eu sou mentiroso". Uma frase comum conteria uma hierarquia simples: na frase "Eu sou um escritor", o predicado "escritor" qualifica o sujeito "eu" de uma vez por todas. Mas perceba a circularidade na frase do mentiroso: o predicado final qualifica o sujeito, mas ocorre uma contradição que chama nossa atenção novamente para o começo. "Se eu sou mentiroso, estou dizendo a verdade", uma contradição; e essa contradição continua: "Se estou dizendo a verdade, sou um mentiroso e então estarei dizendo a verdade", *ad infinitum*.

É o seguinte. Se você entrar na circularidade da frase e identificar-se com a circularidade, a tendência é ficar preso nela. Experimente; você vai pensar que está incorporado na frase. Naturalmente, neste caso, será fácil para você sair do ciclo eterno. Afinal, foi sua aceitação aprendida e universal das regras gramaticais que o meteram nisso. Em termos técnicos, você pertence ao nível "inviolado" da gramática do português implícita aonde a frase não pode ir, mas você pode.

Logo, a ideia que me ocorreu foi esta: se o cérebro tem um sistema hierárquico entrelaçado em seu interior, então, quando a consciência entra nele com a ideia de olhar por seu intermédio e tenta escolher em meio às suas possíveis facetas, ela fica presa; a escolha manifesta o estado cerebral, mas a consciência se identifica com ele e se considera separada dos outros objetos manifestados para os quais o observador está olhando, como o contador Geiger e o elétron. O sujeito/*self* que observa e os objetos observados cossurgem na percepção-consciente mediante a manifestação quântica.

Isso funciona. Nos eventos de percepção, o cérebro de quem percebe é sempre um dos objetos envolvidos, mas o observador nunca experimenta o cérebro separadamente do *self*. O cérebro que experimenta e o *self* são como a pintura e a tela. Não se pode separar um do outro.

No caso da frase do mentiroso, pertencemos realmente ao nível inviolado e assim a identificação com a frase é fingida; podemos deixar de nos identificarmos com a frase à vontade. No caso do cérebro, o nível inviolado é nosso inconsciente; não podemos ir lá e preservar nossa separação e percepção-consciente, e por isso nossa identificação com o cérebro na experiência manifestada é total: não podemos sair da identificação só porque queremos ou porque conhecemos o mecanismo por detrás de nossa identificação. Ganhamos alguma coisa, um *self*, e isso é imenso. Contudo, também perdemos alguma coisa; desenvolvemos o princípio de uma ignorância acerca de quem somos, uma espécie de esquecimento.

A frase do mentiroso tem dois níveis para criar o entrelaçamento — o sujeito e o predicado; quais são os dois níveis da hierarquia entrelaçada do cérebro? Um dia, estava lendo um artigo da neurofilósofa Susan Blackmore no qual ela diz que a percepção e a memória são um par conectado circularmente; a percepção precisa da memória para operar, e a memória precisa da percepção. O comentário de Blackmore me ajudou a identificar os dois níveis da hierarquia entrelaçada do cérebro como os aparatos de percepção e de memória.

Percepção e memória são a dupla de parceiros da hierarquia entrelaçada do cérebro: não existe memória sem percepção; não existe percepção sem memória. Finja que você é a consciência. Adentre o entrelaçamento com a ideia de escolher e manifestar. Por onde você começa? Digamos que começa com o aparato de percepção. No entanto, não vai conseguir; a percepção manifestada exige a memória manifestada para ser operacional. Assim, você desloca a atenção para a memória e tenta manifestá-la. Isso, porém, também não vai funcionar, pois não há percepção manifestada para memorizar. Logo, você fica preso no cérebro, indo e voltando entre os dois aparatos. Em função de sua hierarquia entrelaçada, o cérebro adquiriu um *self* que se vê como separado de quaisquer outros objetos de percepção.

Obviamente, a resposta para o enigma acerca do que se deve manifestar para dar início ao processo da manifestação de uma hierarquia circular é: 1) a consciência encarregada do domínio inconsciente da potencialidade manifesta ambas concretamente; 2) o inconsciente é o nível inviolado e 3) a manifestação é não local. E "você" pode ir lá, mas o cérebro vai com você e ambos se tornam potencialidade.

Portanto, no frigir dos ovos, percepção e memória manifestam-se de um só golpe pelo ato da causação descendente, e esse ato causa o surgimento da memória criando a percepção e da percepção criando a memória!

Logo, a experiência do *self* do processamento hierarquicamente entrelaçado no cérebro, o sujeito da experiência da divisão sujeito-objeto em sua iminência, é sempre nova; não existe memória prévia dele. Ele não tem individualidade, ele é cósmico. É por isso que o chamo de *self quântico* (que em sânscrito corresponde a *atman*; a palavra sânscrita para a experiência imediata do *self* quântico é chamada *Samadhi*). A resposta do *self* quântico a um estímulo é sempre espontânea. Os psicólogos transpessoais chamam o *self* quântico de *self* transpessoal.

Um comentário de passagem para o conhecedor: se você está se perguntando como o cérebro, um objeto macroscópico na temperatura ambiente, pode ter estados macroscopicamente distintos para a escolha da consciência, ou seja, como o cérebro pode ser quântico, não se preocupe. Resolvi esse problema enquanto pesquisava a neurociência quântica. Em síntese, a percepção exige a cognição, o uso de um aparato de "conhecimento" — sentimento ou pensamento — e é o acoplamento do cérebro ao órgão vital de sentimento e ao órgão mental de pensamento que faz do cérebro um cérebro quântico.

O segredo

Agora, você descobriu o segredo do universo: *você cria sua própria realidade.* Por que não usa seu poder criativo para manifestar seu carro preferido, uma casa maior, uma conta bancária ilimitada, todas as coisas que você sempre desejou? Na década de 1970, quando o físico Fred Alan Wolf pronunciou essa sabedoria, "nós criamos nossa própria realidade", seitas religiosas começaram a ensiná-la e alguns praticantes do movimento do potencial humano ministraram workshops. Na verdade, participei de um desses workshops chamado *Fonte da vida* e tentei aprender a arte de encontrar uma vaga para estacionar meu carro no centro da cidade de Portland, Oregon, local onde estava ocorrendo o evento; por sinal, nunca consegui criar uma vaga. Dirigi até o centro da cidade cinco dias consecutivos cheio de esperança, mas frustrado porque todas as vezes tive de pagar por um estacionamento.

Novamente, você, em seu ego consciente, não cria a realidade; não é isso que a física quântica está dizendo. O poder está presente, mas no domínio transcendente, na forma de causação descendente. E a física quântica faz o certo, mostra-nos como o poder entra em jogo. O poder está na escolha, em nossa liberdade de escolher criativamente dentre as possibilidades quânticas que nos são oferecidas. Uma vez mais, perceba a natureza não trivial do universo material. São as interações materiais e sua causação ascendente que criam as possibilidades materiais que processamos no inconsciente e, dentre elas, a consciência não local faz sua escolha para um evento físico. Tanto a causação ascendente quanto a descendente são importantes para criar o mundo material.

Logo, as questões da manifestação para o ego são: como me torno criativo? Como obtenho acesso à consciência não local e seu poder de causação descendente? Posso usar esse acesso e o poder causal para me tornar cada vez mais feliz? Como?

O tao e a ciência da felicidade

Há algumas décadas, o físico Fritjof Capra escreveu um livro com um ótimo título: *O tao da física*. O livro teve um efeito considerável no desenvolvimento dessa nova ciência, substituindo a velha ciência materialista.

O que é o tao da física? A resposta de Fritjof é bem extensa. Será que só existe uma resposta incrivelmente longa para a enunciação do tao da felicidade?

Creio que não. No taoismo chinês original, tao significa a base absoluta da existência. O tao vem até nós em duas modalidades, o yin transcendente e o yang imanente, diz Lao Tse, o grande mestre. Assim, na linguagem da física quântica, tao é a consciência como a base da existência, yin nos leva a ondas de possibilidade transcendentes, yang é o movimento em sua manifestação imanente. Em termos de processamento, ocorre da seguinte maneira: processamos yin com a imobilidade e usamos yang para desenvolver diversos movimentos condicionados. Logo, no processo criativo, yang representa nosso movimento, *do-do-do* (fazer-fazer-fazer), yin representa a imobilidade, *be* (ser). E a criatividade floresce quando alternamos um e outro: *do-be-do-be-do* (fazer-ser-fazer-ser-fazer).

A essência da ciência taoista da felicidade é esta: na natureza das coisas e na maneira como mudam, veremos sempre desequilíbrios entre yin e yang. Esses desequilíbrios nos trazem sofrimento e infelicidade. A receita para a inteireza ou a felicidade é simples: equilibre e harmonize yin e yang.

Que fique registrado: a ciência quântica da felicidade que desenvolvemos aqui concorda com isso. *Yang* é movimento, impulso para fazer; *yin* é quietude, ser. Para nosso bem-estar, temos de usar ambos de maneira harmonizada. O tao da felicidade quântica é atingido quando desenvolvemos a capacidade de viver nessa harmonia, chamada por alguns psicólogos de "experiência do fluxo", que mencionamos antes.

Falta tratar de uma ponta solta. O paradoxo da experiência mística da Unidade, o paradoxo com o qual demos início a este capítulo. No entanto, não se preocupe, continue a ler e tudo será revelado ao virar as páginas.

capítulo 5

a alegação dos místicos: a experiência do inconsciente

A expressão "consciência" entrou no vocabulário humano (por meio da palavra sânscrita *Brahman*; a palavra inglesa é relativamente recente) porque os místicos afirmaram que tiveram a experiência da "Unidade", um estado sem separação, sem divisão sujeito-objeto, algo que hoje chamamos de estado do "inconsciente". Em sânscrito, essas supostas "experiências" são chamadas de *Nirvikalpa Samadhi* (Samadhi sem separação entre sujeito e objeto). Em contraste, experiências espontâneas envolvendo o *self* quântico são chamadas *Savikalpa Samadhi*, Samadhi com separação, Samadhi com divisão sujeito-objeto.

Aqui, o paradoxo é bem tangível. Um místico que conheci, o filósofo Franklin Merrell-Wolff, usava a palavra *imperiência*, que ele inventou, como forma de distinguir e aclarar os dois Samadhis, a experiência de Savikalpa e a imperiência de Nirvikalpa.

O paradoxo do Nirvikalpa me intrigou durante anos. O motivo de ter tentado compreendê-lo é que, se a alegação dos místicos estiver correta, então a imperiência está comprovando a assertiva metafísica da visão de mundo quântica — a consciência é a base de toda a existência. Já se disse que nunca podemos comprovar plenamente uma verdade metafísica, mas eis uma. A visão de mundo quântica é uma exceção: é uma "metafísica experimental" (expressão criada pelo filósofo Abner Shimony).

Então, certo dia, ocorreu-me a resposta. O Nirvikalpa por trás da experiência do cérebro é algo incrível para a maioria dos cientistas, como também pode ser para você. Mas observe o fenômeno pela sabedoria da física quântica, o conceito da escolha retardada; você vai se espantar com aquilo que irá descobrir.

O experimento da escolha retardada

O físico John Wheeler sugeriu um experimento para demonstrar que a escolha consciente é crucial na modelagem da realidade manifestada, mesmo que com base retardada. É o chamado *experimento da escolha retardada* devidamente comprovado em laboratório.

Para compreender melhor o conceito da escolha retardada, considere o experimento no mundo macro realizado com sucesso pelo físico e parapsicólogo Helmut Schmidt e seus colaboradores em 1993.

Originalmente, há anos Schmidt vinha estudando a psicocinese — a movimentação da matéria mediante intenção consciente — com algum sucesso. Alguns desses experimentos envolviam geradores de números aleatórios, que criam sequências aleatórias de "zeros" e "uns" usando processos aleatórios de decaimento radioativo.

Seu experimento de 1993 foi revolucionário porque, com tremenda engenhosidade, Schmidt conseguiu combinar seus experimentos de psicocinese com geradores de números aleatórios e a ideia do experimento da escolha retardada. Nesse experimento, o decaimento radioativo foi detectado por contadores eletrônicos, resultando na geração computadorizada de sequências de números aleatórios que ficaram registrados em discos de computador. Com extremo cuidado — assegurando-se de que nenhum observador os veria —, o computador produziu uma listagem impressa dos resultados; depois, a lista impressa foi selada mecanicamente e só então um ser humano enviou o envelope lacrado para um pesquisador independente, que manteve intacto o lacre.

Alguns meses depois, o pesquisador independente instruiu os sensitivos a tentar influenciar os números aleatórios gerados numa direção específica, para produzirem mais "zeros" ou mais "uns". Os sensitivos tentaram influenciar a sequência de números aleatórios na direção proposta pelo pesquisador independente. Só depois de terem completado esse estágio é que o pesquisador independente abriu o envelope lacrado para conferir a listagem impressa e ver se houve um desvio na direção instruída.

Schmidt encontrou um efeito estatisticamente significativo. De algum modo, seus sensitivos conseguiram influenciar até um objeto macroscópico, uma listagem impressa de dados que, segundo a sabedoria convencional, fora obtida meses antes. A conclusão é inevitável e irrefutável. Todos os objetos num liame causal permanecem em possibilidade, mesmo objetos macroscópicos, até que a consciência faça uma escolha dentre as possibilidades e ocorra um evento de manifestação. Então, tudo se manifesta retroativamente, recuando no tempo.

Assim, a explicação da experiência de Nirvikalpa Samadhi dos místicos é encontrada na escolha retardada.

Os místicos Nirvikalpa extraem suas "imperiências" do aspecto mais rarefeito do inconsciente — o inconsciente quântico previamente imanifestado. Segundo as lendas, há dois tipos de Nirvikalpa. No primeiro tipo, os místicos falam de imagens dos arquétipos da época platônica — deuses e deusas no hinduísmo, anjos e arcanjos no cristianismo, os arquétipos junguianos na psicologia moderna. Um excelente exemplo são os repetidos encontros do místico indiano Ramakrishna com a Deusa Kali.

Contudo, o mesmo Ramakrishna, depois de ouvir uma yoguini dizer que existe um "Samadhi ainda mais elevado" do que esse, esforçou-se e teve uma imperiência sem qualquer qualificação, pois contou que não era possível descrevê-la. Obviamente, essa é a consciência suprema, por assim dizer. Situa-se até além mesmo dos arquétipos, além das leis da física, além da física quântica. Esse é o Nirvikalpa do segundo tipo e não há palavras que possam descrevê-lo com precisão.

O Nirvikalpa do primeiro tipo é o estado mais elevado de felicidade em nossa escala, o Nível 6. Ele é chamado em sânscrito de *Turiya*, ou quarto estado da consciência, além dos três que nos são familiares — vigília, sonho e sono profundo. Essa é a "base do ser" fundamental da física quântica.

Nossas lendas nos dizem que, quando os místicos voltam do Nirvikalpa para a consciência cotidiana, sentem-se tão felizes que as pessoas próximas conseguem sentir; elas também são afetadas pela energia.

Para aqueles que são aficionados pela ciência quântica, a melhor parte da documentação do Nirvikalpa Samadhi é que ela demonstra a viabilidade de uma comprovação experimental da metafísica da ciência quântica; em princípio, todos podem "ver" por si mesmos, superando a perspectiva egoica da negação.

Temos outros casos de fenômenos de escolha retardada em nossas experiências? Um exemplo é o modo como obtemos a pré-consciência — a zona entre o inconsciente e a consciência total da percepção-consciente normal. Outro ótimo exemplo é a experiência de quase morte ou EQM. Já escrevi sobre a EQM e seu significado em muitos de meus livros anteriores.

capítulo 6

a multiplicidade de nossas experiências

Há milênios, na Índia, um menino curioso perguntou a seu pai, um professor sábio:

— Pai, qual é a natureza da realidade?

O pai, embora contente com a pergunta, não a respondeu diretamente:

— Por que você não medita e descobre sozinho?

O filho meditou um pouco, teve uma ideia e procurou pelo pai para confirmá-la.

— A realidade é a matéria, as coisas que constituem o meu corpo, as coisas que formam a comida que como.

— Sim — o pai aprovou —, mas medite um pouco mais.

O menino se afastou, meditou e, após algum tempo, certamente com base em sua experiência, teve outra ideia.

— A realidade é o corpo vital, que contém a energia que sinto, a vitalidade — declarou então a seu pai.

O pai aprovou, mas o incentivou a meditar um pouco mais. O garoto fez o que lhe foi dito; não tardou em ter outra ideia.

— A realidade é a mente, o veículo com o qual pensamos e exploramos o significado, meu pai.

O pai disse:

— Sim, mas vá mais fundo.

O filho estava determinado. Desta vez, meditou, meditou até ter calafrios na espinha e descobrir a *intuição*; rapidamente, foi até seu pai.

— Pai, pai. Descobri, descobri! A realidade são as coisas das quais vêm nossas ciências, o contexto daquilo que a matéria faz, aquilo de que tratam os movimentos da energia vital, os contextos de nossos pensamentos, até os valores pelos quais devemos viver.

Naturalmente, estava falando dos arquétipos. O rosto de seu pai se iluminou com um sorriso. Mas ele disse:

— Bom. Mas vá ainda mais fundo, meu filho.

O menino, então, estava realmente motivado; meditou mais e descobriu *a unidade de tudo*, viu que a realidade é uma só, sem limites ou fronteiras. Seu ser se encheu de alegria e a certeza o invadiu. *É isso*. Ele não procurou mais pelo pai, não precisava confirmar aquilo que agora conhecia como... a *verdade*.

Essa história é dos Upanishads. Provavelmente, é a referência mais antiga aos quatro tipos de experiência — sensação, sentimento, pensamento e intuição — e aos quatro tipos de corpos que possuímos e com os quais vivenciamos essas quatro coisas. A última descoberta é a da própria unidade, a *consciência*, a base de toda existência, consistente em todos esses quatro mundos de potencialidades, tal como o jargão quântico os denomina hoje em dia.

Dessas quatro experiências, a física — *sensação* — é bem óbvia, mas as outras não são. Não é fácil sentir nossas energias vitais no corpo, sentimentos puros. Geralmente, os sentimentos são vivenciados junto com pensamentos — objetos que chamamos de emoções. Só quando desenvolvemos a sensibilidade do corpo é que podemos ter sentimentos puros. Hoje, não estamos em contato com nosso corpo como poderíamos estar; somos criaturas muito centradas no cérebro. A respeito de um de seus personagens, James Joyce escreveu: "O sr. Duffy vive a uma pequena distância de seu corpo". Hoje em dia, todos nós somos o "sr. Duffy" em maior grau (homens) e a "sra. Duffy" em menor grau (mulheres). Você pode pensar que a existência da mente seria fácil de entender, pois estamos sempre pensando. Não precisamos de uma mente para pensar? O pensamento está associado ao cérebro; como sabemos que o pensamento não provém do próprio cérebro?

Quanto à intuição, é uma experiência um tanto fugaz; afinal, só a descobrimos se levamos a cabo um pensamento intuitivo — esses pensamentos especiais que são acompanhados por uma sensação gutural que, embora quase nunca seja racional, tem um quê de veracidade! Devemos levar a sério nossas intuições? Elas existem mesmo? Para descobrir, precisamos de paciência, meditação e criatividade.

Na psicologia moderna, Carl Jung acabou descobrindo a natureza quádrupla das experiências de um modo bem diferente. Jung estava estudando os tipos de personalidade com os quais as pessoas processam suas experiências. Descobriu quatro tipos: sensação, sentimento, pensamento e intuição. As personalidades baseadas na sensação veem o mundo através dos sentidos, valorizando principalmente o físico. Os tipos focados nos sentimentos prezam essas experiências acima das demais. O tipo centrado no pensamento é dominado pela racionalidade. Finalmente, os tipos intuitivos vivem a vida com base em suas intuições, uma compreensão que ultrapassa o raciocínio consciente.

A boa notícia é que hoje a ciência quântica está conferindo validade para aquilo que os autores dos Upanishads descobriram por meio de meditação e criatividade e que Jung descobriu por meio de dados empíricos. Desse modo, a ciência quântica, que pressupõe a natureza quádrupla da experiência, tem sólida base científica. Como sabemos que as energias vitais não são energias materiais: Como sabemos que a mente não é o cérebro? Como sabemos que nossas intuições supramentais não são apenas algum tipo de aberração ou excentricidade? No Capítulo 4, mostrei como a física quântica nos levou à inevitável conclusão de que a consciência, e não a matéria, é a base de toda existência. Hoje, também temos respostas científicas satisfatórias para todas essas questões: nossos sentimentos de energia vital são o movimento do software vital associado ao hardware físico que chamamos de órgãos; o neocórtex faz representações — software — do significado mental. A relação entre o vital e o mental com o físico não é de causa e efeito, como supõem os materialistas, mas o resultado daquilo que chamamos na física quântica de "correlação" ou "entrelaçamento".

Os materialistas pensam que as imagens de MRI (sigla em inglês de "imagem por ressonância magnética") dos estados cerebrais que passam por mudanças quando temos pensamentos diferentes mostram que a mente é o cérebro. Veja, porém, os mesmos dados do ponto de vista de "o cérebro está correlacionado com a mente". E agora? As imagens de MRI estão proporcionando uma medida do estado mental mostrando seu efeito sobre o estado do cérebro.

Não, não podemos medir a mente não física com nossos aparatos físicos, mas podemos medir o efeito da mente sobre o cérebro!

Podemos medir as energias vitais, os movimentos do que chamamos de matrizes vitais de nossos órgãos? Os órgãos do corpo, os correlatos não locais das matrizes vitais, não são elétricos; é difícil medir mudanças que ocorrem simultaneamente neles conforme muda nosso humor. Mas, sabe de uma coisa? Fizemos uma descoberta inesperada!

Temos um corpo bioelétrico além de nosso corpo bioquímico. Muitos vêm afirmando há milênios que veem auras em torno das pessoas, mas poucos cientistas as levam a sério. Bem, agora isso é fato. A aura deve-se a um corpo bioelétrico que envolve o corpo bioquímico.

A fotografia Kirlian foi descoberta pelos cientistas russos Semyon e Valentina Kirlian. Envolve o uso de um transformador elétrico chamado bobina de Tesla (projetada pelo inventor Nikola Tesla em 1891), conectada a duas placas de metal. O dedo da pessoa é posicionado entre as placas, onde um filme fotográfico o toca. Quando a eletricidade é ligada, aquilo que a foto registra é chamado de foto Kirlian do dedo.

Geralmente, as fotos Kirlian mostram uma "aura" em torno do objeto vivo. Os proponentes da fotografia Kirlian afirmam que a cor e a intensidade da aura são descritores do estado emocional da pessoa (cujo dedo está sendo usado na fotografia). Uma aura vermelha manchada corresponde à emoção da ansiedade. Um brilho na aura indica relaxamento e assim por diante.

Mudanças na energia vital, como ocorrem nas oscilações de humor, alteram, por sua vez, os órgãos cujas funções também mudam, refletindo as flutuações de humor. A foto mede a mudança no nível bioelétrico físico, mas, como as mudanças no nível físico estão relacionadas com as mudanças no nível vital, indiretamente também estamos medindo essas últimas.

Ao longo dos anos, essas técnicas de medição de mudanças no corpo bioelétrico em resposta a mudanças no corpo vital foram ficando cada vez mais sofisticadas. Minha hipótese é de que o propósito final do corpo bioelétrico é oferecer um método de medição de nosso corpo vital.

Paralelismo psicofísico quântico

Um breve resumo: a consciência é a base de toda existência e nela, de forma inseparável, temos quatro mundos paralelos de potencialidade: o físico, o vital, o mental e o arquetípico ou supramental. A conversão de potencialidade em realidade manifestada em cada um desses mundos produz os quatro tipos de experiência: sensação, sentimento, pensamento e intuição, respectivamente (Figura 9).

De modo não local, a consciência faz a mediação da comunicação entre os quatro mundos; a consciência mantém seu funcionamento em paralelo; desse modo, evita-se o dualismo.

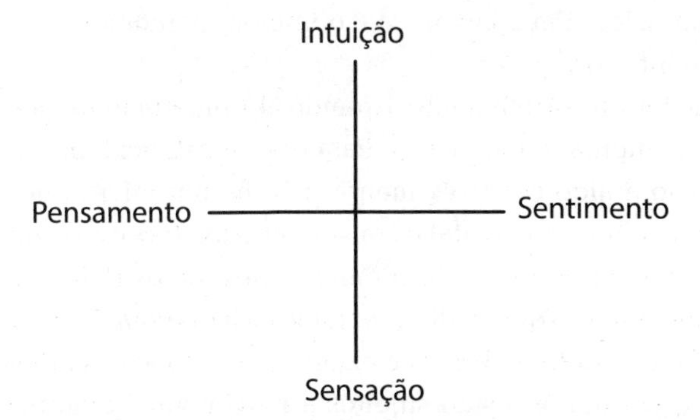

Figura 9. O paralelismo psicofísico quântico: cada um dos quatro tipos de experiência vem de cada um de quatro mundos paralelos de potencialidade. A consciência faz a mediação e mantém o paralelismo.

Imagine que você está olhando para uma rosa que alguém lhe mandou:

- Há a percepção física (sensação) de uma rosa.
- Há o pensamento mental do significado por trás da sensação da rosa.
- Há o sentimento de romance.
- Há a intuição do arquétipo da beleza.

De onde vêm os conteúdos arquetípicos, de significado e de sentimento? A consciência também os manifesta, junto com a percepção física da rosa, desde o domínio paralelo das potencialidades.

A dicotomia exterior-interior

A psicologia quântica força-nos a pensar nos mundos físico e mental de maneira diferente daquela a que estamos habituados a pensar. Em geral, imaginamos esses dois mundos feitos por substâncias. Claro que a substância mental é sutil, não podemos quantificá-la tal como fazemos com o físico, mas ainda é uma substância — pelo menos, é o que pensamos. Precisamos mudar essa visão. Nem o físico é substancial no sentido habitual, que dirá o mental. Tanto o mundo físico quanto o mental permanecem como possibilidades até a consciência dar-lhes substancialidade mediante a manifestação de uma experiência.

Mesmo assim, há diferenças entre as substâncias físicas e mentais quando temos experiências com elas. Uma diferença evidente é a natureza densa, a exterioridade do mundo macro, de nossa percepção compartilhada do domínio físico. Em comparação, o mundo mental é vivenciado como algo sutil e interior.

Como intuiu corretamente o grande filósofo e matemático Descartes, a substância mental é indivisível. Para essa substância, portanto, não há uma redução a algo cada vez menor, não há um micro que constitui o macro. Logo, o mundo mental é considerado um todo, algo que os físicos às vezes chamam de um meio infinito. Esses meios infinitos podem ter ondas de movimento que podem ser identificadas como ondas de possibilidade quântica. Entre colapsos e experiências, todos os modos mentais, grandes ou pequenos, estão sujeitos a movimentos quânticos rápidos; expandem-se rapidamente e se tornam grandes fontes de significados possíveis. O que isso significa é que, entre a minha manifestação e a sua, entre meu pensamento e o seu pensamento, os modos mentais quânticos teriam se expandido tanto em possibilidade que seria improvável que você manifeste o mesmo pensamento que eu. Portanto, em geral, duas pessoas diferentes não conseguem compartilhar pensamentos; os pensamentos são privados, são vivenciados interiormente.

Essa interioridade é uma prova positiva de que a mente é quântica e seu cenário é infinito, sem divisão micro-macro. E, graças ainda à interioridade, podemos presumir seguramente que o mundo vital dos sentimentos e o mundo supramental da intuição também são mundos quânticos.

E no final das contas? Dito tudo isso, perceba que só o mundo material pode nos proporcionar uma hierarquia entrelaçada, motivo pelo qual o mundo material é essencial para a manifestação de toda e qualquer experiência. Uma entidade incorpórea não pode ter experiências.

Equilibrando o exterior e o interior

O que é normal em termos psicológicos? Há muito tempo, uma professora de psicologia definiu isso para mim de forma prática: normais são as pessoas que conseguem lidar com suas neuroses na maioria das situações e com a ajuda de terapias ocasionais se as coisas piorarem. Então, ela acrescentou, brincando: "Naturalmente, muitas terapias também são apenas mecanismos avançados para lidar com essas situações".

Na ciência quântica, normal é, basicamente, manter uma vida interior saudável, a capacidade de ter um lugar interior satisfatório para viver. Pode-se precisar de um pouco de psicoterapia ocasional, mas, como você verá, a psicoterapia à maneira quântica representa mais do que um mecanismo para enfrentar situações; ela também ajuda a manter o equilíbrio entre os diversos aspectos dicotômicos da condição humana. Uma das principais dicotomias é a exterior-interior.

O que se espera de um adulto normal é que tenha em seu ego um repertório suficiente para enfrentar a maioria das situações e dos estímulos de nosso mundo. Agora, perceba o seguinte: para os seguidores da ciência materialista, o mundo é muito estreito, só importa o que é material. Infelizmente, para nosso bem-estar psicológico, a parte desafiadora é o que as situações e os estímulos provocam em nossos mundos interiores, mental e vital. Assim, a abordagem cognitivo-comportamental da psicologia não será muito útil para definir um adulto humano psicologicamente normal e feliz. O processamento de informações também não nos ajudaria. A pior parte da sobrecarga de informações da juventude atual é que ela desequilibra os jovens e favorece o físico (informação é significado codificado em símbolos), sacrificando o mental.

Na psicologia quântica, fazemos perguntas como: O que está acontecendo na minha vida de significado? O que está acontecendo na minha vida sentimental, emocional, arquetípica? Desde o começo, percebemos que, na percepção-consciente de vigília, os apelos físicos consomem a maior parte de nossa atenção. Como você afrouxa o predomínio do físico-exterior para compreender como sua vida de significado, emocional e intuitiva está indo?

Será que as pessoas não são normais e felizes se não prestam atenção no significado, nos sentimentos e na intuição? Perceba que a maior parte daquilo que chamamos de neurose resulta de nossa falta de atenção ao interior — os mundos do significado, das emoções e intuições. Há dois fenômenos que nos ajudam a colocar a vida de significado na vanguarda de nossa psique: sonhos e sincronicidade. Há um fenômeno, dos chakras em nosso corpo, que se concentra naquilo que faz com que apreciemos os sentimentos puros e as emoções positivas. Há o fenômeno da criatividade no qual os três mundos — significado, sentimentos e arquétipos — recebem atenção. Para equilibrar e integrar o interior e o exterior, é de vital importância prestarmos atenção nesses fenômenos.

De volta à polarização da psicologia: hierarquia de necessidades

Na Introdução, tratamos da polarização da psicologia em dois grupos: cognitiva-comportamental, profunda e transpessoal. Os dois grupos adotam visões de mundo diferentes. No primeiro, a visão de mundo baseia-se na matéria; no segundo, a visão de mundo baseia-se na consciência. Também mostramos que a psicologia quântica, integrando a metafísica materialista dentro da metafísica idealista, integra os dois grupos da psicologia.

E agora você pode constatar a beleza da abordagem quântica. Na psicologia materialista, só podemos lidar com as necessidades de sobrevivência das pessoas. De fato, no estágio evolutivo em que estamos, a maioria das pessoas vive no modo de sobrevivência, em que as respostas para os problemas mentais e emocionais que requerem terapia podem ser dadas, no geral, pela abordagem mecanicista do primeiro grupo.

O problema surge quando as necessidades de sobrevivência estão satisfeitas e as pessoas se conscientizam de suas necessidades superiores. Então, elas vão precisar da abordagem baseada na consciência. Essa hierarquia das necessidades foi descoberta e enfatizada por Abraham Maslow.

Isso significa que pessoas com necessidades de sobrevivência podem ignorar a psicologia quântica? Quem dera fosse simples assim. Os seres humanos vivem em sociedade. Os seres humanos precisam se relacionar, e é aqui que a abordagem materialista, que nos trata como objetos separados e independentes, não vai funcionar. É preciso que a consciência causalmente potente lide com relacionamentos; o ser humano precisa ter significado e propósito.

As pessoas que lidam com suas necessidades superiores descobriram os valores espirituais — os arquétipos. Quando incorporam e vivenciam esses valores, a qualidade de vida aumenta muito. Naturalmente, elas querem levar a mesma qualidade de vida à sua comunidade, que em sua maior parte ignora a potencialidade humana. Assim, cria-se a educação superior, a educação que ilumina o ignorante porque remove a ignorância.

Desse modo, criamos tradições e civilizações espirituais. Hoje, uma vez mais, as pessoas identificam erroneamente riqueza material e progresso tecnológico como sinais de civilização. Na verdade, essa palavra indica a capacidade da sociedade de se comportar de maneira civilizada com todos, independentemente de cor, credo, gênero, orientação sexual, riqueza, *status* social etc.

Infelizmente, as limitações de nosso cérebro e de nosso corpo conseguem dogmatizar todos os sistemas de vida para servir ao poder de um punhado de elites. Assim, as tradições de sabedoria espiritual degeneraram-se, tornando-se as religiões organizadas, solapando, mais tarde, as civilizações.

A ciência também é um sistema de conhecimento. As tradições de sabedoria espiritual usavam a intuição e *insights* baseados na criatividade para formar teorias, e a experiência para confirmá-las. A ciência foi um passo além: teoria criativa baseada na experiência, dados experimentais para comprovar a teoria. Durante algum tempo, ciência e religião cooperaram; a ciência para o mundo inanimado, a religião para o mundo dos humanos.

Naturalmente, o sucesso da velha ciência no mundo material e, em certa medida, até para o mundo dos vivos, não se estendeu à psicologia. A polarização das psicologias deve ter sido um dos importantes fatores que contribuíram para a formulação e eventual aceitação generalizada do dogma materialista — o monismo material.

É claro que as religiões viram a ciência materialista como uma manobra ofensiva para demolir as religiões. Se o mundo da matéria é tudo, não há espaço para Deus, para a causação descendente e para os valores espirituais. A ciência materialista não tem nenhuma credibilidade junto às pessoas religiosas. E mais. A maioria dos que não são cientistas, especialmente pessoas ligadas às artes criativas, não aderiu experimentalmente ao monismo material, mas aquiesceu.

Podemos viver sem valores espirituais? Podemos, mas a que preço! Temos de abrir mão da ideia de necessidades superiores, potencialidade humana e civilização. É isso que está acontecendo hoje com os Estados Unidos e com a maior parte do mundo.

A ciência materialista tem forçado os pensadores sociais a formular uma filosofia *ad hoc* chamada humanismo, que coopta os valores espirituais como valores humanos. Como as pessoas os seguem? Uma vez que não fazem parte da experiência regular dos seres humanos presos às necessidades de sobrevivência, esses valores são-lhes impostos como "politicamente corretos". Foi a revolta contra a correção política que criou o fenômeno Donald Trump.

Bem, talvez Trump esteja no passado, mas o problema permanece. Como lidar com a saúde mental destes dois grupos de pessoas: as que aceitam a ciência materialista sem valores e impõem valores às demais usando a política; e as que tradicionalmente se mostram confusas sobre os valores por causa de seus dogmas religiosos? A resposta, claro, é educação; a educação superior no verdadeiro sentido da expressão.

Desse modo, os psicólogos quânticos terão uma tarefa dupla: a de curadores e de educadores. Se você acompanhar a psicologia quântica e começar a subir a escala da felicidade até o Nível 3 ou além, vai notar que se transformou; seu caráter terá mudado. Maslow insinuou isso; chamou o processo de autorrealização. Esse é o requisito de admissão para um professor da educação superior — à maneira quântica.

capítulo 7

descobrindo a felicidade no relacionamento mente/cérebro

Pense nisto: só porque os pensamentos sempre ocorrem em associação com o cérebro, a mente não é do cérebro. Em outras palavras, o cérebro não causa nem cria o pensamento mental. A essência da mente é o processamento de significados, e a mente não é o cérebro, como dizem os materialistas, porque o cérebro, visto como um computador que opera passo a passo, como teorizam corretamente os materialistas, não pode processar significados.

Isso pode causar confusão, pois a mente tem conteúdos que podem ser codificados como informação ou símbolos. Quando experimentamos o conteúdo codificado, experimentamos significado, o qual vem tão automaticamente que o consideramos parte do conteúdo, algo certo. Na verdade, porém, o significado pertence a outra categoria lógica; ele é sutil, não é computável. E se você for sincero, não tardará a perceber que pensar no significado para descobrir novos significados por sua própria conta é mais satisfatório do que processar significados de maneira automática, meramente como informação.

Imagine que seu cérebro está olhando para um aparelho de TV. Há nele movimentos de objetos físicos, que aparecem como elétrons na tela da TV. Fótons de luz da tela movem-se para seu olho e interagem com a matéria no olho e, posteriormente, com um pouco do restante do cérebro. Bem, o cientista cerebral pode resumir a informação resultante como um estado cerebral com alguns detalhes.

Entretanto, aquilo que você sente quando seu cérebro olha para a tela e vê uma cena de amor ou uma comédia não pode ser resumido com a mesma facilidade, porque, de algum modo, surge o significado. Essa experiência, esse significado, não faz parte daquilo que o cientista cerebral pode lhe falar, o estado do cérebro. O que acontece é que sua mente está proporcionando o significado.

Pesquisadores da inteligência artificial tentam construir computadores programados que podem pensar. De fato, hoje há programas de computador que podem gerar conteúdos de pensamento tão versáteis que podem enganar um ser humano, algo que antes se imaginou como condição suficiente para que um computador pudesse ser chamado de inteligente. Contudo, como mencionei antes, foi o filósofo John Searle que disse primeiro que, além do conteúdo, os pensamentos também envolvem significado, o qual o computador, como máquina que processa símbolos, nunca poderá processar. Os significados humanos foram introduzidos num computador como programas de símbolos que processam símbolos, construindo um vasto repertório. Quando você conversa com o programa, seus significados são novamente alimentados no computador como informação e tornam-se símbolos. Os programas de computador procuram pistas programadas que acionam a reação programada, ainda na forma de símbolos. E outro programa converte esses símbolos em significados humanos. Tudo é mecânico, o computador nunca precisa lidar com significados, nunca precisa entender, o que aliás não pode fazer; esse é o ponto de Searle. Em 1991, o físico e matemático Sir Roger Penrose aperfeiçoou a prova de Searle com matemática aplicada.

Nós precisamos de uma mente não física para processar significados e da consciência para compreender. É isso que a psicologia quântica proporciona.

A natureza quântica da mente e outros objetos da psique

A interioridade é a prova positiva de que a mente é quântica. Há outras maneiras de mostrar evidências da natureza quântica dos pensamentos: eles podem ser não locais e descontínuos, bem quânticos, em algumas de suas operações. A natureza não local da mente é revelada em fenômenos como a telepatia mental e a visão remota; a não localidade é a comunicação sem sinal, possível apenas para objetos quânticos. A descontinuidade é revelada no fenômeno da criatividade, no qual descobrimos novos significados de valor. Como mencionado antes, quando os elétrons saltam de uma órbita atômica para outra, nunca passam pelo espaço intermediário. De forma similar, quando experimentamos um *insight* criativo, a experiência é repentina, sem etapas intermediárias com algoritmos calculados. A assinatura da descontinuidade de um pensamento criativo é a surpresa, a razão pela qual as experiências criativas são chamadas de experiências ahá.

Os mesmos atributos quânticos — interioridade, não localidade e descontinuidade — também são encontrados em sentimentos e intuições. Logo, podemos concluir que todos os nossos objetos interiores são quânticos.

A natureza da memória

No processo da percepção e da cognição, a consciência usa o cérebro para criar uma memória-gatilho envolvendo circuitos neurais com uma memória mental correlacionada, consistente numa imagem significativa. Depois, a memória cerebral é acionada como reação a um estímulo e a memória mental correlacionada também cumpre seu papel.

A recuperação de uma memória é um problema difícil para a ciência cerebral. A memória guardada num computador é recuperada ao apertarmos um botão. Mas onde fica o botão do cérebro? Claro, um neurocirurgião pode abrir o crânio humano e estimular áreas adequadas do cérebro com um eletrodo; a memória virá! Mas não fazemos isso assim; ao que parece, fazemo-lo pela intenção. Na psicologia quântica, tanto a memória cerebral quanto o significado mental a ela associado são possibilidades quânticas (determinadas) no inconsciente. Quando temos uma intenção, o inconsciente colabora (essa é a lei!) e causa o colapso da memória apropriada.

A maneira quântica de abordar a recuperação de memórias também concorda muito bem com as descobertas experimentais do neurocirurgião Wilder Penfield, que pesquisou pacientes epiléticos extensamente, sondando o cérebro deles com eletrodos à procura do suposto "engrama" (uma unidade de informação cognitiva armazenada no cérebro) de memória. Penfield encontrou grupos de neurônios que, ativados, reproduzem até memórias complexas de sinfonias inteiras! Como um pedacinho do cérebro pode conter tanta memória? Na ciência quântica, existe uma memória mental não física correlacionada a um pequeno circuito neural para explicar uma recuperação de memória tão complexa!

Há outros aspectos intrigantes da memória. Todos passamos pela experiência — e os neurofisiologistas encontraram muitos dados corroborando essa experiência — de ter três tipos de memória: memória de trabalho, memória de curto prazo e memória de longo prazo. Por que três tipos? Isso é intrigante!

Analisando mais de perto, percebemos que a memória de trabalho serve para coisas insignificantes, coisas sem importância. É mecânica, na melhor das hipóteses. A consciência e sua mente que atribui significado não é realmente acionada. Os cientistas cognitivos não a consideram sequer uma categoria separada.

Por que memórias de curto e de longo prazos para coisas significativas? Por que não apenas um tipo? Reforçamos a recuperação de memórias por meio da recordação repetitiva. E usamos essas recordações não só para reforçar a memória como para reconstruí-la com a ajuda e influência de outras memórias de situações com estímulo-reação iguais ou similares. É assim que formamos memórias compatíveis com a autoimagem que projetamos — as máscaras da personalidade.

Quando, finalmente, decidimo-nos por uma memória específica (quando ela está em equilíbrio com nossa autoimagem), fica armazenada como uma memória "permanente". Essa é a memória de que até pacientes com Alzheimer conseguem se lembrar nos estágios iniciais!

Estima-se que são necessários aproximadamente dez anos de processamento no nível de curto prazo antes que ele se torne de longo prazo. A lição que temos de aprender aqui é que as memórias de que nos lembramos não são "fatos", mas lembranças reconstruídas, e ficam constantemente no fluxo durante algum tempo. Você deve se lembrar sempre disso ao evocar alguma memória ligada a seus relacionamentos: cada pessoa tem memórias levemente diferentes conectadas ao mesmo evento. O filme japonês *Rashomon* ilustrou muito bem essa ideia, o que serviu de base para o "Efeito Rashomon", que descreve uma situação na qual um evento recebe interpretações ou descrições contraditórias dos indivíduos envolvidos.

Da informação para o significado e a felicidade

Temos uma grande questão diante de nós. Como viver nessa cultura baseada em informação e ainda encontrar significado na vida? Desculpe a franqueza, mas, em muitos níveis, o mundo da suposta "educação superior" tornou-se uma terra arrasada no que concerne a significado. Volta e meia, os físicos dizem que o universo não tem propósito. Os biofilósofos afirmam que, assim como os genes ajudam a formar o corpo físico, há *memes* — fragmentos de informação — culturais de origem evolucionária que constituem aquilo que vivenciamos como mente. A verdade é que o significado não se encaixa na metafísica do materialismo científico, a "filosofia em que tudo é matéria!".

Uma cultura baseada na matéria vai invariavelmente acabar sugerindo que tudo de que necessitamos são informações e que não precisamos nos incomodar com significados. Na pior hipótese, deixemos que outras pessoas — a elite — forneçam o significado. Como você sai disso e assume uma mentalidade baseada no significado, a fim de poder participar do grandioso esquema do universo?

Primeiro, perceba que tudo aquilo que aprendeu com sua formação educacional são significados de outras pessoas acerca de um assunto ou área de estudos específica. Para reverter isso, comece atribuindo significado a coisas que você vivencia pessoalmente: arte, poesia... Por menos sofisticado que possa parecer, leve seus próprios significados mais a sério do que o significado de outras pessoas. Toma algum tempo, mas você pega o jeito mais cedo ou mais tarde e a prática se torna divertida. Então, um dia, você descobre um novo significado para uma experiência, algo em que ninguém pensou antes, e você chegou lá. Tornou-se uma pessoa que pode se entusiasmar com o fato de se tornar um ser humano original, o que é uma grande realização. Isso vai lhe proporcionar satisfação, felicidade.

Na década de 1970, quando eu estava tentando ser um indivíduo melhor, trabalhei muito com os koans zen, essas declarações, parábolas e perguntas muito intrigantes que a tradição zen-budista desenvolveu. Perguntas como: "Qual o seu nome antes de você nascer?".

Um modo bastante eficaz de obter significados pessoais é trabalhar com seus próprios sonhos. Na psicologia quântica, considera-se que os sonhos são formados por significado mental, representado por imagens feitas com o Rorschach (como manchas de tinta) do ruído cerebral. Se você achar difícil analisar seus próprios sonhos para encontrar significados ocultos, faça essa análise com a ajuda de um amigo. Um pode analisar os sonhos do outro. A análise de sonhos pode ser uma jornada de autodescoberta profundamente gratificante.

Claro que a maneira de fazer tudo isso é lidar criativamente com os fenômenos, procurando novo significado. A ciência quântica nos ensina as sutilezas do processo criativo para fazer exatamente isso.

Ah, por falar nisso, você ainda está pensando no koan zen: "Qual o seu nome antes de você nascer?". A resposta quântica para essa pergunta é: *Possibilidade*.

Sincronicidade

Na psicologia quântica, as sincronicidades são eventos de coincidência significativa, consistentes em um evento exterior e um evento interior de colapso quântico, provocado por uma causa comum — a consciência. As sincronicidades são exemplos da consciência chegando até você para mostrar o caminho. Elas expandem sua consciência e, quando você vê seu significado, sente-se feliz.

Um exemplo apresentado por Carl Jung vai esclarecer a natureza especial das experiências de sincronicidade para a saúde mental. Certa vez, Jung estava lidando com uma paciente jovem que se mostrava "psicologicamente inacessível" e não respondia às repetidas tentativas de Jung de "abrandar seu racionalismo". Jung estava desesperado, aguardando que "surgisse algo inesperado e irracional" que o ajudasse a romper a casca intelectual da mulher. Então, deu-se o seguinte evento de sincronicidade:

> Eu estava sentado diante dela certo dia, de costas para a janela... ela tinha tido um sonho impressionante na noite anterior, no qual alguém havia lhe dado um escaravelho de ouro — uma joia bem cara. Enquanto ela me contava o sonho, ouvi um som suave de batidas na janela. Virei-me e vi que havia um inseto voador razoavelmente grande batendo no vidro da janela... Abri a janela imediatamente e peguei o inseto no ar assim que ele entrou. Era um besouro escaravelho ou chafer rosa (*Cetonia aurata*), cuja cor verde-ouro assemelha-se muito à de um escaravelho de ouro. Entreguei o besouro à minha paciente com as palavras: "Eis o seu escaravelho". (Jung, 1971)

O surgimento sincronístico do "escaravelho do sonho" na percepção-consciente interior dessa paciente e o besouro/escaravelho em sua percepção-consciente exterior rompeu a casca intelectual da jovem e ela ficou acessível psicologicamente para seu terapeuta, Jung.

Eventos sincronísticos como este acontecem com todo mundo que precisa de uma descoberta relacionada a romance, terapia, criatividade, questões sobre o sentido da vida de modo geral, só para citar alguns contextos.

Mais explicitamente, segundo Jung, a origem das ocorrências sincronísticas está em objetos do inconsciente coletivo, os arquétipos junguianos. Os arquétipos junguianos são representações dos arquétipos platônicos.

Se você quer incorporar significado à sua vida, a sincronicidade lhe oferece um meio viável. Permita-me compartilhar alguns exemplos do uso de experiências sincronísticas por pessoas criativas, que exploram novos significados.

Dajian Huineng, sexto patriarca do budismo *chan*, da China, vivia com sua mãe na pobreza e vendia lenha num mercado. Um dia, foi entregar lenha para um cliente e encontrou um homem recitando o Sutra de Diamante. "Ao ouvir as palavras da escritura, minha mente se abriu e eu compreendi". Ele se iluminou subitamente, o que levou Huineng a ser considerado o fundador da Escola da "Iluminação Súbita" de Budismo Chan do Sul, que tem como foco a obtenção imediata e direta da iluminação budista.

Alexander Calder estava visitando uma galeria de arte que mostrava a arte abstrata de Piet Mondrian e, num lampejo de inspiração, pensou em usar peças abstratas em suas esculturas móveis, o que o levou a se tornar o pioneiro da escultura móvel, renomado mundialmente.

Aos 5 anos, Einstein estava doente na cama e seu pai lhe deu uma bússola. Ao ver que a agulha da bússola apontava sempre para o norte, por mais que virasse a caixa contendo o magneto, Einstein ficou encantado, um sentimento que permeou e guiou sua obra científica pela vida toda.

O poeta Rabindranath Tagore, laureado com o Prêmio Nobel, viu gotas caindo sobre uma folha e, naquele momento, duas frases de um pequeno verso, rimadas na língua bengali, vieram à sua mente. O verso pode ser traduzido assim: *Chove, as folhas tremem.* Mais tarde, Tagore escreveu sobre essa experiência nestes termos:

> A imagem rítmica das folhas trêmulas golpeadas pela chuva abriu minha mente para um mundo que não apenas contém informação, como uma harmonia com o meu ser. Os fragmentos sem significado perderam seu isolamento individual e minha mente regozijou-se na unidade de uma visão.
> (Tagore, 1981)

Huineng, Calder, Einstein e Tagore "acordaram" para a natureza deliberada do universo como resultado direto de suas experiências de sincronicidade. E dedicaram a vida ao serviço dos arquétipos, para fazer uma representação melhor da verdade para Einstein, da beleza e do amor para Tagore, do *self* e da iluminação para Huineng, e de um profundo senso de propósito e movimento para Calder.

A mitologia como parâmetro para a programação da mente e do vital

Na visão de mundo quântica, as coisas não podem depender totalmente de leis, conhecimento e lógica. Na ciência de base quântica sob a primazia da consciência, matéria é hardware, usando o jargão da informática. Não só usamos a matéria para representar a consciência na forma do *self*, como também para criar o software de nossas experiências sutis na forma da memória cerebral, da programação epigenética para os órgãos corporais e suas modificações. O hardware material segue, de fato, leis físicas. Mas, assim como ocorre no funcionamento de nossos computadores à base de silício, as leis do hardware nada podem nos dizer acerca do comportamento do software.

No computador de silício, usamos o software para mapear nossos roteiros mentais mediante algoritmos, processando-os conscientemente. Fazemos exatamente a mesma coisa com nosso biocomputador, só que não há um algoritmo – pelo menos, nem sempre. Esses roteiros têm alguma ordem? Claro que sim; se não tivessem, não teríamos arte ou ciências humanas para conhecer e aprender. Não teríamos civilização para construir. A ordem vem de diretrizes dos arquétipos platônicos supramentais; nossa mitologia é a história do jogo dessas diretrizes. Como escreveu o filósofo William Irwin Thompson: "A mitologia é a história da alma". Na psicologia quântica, a alma é definida como nosso "corpo supramental" – que seria o nascimento de uma pessoa recém-formada, criada a partir da conexão com a mesma fonte primária que criou o universo físico – quase como um fac-símile feito a partir de representações mentais e vitais dos arquétipos.

Um desses roteiros míticos que exerce um papel muito importante no crescimento pessoal de quem deseja aumentar a felicidade é chamado de *jornada do herói*. No primeiro estágio, o herói parte numa jornada à procura da verdade ou da sabedoria (geralmente após ignorar várias vezes "o chamado") acerca dos significados mais profundos da vida. No segundo estágio, o herói, após muitos obstáculos e tribulações, triunfa e fracassa, até descobrir finalmente a sabedoria. Então, no terceiro e último estágio, o herói regressa triunfante, uma alma ressuscitada, muito diferente da pessoa que já foi um dia.

Outra história mitológica de imensa importância para a psicologia do explorador é o mito do Santo Graal: há algo de errado no Reino e no começo nosso herói percebe isso; contudo, não fala nada em função do condicionamento sociocultural. Só depois de muito trabalho (a jornada do herói?) é que o herói reúne coragem suficiente para perguntar "O que está errado aqui?", começa a consertar as coisas e o Reino fica curado.

Esses são mitos gerais que podem ser seguidos, são para todos. Como você descobre seu mito pessoal, seu significado particular, o contexto arquetípico de significado específico que você quer explorar? É aí que os sonhos podem ajudar, assim como a intuição e as memórias de "recordação reencarnatória" de que vamos tratar em outro capítulo.

O mitólogo Joseph Campbell costumava dizer às pessoas: "Siga a sua felicidade". A psicologia quântica concorda, fazendo um acréscimo: encontre seu arquétipo e o acompanhe. Com o tempo, você vai encontrar sua felicidade, pois a coisa que mais procura está aguardando que você a descubra.

capítulo 8

felicidade nos chakras: energias vitais e sua relação com o corpo

Como dito antes, os sentimentos das energias vitais estão associados a órgãos do corpo, assim como os pensamentos estão associados ao neocórtex do cérebro. Eis outra forma de dizer isso: a mente, as potencialidades mentais, estão incorporadas no cérebro como software mental; e, de modo similar, as potencialidades vitais do corpo estão incorporadas nos órgãos do corpo físico como software vital (o que inclui o cérebro).

Vamos voltar à base da biologia da consciência. O dogma convencional da biologia molecular é que biologia é química e que não existe diferença entre o vivo e o não vivo. A biologia da consciência começa pela afirmação ousada (mas óbvia) de que a vida é fundamentalmente diferente da não vida. Uma única célula viva representa a consciência, embora de forma rudimentar, como um *self* celular, pelo fato de possuir uma hierarquia entrelaçada.

Uma parte importante da história da biologia é a evolução que leva da simples célula singular até os complexos seres humanos que somos hoje. Ao longo do caminho, complexos celulares chamados de órgãos surgiram para realizar funções biológicas específicas. Como leis físicas, essas funções biológicas também fazem parte do arquétipo da verdade e pertencem ao mundo arquetípico. E assim como a consciência usa a mente quântica como mediadora para mapear contextos arquetípicos em nosso cérebro, a consciência, de forma similar, usa um mediador quântico para representar as funções biológicas nos órgãos do corpo físico.

Morfogênese biológica é o nome formal da criação de órgãos biológicos. Ela tem um problema chamado *diferenciação celular*. Todo organismo começa com um embrião unicelular, que depois se divide criando réplicas exatas de si mesmo, contendo DNA idêntico. No entanto, as células precisam se diferenciar no processo de criação dos órgãos, pois em cada órgão elas realizam funções bem diferentes. Os genes nas células dos órgãos são ativados de formas diferentes para produzir conjuntos de proteínas diferentes, portanto com funções diferentes. O biólogo Rupert Sheldrake foi o primeiro a propor que esses programas de ativação são epigenéticos; provêm de campos morfogenéticos que precisam ser princípios organizadores não físicos. Morfo significa *forma*, gênese significa *criação*. Mas esses campos estão mais relacionados com a função do que com a forma; por isso, chamo-os de campos litúrgicos ("litúrgico" significa funcional) ou, para evitar confusão, *campos litúrgicos/morfogenéticos*. Agora, precisamos perceber o papel da consciência não local como mediadora entre os campos litúrgicos/morfogenéticos e as formas biológicas. A diferenciação celular funciona como se a célula soubesse em que parte do corpo ela está. Em outras palavras, a diferenciação celular se parece com a não localidade, a ação da consciência não local.

Você também pode pensar nos campos litúrgicos/morfogenéticos como matrizes do software vital. O arquiteto usa um projeto para construir uma casa. De modo similar, a consciência usa um campo litúrgico/morfogenético como uma espécie de matriz para programar funções biológicas no órgão — o software vital do hardware do órgão. E, também de modo similar, é assim que a consciência usa o neocórtex para fazer representações de significado mental.

Em resumo, os campos litúrgicos/morfogenéticos são matrizes do software *epigenético* que guiam a ativação ou desativação dos genes que criam proteína para o funcionamento do órgão. Por fim, aquilo que normalmente sentimos como movimentos da energia vital são os movimentos da individuação de campos litúrgicos/ morfogenéticos na forma de software vital. Para a criatividade vital, quando uma nova função desperta no órgão, experimentamos o movimento de novos campos litúrgicos/morfogenéticos.

Desenvolvendo a percepção-consciente visceral dos movimentos da energia vital

Quando comecei a pesquisar a consciência, no final da década de 1970 e começo da década seguinte, os departamentos de psicologia estavam bastante abertos para novas ideias, e conversei um bocado com os colegas da Universidade de Oregon. Então, certa manhã, quando recebi um chamado urgente de um professor de psicologia para ver uma demonstração de algo "estranho", não fiquei surpreso. "Precisamos de um cientista 'rigoroso' para confirmar a autenticidade desse sujeito. Você é um cientista 'rigoroso'. Por favor, venha", pediu o colega. Ele não precisou insistir; minha curiosidade estava aguçada e lá fui eu.

A demonstração era simples. O sujeito alegou que as palmas de suas mãos estavam "energizadas". Ele afirmou que, se puséssemos a nossa palma da mão estendida no espaço entre as mãos deles, poderíamos sentir a energia vital.

Assim, um a um, os professores de psicologia fizeram sua tentativa, mas nenhum deles sentiu qualquer coisa "discernível". Fui o último a testar o sujeito. Assim que pus a palma da mão entre as dele, uau! Senti um formigamento intenso.

Naquele dia, perdi minha credibilidade junto aos colegas da psicologia: eles disseram que eu era muito crédulo. Todavia, minha curiosidade fora despertada. Eu cresci na Índia, onde a energia vital não é propriamente estranha. É chamada de *prana*.

Foram necessários anos para chegar a entender teoricamente como aquele sujeito tinha energizado as palmas das mãos para que os outros pudessem sentir a energia. Naturalmente, porém, se esfregarmos a pele das palmas uma na outra, as matrizes litúrgicas/morfogenéticas correlacionadas com a pele se excitam e é esse o movimento que sentimos como formigamento, como energia vital.

Assim, esse é um modo simples de começar a explorar a energia vital em seu corpo. Na verdade, você já teve essa experiência antes. Procure se lembrar de quando se "apaixonou" pela primeira vez quando era adolescente: você sentiu formigamentos semelhantes no chakra cardíaco, talvez até palpitações. Explore a energização de seu chakra do coração com as palmas das mãos energizadas; talvez você consiga fazê-lo até sem tocar o peito, não deixando dúvida de que talvez esteja acontecendo alguma coisa não local, algo que parece incomum à primeira vista.

À medida que você se familiariza com a "sensação" da energia vital, num desses dias em que você estiver tomado por emoções fortes, sem dúvida a percepção-consciente visceral do sentimento irá lhe ocorrer. Esse é um aspecto crucial da exploração da inteligência emocional *à maneira quântica*, um componente crítico da procura pela felicidade.

Chakras

Na psicologia oriental dos chakras, os sentimentos são entendidos em associação com sete centros importantes do corpo — os chakras — onde sentimos nossos sentimentos. Ao longo dos séculos, porém, apesar de a ideia dos chakras ter encontrado muitas comprovações empíricas nas disciplinas espirituais, não havia muita compreensão teórica a seu respeito. Agora, finalmente, com a ideia das matrizes litúrgicas/morfogenéticas não físicas do software dos órgãos, podemos oferecer uma explicação para os chakras, para o local de origem dos sentimentos e a razão para eles. Primeiro, observe os chakras principais (Figura 10) e os sentimentos que a maioria das pessoas experimenta neles.

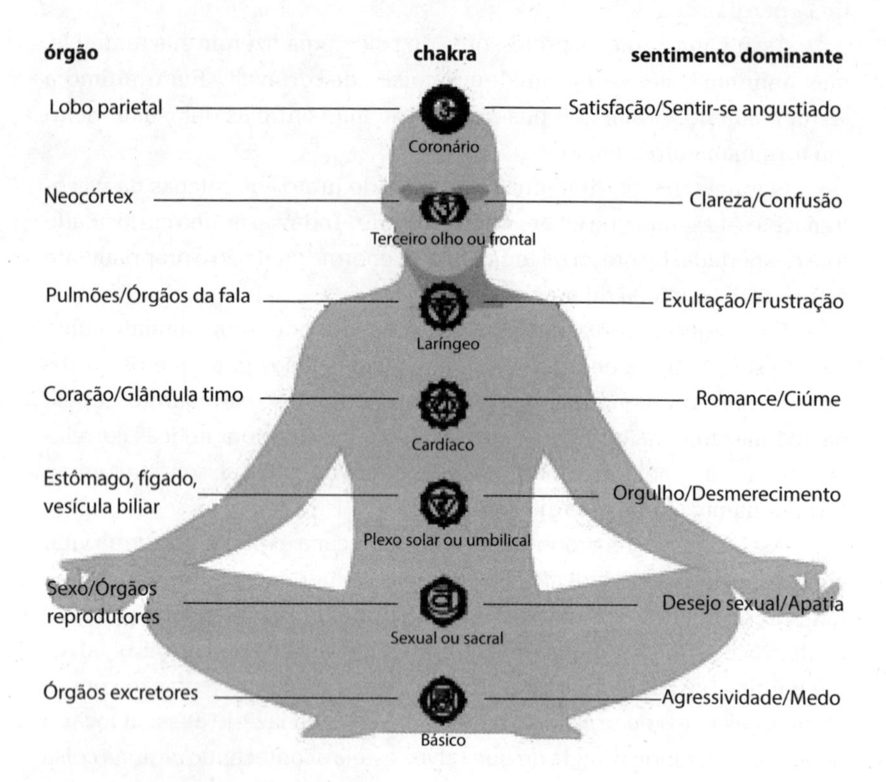

Figura 10. Os sete chakras principais.

Note que cada um deles está localizado perto de órgãos importantes para o funcionamento biológico do nosso corpo. Segundo, quando vivenciar uma emoção, desenvolva a sensibilidade do corpo para poder localizar a origem dessa emoção como um sentimento em um dos pontos de chakra do corpo. Registre o sentimento específico que vivenciar em cada um desses chakras. Terceiro, perceba que os sentimentos da energia vital são os movimentos das matrizes litúrgicas/morfogenéticas do software dos órgãos que estão correlacionadas com os órgãos físicos. Desse modo, todo órgão físico tem uma contrapartida vital, um órgão-V (Figura 11).

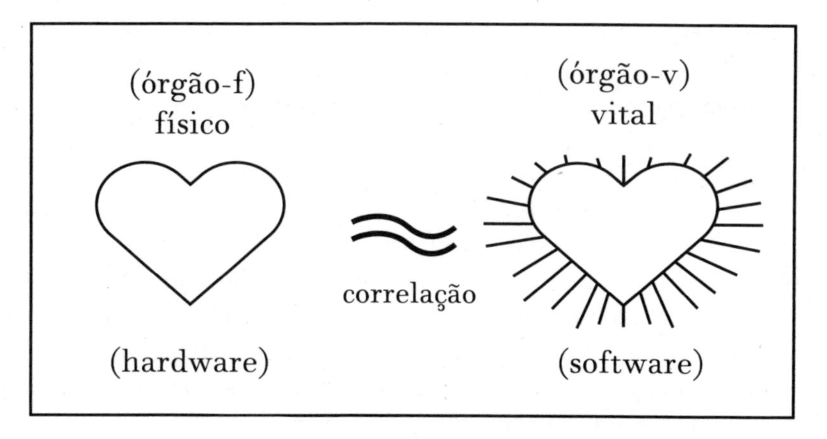

Figura 11. Um órgão físico (órgão-F) tem um órgão vital (órgão-V) correlacionado.

Vamos chamar de nosso corpo vital os conglomerados de todos os softwares litúrgicos/morfogenéticos – órgãos-V – correlacionados com cada um dos órgãos físicos.

Mais adiante, neste capítulo, darei mais detalhes sobre a psicologia dos chakras. Agora, vou compartilhar com você como foi difícil para mim (na época, um intelectual materialista) entrar na experiência dos chakras, apesar de estar aberto e curioso sobre esse conceito.

Em 1983, estava num workshop ministrado pelo médico e professor espiritual Richard Moss. Richard e seus colegas deram a cada um de nós uma "cura dos chakras". Mais tarde, houve uma discussão e muitos narraram sua experiência em termos gloriosos. As 25 pessoas com quem compartilhei a sessão pareciam ter passado por algum tipo de intercâmbio de energia, enquanto eu, que mal tive uma experiência, senti-me totalmente de lado. "O que estou fazendo aqui?" Finalmente, não consegui me conter e levantei o braço.

— Sim, Amit?

— Richard, parece que você proporcionou experiências a todas essas pessoas, mas por que não para mim?

Richard disse:

— Amit, só posso abrir a porta para você. É você quem tem de passar por ela.

— Parece muito bom. Então, você está dizendo que todas essas pessoas passaram pela porta e eu decidi não passar?

— Você decide. Todas essas pessoas deixaram seus eus perto da porta. O truque é esse. Depois você entra.

— Mas sou um cientista. Quero estar lá quando isso acontecer — exclamei. Todos estavam rindo. E percebi meu engano. Nos dias seguintes, recebi amplas doses das receitas de Richard – toques físicos suculentos, consistentes em abraços apertados, dados especialmente por mulheres. Depois disso e de mais algumas sessões de cura pelos chakras, compreendi. Eu podia sentir a energia em meus chakras, os pontos não locais de conexão com os órgãos-V.

De fato, a experiência da energia nos chakras pode mudar sua visão de mundo. Muitos cientistas materialistas prendem-se à questão: "Corpos físicos podem ser quânticos?". Sua resposta é sempre um retumbante "*Não*". Em um capítulo anterior, expliquei que objetos materiais macro são aproximadamente newtonianos. Entretanto, a experiência da energia em qualquer chakra irá convencê-lo de uma contrapartida vital do órgão físico cujo movimento energético você está vivenciando. Decorre daí, como lógica simples, que esse órgão-V tem de estar correlacionado com o órgão físico no chakra. Como o órgão-V é quântico, um órgão macrofísico de nosso corpo também precisa ser quântico quando temos a experiência de seu movimento. *Perceba que é a correlação com a contrapartida vital que torna quântico o órgão macrofísico.*

Psicologia dos chakras sob a luz quântica

A psicologia dos chakras é um ramo desenvolvido da psicologia iogue oriental. A ideia é que a consciência se identifica com cada chakra de maneira única, dependendo da função do chakra. A expressão "chakra" vem de uma palavra sânscrita que significa "roda" ou "disco". Isso nos lembra a circularidade da hierarquia entrelaçada. Será que os antigos iogues intuíram a hierarquia entrelaçada e a autoidentidade nos chakras?

A seguir, temos a descrição, chakra a chakra, daquilo que a psicologia dos chakras diz acerca desses pontos, examinados sob a luz da psicologia quântica.

Ao ler essas descrições, perceba que os chakras situam-se mais ou menos ao longo da coluna vertebral. Por que os quiropráticos e osteopatas dão tanta atenção ao alinhamento da coluna? A premissa por trás disso é que o desalinhamento da coluna sugere um desequilíbrio nos chakras. Assim, esses especialistas procuram reequilibrar os chakras, o que, por sua vez, proporciona alívio para as áreas afetadas.

O chakra básico

O chakra básico situa-se na base de sua espinha e representa os órgãos excretores. A função biológica do catabolismo é a quebra de moléculas complexas nos organismos vivos para formar outras mais simples, bem como a excreção de resíduos do corpo. Como reação a um estímulo, se você prestar atenção excessiva a esse chakra, o sentimento seria a agressão; se sua atenção se afasta rapidamente, o sentimento é o medo. Se, por exemplo, um *tigre-de-bengala aparecesse subitamente do nada*, afastaria de imediato a sua atenção e você sentiria *medo*. Naturalmente, isso seria bom para você, que deve agir de forma apropriada — nesse caso, a reação seria *fugir e não lutar*.

Com a evolução, porém, o cérebro assumiu, em grande parte, o controle da função do chakra básico; há, com efeito, um circuito cerebral instintivo correspondente a essa emoção. E então os sentimentos associados a esse chakra, agressão ou medo, são relegados à atividade mais ou menos inconsciente no mesencéfalo.

Com a "abertura" maior desse chakra por meio da criatividade, o sentimento nele seria de "enraizamento" e segurança.

Talvez o pior aspecto dos bloqueios de energia no chakra básico (para os quais a prisão de ventre crônica é um sintoma) seja a falta de enraizamento; você não tem capacidade de estar no momento presente e muito menos de aproveitar o aqui e agora. Você está sempre revisitando o passado com ansiedade, procurando o que deu errado e por que ele o está deixando ansioso ou construindo um futuro que exercerá ainda mais pressão sobre você; isso vai criar mais medo e mais ansiedade. Você se torna um pessimista e pode acabar solitário, porque ninguém consegue lidar com seus medos e sua ansiedade.

Assim, a falta de atenção à energia do chakra básico e a falta de prática da criatividade podem levar à paranoia, à neurose da ansiedade e a ataques de pânico. Tudo isso o afasta da felicidade. Por outro lado, prestar atenção e ser criativo ajudam a manter esse chakra totalmente engajado e aberto, permitindo-lhe explorar corajosamente seus arquétipos, mesmo que a sociedade à sua volta não esteja nesse alinhamento.

O chakra sexual ou sacral

A função biológica primária associada ao chakra sexual é a reprodução. Para isso, você precisa de um parceiro. Novamente, o cérebro assume a função; logo, o circuito cerebral do instinto sexual leva você a buscar parceiros sexuais — o impulso sexual. Quando a mente atribui significado aos sentimentos associados a esse chakra, o ato sexual é visto como prazeroso. Desse modo, o prazer entra na equação do sexo. O chakra sexual localiza-se no abdômen inferior.

Durante o ciclo das eleições de 2012, houve um grande debate político nos Estados Unidos questionando se deveríamos destinar o sexo primeiro à reprodução e apenas depois ao prazer, ou vice-versa. Pessoas religiosas posicionam a reprodução acima do prazer e pessoas de mentalidade científica valorizam mais o prazer que a reprodução. No debate, o que ficou de lado em toda a retórica foi o terceiro aspecto da sexualidade, que é o relacionamento.

Na ciência materialista, somos vistos como máquinas — máquinas reprodutivas, claro, mas, ainda assim, máquinas. Logo, não existe nem o *self*, nem o "outro". Na psicologia quântica, somos humanos dotados de *self*; o mesmo se diz de um parceiro, um ser humano dotado de autoidentidade. Para os seres humanos, o desafio da sexualidade é usá-la num relacionamento íntimo com outro ser humano que é singular em relação ao sexo.

Podemos usar o sexo como autogratificação, como uma conquista a serviço do narcisismo, ou podemos usar o sexo como no romance, usando o romance como ponto de entrada para a exploração arquetípica do amor.

O chakra umbilical ou do plexo solar

Aqui, a função biológica é o anabolismo — o lado positivo do metabolismo. Quando o chakra está apenas parcialmente aberto, como é normal, a sensação é de firme identidade corporal. Os japoneses sabem disso há séculos e chamam de *hara* esse chakra de identidade do corpo — o local do ego corporal. Quando ativado em excesso, os sentimentos vivenciados são orgulho e narcisismo. Se há um déficit de atenção, o sentimento associado é o desmerecimento, a sensação de falta de valor.

Quando o cérebro entra em cena, o circuito cerebral instintivo correspondente domina o comportamento. Do mesmo modo, os sentimentos no chakra umbilical tornam-se parte de nossa dinâmica inconsciente de supressão-repressão.

O que acontece quando vem à tona um sentimento inconsciente de desmerecimento? Há dois polos de comportamento possível: um é continuar a escondê-lo, comportando-se como uma diva narcisista, da forma mais autocentrada possível. O outro polo consiste em tentar agradar a outra pessoa para provar para ela seu valor.

Eis uma diferença entre homens e mulheres estimulada culturalmente: na maioria das culturas, os homens são estimulados a agir como narcisistas e as mulheres como pessoas que agradam aos demais. A maioria dos homens aprende a usar o sexo para inflar seu ego corporal e alguns homens tornam-se predadores e conquistadores sexuais.

A maioria das culturas não permite que as mulheres sejam promíscuas; logo, a maioria delas nunca se recupera do hábito de agradar aos outros.

Com efeito, tornam-se cada vez mais dependentes dos demais em nome do sentimento outorgado de merecimento. Tornam-se carentes.

Algumas das divas usam a sexualidade para inflar o ego corporal. Geralmente, são as mulheres independentes em sociedades tradicionais.

Ocorre uma mudança dinâmica quando você cultiva a percepção-consciente do corpo e aprecia sentimentos viscerais; o chakra umbilical abre-se mais. Você começa a prestar atenção às energias no umbigo e a cultivar a autoestima. Você não precisa mais agradar compulsivamente nem precisa esconder o sentimento de desmerecimento por trás do véu de uma diva. Acima de tudo, a abertura e o cultivo desse chakra são ingredientes necessários para nos tornarmos independentes e, com o tempo, indivíduos originais.

O chakra cardíaco

O chakra cardíaco é o centro do sentimento do amor romântico. Quando você se apaixona romanticamente por um parceiro e vice-versa, não existe distinção "eu-não eu" entre você e o parceiro; a função da glândula timo, do sistema imune, de distinguir o "eu" do "não eu" é suspensa em ambos. Essa suspensão temporária da função do sistema imune na forma da glândula timo é o pré-requisito para que o coração se abra para uma nova função além do bombeamento de sangue — o amor romântico.

Os sentimentos que temos nesse chakra durante um episódio romântico são tão fortes que até os mais insensíveis entre nós não ficam alheios a eles; assim, ninguém pode negá-los por completo. Mesmo nesta era materialista, reconhece-se a conexão entre coração e romance, que inclusive é bastante comprovada.

É claro que a mente das pessoas reage aos sentimentos que afloram e geralmente vivencia a emoção resultante influenciada pelo condicionamento sociocultural. Para os homens, habitualmente, esses condicionamentos não são lá muito propensos a criar uma reação do tipo "ame o próximo"; a maioria das culturas ocidentais incentiva os homens a ser indivíduos independentes e rudes, não emocionais ou não orientados para "o outro".

Desse modo, a supressão de sentimentos de vulnerabilidade (que surgem quando a defesa imunológica fica suspensa, embora temporariamente) leva os homens adultos da cultura ocidental a se tornarem "homens de ferro", literalmente incapazes de se abrir para o amor com qualquer pessoa, inclusive um parceiro ou parceira, mesmo durante um episódio romântico.

Ainda por cima, nesse caso o cérebro interfere por meio daquilo que chamamos de conexão psiconeuroimunológica, proporcionando à experiência do amor romântico um ímpeto molecular de prazer, sem dúvida; infelizmente, esse ímpeto não dura muito, pois as substâncias neuroquímicas associadas ao prazer e encontradas no cérebro secam.

As exceções à síndrome do homem de ferro são relativamente raras; assim, nossas histórias populares constantemente mitificam e discorrem sobre colegas de infância e de faculdade com nostalgia. Na verdade, porém, quão universais elas são? É bem mais corriqueiro vermos garotos e jovens adultos relacionando-se em função de interesses comuns, jogos etc. Também não é raro o desenvolvimento de homofobia nesses homens.

Freud teorizou que a maior parte do amor é motivada pela libido e pela sexualidade. Um sentimento amoroso súbito voltado para sua própria mãe pode ser um sinal de complexo de Édipo, como dizem os freudianos. E pode ser o contrário. Como os homens se sentem pouco à vontade quando seu inconsciente exibe esses sentimentos, desenvolvem o complexo de Édipo como parte da dinâmica de repressão.

Para as mulheres ocidentais a questão é bem diferente. As mulheres têm um circuito cerebral exclusivo, o instinto maternal, que é ativado na puberdade. E mesmo antes da puberdade, a maioria das culturas estimula as meninas a se orientar para o amor ao próximo, preparando-se para a futura maternidade. Logo, as mulheres adultas cresceram bastante sensíveis a todos os sentimentos no chakra cardíaco. Naturalmente, sua situação também não é das melhores por conta da supressão da autoestima no terceiro chakra (umbilical).

Há mulheres que reprimem o coração como os homens e, para algumas delas, há a tendência à homofobia e ao complexo de Electra explicados anteriormente. Porém, creio que, de modo geral, é justo dizer que esses casos são relativamente menos frequentes entre as mulheres de nossa população.

O chakra cardíaco é um ponto onde um dos mais importantes e elevados valores espirituais, o amor, é representado como sentimento. Todos os chakras superiores subsequentes também são lugares onde valores importantes e elevados são representados como sentimentos.

Emoções negativas no chakra cardíaco

Também temos emoções negativas associadas ao coração. Volta e meia, tudo fica ótimo quando seu coração se abre para alguém, mas o que acontece se o seu umbigo não estiver "aberto" ao mesmo tempo? Nesse caso, o relacionamento não acompanha o ritmo das expectativas e da vulnerabilidade de um coração aberto. Portanto, em geral, o que acontece são ciúmes e mágoas — a energia vital sai do coração e vai para o umbigo. E a mágoa continuada leva à amargura.

Além disso, pode haver o pesar associado ao término de um episódio amoroso. E quando o pesar se reúne à amargura, o resultado pode ser devastador, levando à hostilidade.

Na terapia, o terapeuta precisa trabalhar o desapego e a aceitação do paciente; o desapego à carência e às expectativas, abrindo mão do passado. Depois, trabalhar o perdão. Primeiro, as pessoas envolvidas; depois, os objetos de sua raiva.

De modo geral, as emoções negativas associadas ao amor podem ser evitadas ao se manter o equilíbrio entre os chakras umbilical e cardíaco.

Chakras superiores

O chakra laríngeo é o chakra dos órgãos da expressão; os sentimentos a eles associados são positivos quando temos a liberdade de expressá-los e negativos quando essa liberdade de expressão é eliminada.

Nossa criatividade depende do grau de abertura desse chakra. Desse modo, é muito importante estimular as crianças a se expressarem e a se dedicarem a práticas que visam manter esse chakra aberto e criativo. Para isso, um excelente exercício é cantar no chuveiro.

O órgão do chakra frontal ou do terceiro olho é o córtex pré-frontal, situado logo atrás de sua testa. Esse órgão é a sede de nosso *self* egoico, do pensamento mental e da tomada de decisões. Quando esse chakra está parcialmente aberto, o que acontece com a maioria de nós, atende o pensamento racional. Você vai perceber a energia no chakra frontal quando se concentra em pensamentos intelectuais. O sentimento de clareza que tem origem intelectual não é tão intenso. No entanto, quando esse chakra se abre completamente, abre-se nossa capacidade intuitiva. Então, a energia da clareza é realmente espetacular.

Do lado negativo, se você não presta atenção no chakra frontal, um problema que acontece quando nos concentramos ou focalizamos, sofremos confusão crônica acerca de questões intelectuais.

O órgão do chakra coronário é o lobo parietal no alto da cabeça, associado com nossa imagem corporal. Quando aberto em parte, os sentimentos ocupam-se principalmente da imagem corporal: "Que tal a minha aparência?".

Quando a função do lobo parietal é suspensa, a identidade do corpo físico transfere-se para a identidade do corpo sutil, como acontece nas experiências fora do corpo relatadas por muitas pessoas. Há algumas evidências da neurociência para isso graças ao neurocientista Mario Beauregard, mas ainda precisamos de mais pesquisas nessa área.

Circuitos cerebrais

Os materialistas pensam que as emoções têm origem no cérebro, ou seja, que são epifenômenos (um fenômeno mental secundário); mais exatamente, postulam que as emoções são a reação do cérebro a certos estímulos. Elas passam a exercer um papel no corpo por meio do sistema nervoso e das moléculas ditas da emoção, dos neuropeptídeos e coisas assim.

A psicologia quântica diz que experimentamos sentimentos diretamente nos chakras como resposta a um estímulo também, se o estímulo for um corpo vivo. Via não localidade.

Aquilo que confunde o cientista cerebral (e muitos de nós) é que há circuitos do cérebro límbico que também reagem a estímulos que excitam os chakras inferiores. Por que esses circuitos cerebrais surgiram no mesencéfalo durante a evolução? Eficiência.

Sem algum controle central seríamos pouco eficientes na resposta a um estímulo de perigo. De modo geral, os neurofisiologistas concordam, por exemplo, que um estímulo de medo suplanta o neocórtex, indo diretamente à área cerebral do tálamo, que o retransmite à área cerebral da amídala onde se localiza a resposta, para a execução da reação "lutar ou fugir" nas áreas motoras de ação (Figura 12).

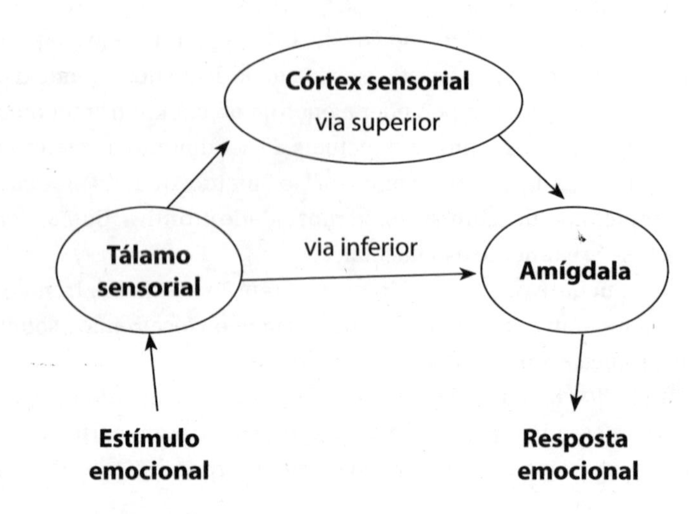

Figura 12. Estímulos que produzem emoções negativas vão diretamente pelo tálamo à amígdala, contornando o neocórtex. (LEDOUX, J. *The emotional brain*, New York: Simon & Schuster, 1996.)

Essa é uma reação programada, provavelmente aprendida há milhões de anos, quando a vida era muito mais desafiadora para nossos ancestrais evolucionários, os mamíferos. O *self* consciente levava muito tempo para processar o perigo; então, o inconsciente entrava bem depressa em ação, suplantando o neocórtex a fim de nos mantermos vivos.

Aquilo que vivenciamos conscientemente num evento desses — como um tigre-de-bengala atravessando nosso caminho, uma emoção instintiva e universal de medo, com o sentimento somado ao significado atribuído a ele — provém da memória do inconsciente coletivo da humanidade. Vamos nos referir à totalidade da reação inconsciente como sendo causada pelos circuitos cerebrais emocionais negativos e instintivos. Em outras palavras, a emoção negativa instintiva é o movimento do software vital universal guiando esses circuitos cerebrais.

Quando a mente humana da cultura atual entra em cena, cria um melodrama e produz tigres a partir de outros seres humanos, como um chefe ou até um cônjuge. Quando simulamos uma emoção instintiva através dessa imaginação, um processo que chamo de *mentalização de emoções*, criamos software emocional adicional. Mas esse software será pessoal, não universal.

Qual a importância dessa distinção entre software emocional universal e pessoal? O software pessoal de emoções pode ser reprogramável prontamente; contudo, não é esse o caso do software universal de emoções.

Nós discutimos principalmente o comando do cérebro sobre os chakras inferiores, mas há a psico-neuro-imuno-gastro-intestinologia: o cérebro mantém comunicação bidirecional permanente com o sistema imunológico (do chakra cardíaco) e o sistema gastrointestinal (do chakra umbilical). Assim, o controle do cérebro é maior ainda. Por exemplo, os circuitos cerebrais do ciúme, da competitividade e da dominação estão conectados à eliminação da energia do amor no coração e no umbigo, algo que aconteceu por conta da necessidade de sobrevivência durante nossa evolução.

Autoidentidade nos chakras

Lembre-se de que seu "*self* experimentador" está ligado ao engajamento de uma hierarquia entrelaçada. E isso exige um aparato de cognição e de memória, como no neocórtex. Assim, inicialmente imaginei que nossa experiência visceral do sentimento precisa aguardar até que a mente atribua significado ao sentimento e a mensuração quântica em hierarquia entrelaçada ocorra no chakra frontal, o neocórtex; só então teríamos a experiência do sentimento, sempre mesclada ao pensamento, como nas emoções. É assim que a maioria das pessoas vivencia o sentimento.

Mas, espere um pouco! Enquanto os homens costumam aceitar que seu *self* está centrado na cabeça, umas poucas mulheres alegam que seu coração "conversa" com elas porque elas sabem como escutá-lo. Será que isso é uma simples metáfora para a emotividade das mulheres? Ou há uma base científica para esse caso? O enredo se complica ainda mais quando muitas tradições místicas se referem à jornada espiritual como uma jornada para o interior — *para o coração.*

Temos mais do que uma metáfora aqui. Primeiro, o sistema imunológico é o segundo órgão mais importante do corpo. Os cientistas estão descobrindo que o sistema imunológico tem certa autonomia.

Segundo, todos sabem que o neocórtex precisa do sono de todas as noites; a privação do sono é prejudicial, tanto para a saúde física quanto para a mental. É fácil conectar a glândula timo (do sistema imunológico) ao amor romântico; o romance ocorre quando a função da distinção entre eu e não eu do sistema imunológico é suspensa. É quando o coração brilha com o romance. Então, por que precisamos do amor? A resposta deve ser: para dar algum descanso ao sistema imunológico. Se negamos esse descanso ao sistema imunológico, teremos um mau funcionamento desse sistema, o que leva a muitos distúrbios, como doença autoimune, doenças cardíacas e câncer.

Perceba que, de todos os órgãos do corpo, só o neocórtex, o sistema imunológico e o sistema gastrointestinal (na forma de jejuns) precisam de repouso regular. O que eles têm em comum? O neocórtex tem autonomia; também tem uma hierarquia entrelaçada e por isso adquire um *self.* O sistema imunológico tem autonomia; será que também tem um *self*?

Uma surpresa importante da neurociência foi a descoberta recente de um grande grupo de neurônios no chakra cardíaco, alardeada pelo HeartMath Institute e que vem chamando nossa atenção há algum tempo. Há um sistema cognitivo nesse chakra, onde estão localizados os órgãos da glândula timo e do coração; o sentimento do amor é um modo excelente de conhecer. Tendo esse feixe de nervos à disposição, temos também a capacidade de criar memórias. Cognição e memória — os dois sistemas que formam uma hierarquia entrelaçada no cérebro —, e o coração também possui os dois. Logo, o chakra cardíaco tem um *self*: a experiência do sentimento puro, por si só, pode manifestar no coração sem a ajuda do cérebro.

Não faz muito, neurocientistas também descobriram outro pequeno cérebro, um grande feixe de nervos no chakra umbilical. Esse chakra tem um aparato cognitivo, ele reconhece o sentimento de autoestima, de amor-próprio. Seu pequeno cérebro lhe dá um aparato de memória. A combinação forma uma hierarquia entrelaçada e manifesta uma autoidentidade centrada no umbigo.

A cultura japonesa chama o centro do umbigo de "hara", ou self *do corpo*; uma cultura espiritual, no mínimo, vem reconhecendo esse centro do *self* há centenas de anos. Para ser justo, em nossa cultura moderna, homens criativos falam em sensações guturais que confirmam a veracidade de uma experiência criativa.

As questões importantes são: por que os homens em nosso meio não escutam a voz sutil do coração e por que as mulheres não percebem a voz sutil do chakra umbilical, esses sentimentos puros associados à manifestação da experiência nesses chakras? Isso está relacionado com a evolução e a cultura e talvez seja o principal fator que contribui para a dicotomia homem-mulher.

Psicologia da energia

A percepção-consciente da energia vital, como mostra minha própria experiência, tem sido lenta entre os psicólogos profissionais. Entretanto, as evidências a seu favor têm sido abundantes desde a década de 1960, quando coisas como massagem e rolfing (uma forma de massagem mais enérgica) tornaram-se populares. Em retrospectiva, o que é a massagem senão a liberação da memória de episódios emocionais que nos deixam com músculos tensos? Só depois de relaxar os músculos com alguma acupressão, como a massagem ou, melhor ainda, rolfing, é que as emoções negativas correlacionadas afloram e são eliminadas.

Conheci o psicólogo Roger Callahan em 1997 numa conferência, quando ele me falou sobre uma nova terapia chamada *Terapia do campo do pensamento* que tinha desenvolvido e que é muito útil para a cura da maioria das fobias. Esse método propõe a liberação de emoções negativas armazenadas mediante toques especializados dos dedos sobre vários pontos meridianos na parte superior do corpo e em outras áreas selecionadas e *voilà*! Relata-se que até casos persistentes de fobia foram tratados dessa maneira e tiveram êxito.

Variações mais recentes dessa mesma ideia geral incluem a psicologia energética e também se valem de toques em diferentes áreas do corpo (uma dessas variações, adotada por Sunita em sua prática, é a EFT — Técnica de Libertação Emocional).

Vou encerrar esta seção com outro mito para você recordar, desta vez da mitologia indiana. Os deuses e os demônios se reuniram para procurar a poção da imortalidade — *amrita*. Para isso, remexeram o oceano com a ajuda de uma grande cobra chamada *Basuki*. Com efeito, após alguma agitação, a bela e encantadora deusa *Mohini* aparece com o frasco de amrita. Ela se põe a encantar os demônios enquanto os deuses bebem toda a amrita. Quando os demônios se dão conta de que foram enganados, ficam irritados e exigem outra remexida no oceano! Relutante, Basuki concorda, mas, como a cobra estava cansada, o que apareceu desta vez foi veneno, vomitado pela própria cobra! Agora, a saúde de todos sobre a Terra estava ameaçada. Como salvar a humanidade? Quem poderia fazê-lo senão o grande deus da bondade, Shiva? De fato, Shiva ingeriu o veneno, que era tão potente que deixou sua garganta azul. Mas a humanidade foi salva!

A mensagem é clara. Os deuses — representando a positividade — são imortais, mas os demônios — representando a negatividade — não o são. Em sua procura pela inteligência emocional, alegre-se com esse mito e as lições que ele apresenta.

O desafio da saúde mental/emocional

Na psicologia quântica, o desafio da saúde mental é o controle consciente: se tivermos controle consciente da maneira como nos comportamos em diversas situações, sob estímulos diferentes, seremos considerados mais ou menos normais. Se nosso comportamento tem lapsos de falta de controle, nós o rotulamos como comportamento neurótico. Por outro lado, se o comportamento reflete que as pessoas que assim procedem estão mais ou menos sem controle consciente, ou seja, que o inconsciente assumiu mais ou menos o controle, dizemos que essas pessoas são psicóticas.

Já foi dito que "todo mundo é um pouco neurótico". Todavia, mais recentemente, a partir da década de 1960, temos o conceito da saúde mental positiva. Mas quem, exatamente, tem saúde mental positiva? Na psicologia quântica, dizemos que as pessoas têm saúde mental positiva se, no lugar do inconsciente pessoal, o inconsciente quântico — o domínio de potencialidade por detrás de nosso inconsciente pessoal e coletivo — assume parte da autoridade causal sobre nosso comportamento consciente. Talvez ainda haja neurose, mas os episódios neuróticos vão ficando cada vez mais curtos.

As pessoas comuns têm muito a ganhar ao evitar a neurose continuada e ao aprender a manter a estabilidade normal, ou mesmo a atingir uma saúde mental positiva. E ajuda saber que você tem liberdade para mudar e assumir o comando de sua saúde mental e emocional.

O mesmo se aplica à sociedade, pois esta é uma descoberta crucial. Desde o início, um dos defeitos da abordagem comportamental se destaca: a questão da responsabilidade. Se somos máquinas condicionadas, por que devemos ser responsáveis por nosso comportamento? Temos de reconhecer a eficácia causal das escolhas individuais antes de atribuirmos responsabilidades às pessoas.

O ato religioso de rotular-se como "*pecador*" não lhe faz bem algum se a única receita para a cura é "*confessar*".

Logo, deve ficar claro que uma ciência sensata que lhe oferece alívio das neuroses e aspira à felicidade e à saúde mental "normal" ou positiva precisa ter os seguintes ingredientes básicos:

1. Você pode fazer com que suas experiências tenham importância; elas não precisam ser mero processamento de informações. Se contém significado e valor, especialmente valor espiritual, então, em um contexto apropriado, podem trazer felicidade.
2. Você tem um *self* dotado de livre-arbítrio; você pode escolher o contexto no qual confere validade à sua experiência e também tem a responsabilidade por sua escolha.
3. Não apenas é importante o conforto com que você vive no mundo exterior (algo que até a ciência materialista considera relevante), como também o modo como você vive em seu mundo interior — sua psique. Aqui, a visão de mundo materialista tem muito pouco a oferecer.

A psicologia quântica foi idealizada para ter os três ingredientes básicos para formar um programa psicoterapêutico eficaz à sua volta para a prevenção e o tratamento de neuroses, o que deve ser reconfortante. Além disso, a psicologia quântica nos oferece fundamentalmente uma psicologia positiva, destinada a levá-lo aos mais altos picos de felicidade e saúde mental.

Boa parte dos progressos da longevidade e da saúde física que vemos hoje deve-se à adoção de uma higiene exterior aprimorada. Similarmente, a psicologia quântica da felicidade está chamando nossa atenção para uma melhor higiene interior, também importante. Com efeito, a busca da felicidade resulta em uma grande redução do estresse emocional, e pesquisas recentes relacionam isso a um fator crucial para a longevidade.

Fatores que influem na higiene interior

No caso das doenças físicas, uma descoberta revolucionária foi nossa vulnerabilidade a bactérias e vírus. No caso da psique, as emoções negativas são o equivalente a bactérias e vírus, e, ainda, foram, através da evolução, embutidas em nosso cérebro como circuitos cerebrais emocionais negativos.

E a analogia não fica por aí. Como as bactérias e os vírus do mundo físico, estamos sujeitos a captar as emoções negativas de outras pessoas até mesmo quando operamos localmente nossos neurônios-espelho, um fenômeno chamado simpatia.

Além disso, temos um novo problema para a psique. Quaisquer emoções negativas que eliminamos tornam-se parte do inconsciente pessoal, prontas a aflorar a qualquer momento, criando dificuldades. A tendência a eliminá-las é bem-intencionada; se as expressarmos, podem afetar outras pessoas, o que talvez produza ineficiência em nossos relacionamentos, especialmente no ambiente profissional. Assim, os ocidentais em geral, e os homens até mais do que as mulheres, reprimem suas emoções.

Bem, perceba que o mecanismo de restauração do equilíbrio — as *emoções positivas* — (com poucas exceções) não está embutido organicamente em nós. Para piorar as coisas, os sentimentos positivos nos chegam acompanhados por pensamentos intuitivos; precisamos desenvolver a sensibilidade até para termos consciência deles, para não falar de explorá-los o suficiente para criar novos circuitos.

Parte da dinâmica de eliminação/repressão começa a se formar na infância, quando ainda estamos desenvolvendo a liberdade de escolha e somos vulneráveis a abusos. No passado, de modo geral, as sociedades não eram muito responsáveis na educação parental e por isso não equipavam os pais com sensibilidade para o tratamento dos filhos.

Parte da dinâmica de supressão/repressão acontece por causa da supressão cultural da contribuição do software vital-sensorial, bem como do software vital-mental nos assuntos da psique. No Ocidente, a maioria das pessoas simplesmente ignora essas contribuições.

Na psicologia quântica, reconhecemos tudo isso e nos concentramos na medicina preventiva:

1. Defendemos firmemente a limpeza do inconsciente.
2. Incentivamos solidamente o equilíbrio das emoções negativas mediante a construção de circuitos cerebrais emocionais positivos.
3. Ensinamos a sensibilidade do corpo por meio da psicologia dos chakras — o equilíbrio dos chakras.
4. Ensinamos a vulnerabilidade às pessoas, para que abram mão da defesa imunológica (esses softwares vitais-sensoriais e especialmente vitais-mentais conectados ao sistema imune) quando o relacionamento o exige.
5. E, por fim, enfatizamos bastante a criatividade, até para pessoas "normais", de tal modo que não só o inconsciente pessoal (no qual as coisas neuróticas são eliminadas) se ativa, como também o inconsciente quântico, no qual ocasionalmente temos acesso a coisas criativas para cura.

capítulo 9

intuições e arquétipos

Os objetos de nossas intuições são o que Platão chamava de arquétipos e Sri Aurobindo chamava de domínio dos arquétipos, ou o *supramental*. Comentei antes que os órgãos do corpo formam representações da fonte do campo morfogenético dos nossos sentimentos de energia vital (o software vital pessoal) e o neocórtex cria representações do significado mental (o software mental pessoal). Mas o fato é que até hoje não temos a capacidade de criar representações físicas diretas dos arquétipos supramentais.

Assim, como podemos ter a experiência da intuição? Para a manifestação, precisamos ir às rotas mental e vital.

Podemos fazer uma representação mental, por exemplo, da possibilidade arquetípica; só depois é que a hierarquia entrelaçada existente no cérebro pode entrar em ação, e a consciência causa o colapso de uma experiência intuitiva juntamente com sua representação no pensamento.

Desse modo, a intuição não pode ser vivenciada diretamente; ela aciona a criação de potencialidades mentais que culminam no eventual colapso da hierarquia entrelaçada. Nessa experiência do *self* quântico, a mente atribuiu um novo significado ao arquétipo.

Naturalmente, se não formos sensíveis, deixaremos de perceber a autoexperiência quântica e terá início o processamento do reflexo no espelho da memória. Quanto mais espontânea for a sequência toda — colapso primário e secundário —, maiores as chances de captar a alegria espiritual de uma experiência arquetípica. Não é à toa que nem todas as pessoas relatam tal alegria; em seu lugar, muitas dizem que as intuições são perturbadoras. É que as intuições têm valor de veracidade; percebemos esse fato e ele nos deixa pouco à vontade.

Por outro lado, a intuição nada tem de rarefeito; ela é um fenômeno que pode ser vivenciado por todos nós, todos os dias.

Há ainda uma qualidade afetiva nas experiências arquetípicas. Algumas de nossas intuições proporcionam "sensações guturais" e outras podem ser consideradas "um doce para o coração". A razão é que os arquétipos podem não só ser representados na mente como significado mental, mas também no corpo vital, como sentimentos elevados — movimentos da energia vital conectados a nossos chakras superiores. A intuição do arquétipo do amor, por exemplo, pode ser vivenciada como um pensamento mental sobre o amor e também como um sentimento maravilhoso no chakra cardíaco.

Como sabemos que as intuições são diferentes do pensamento racional, que não são criações do próprio pensamento, como alegam muitos materialistas? Bem, as intuições são um prelúdio para uma experiência arquetípica e criativa plena. Como lembra Aurobindo, o mundo arquetípico está repleto da verdade e a *verdade* é um arquétipo eterno e absoluto, para o qual não se permite nem mesmo o movimento quântico. No que isso implica? Que arquétipos como o amor têm muitas facetas quânticas, dentre as quais podemos escolher a de determinada experiência (no amor, podemos escolher, por exemplo, o ágape — a *compaixão* — ou o amor romântico, ambos com muitas nuances); todas as facetas terão valor de veracidade. Assim, cada vez que intuímos, a experiência tem valor de veracidade, que é diminuído mas não eliminado, nem por uma representação mental ou vital. Logo, os pensamentos intuitivos sempre são acompanhados de um leve sentimento de "verdade", mesmo que a lógica mental possa nos dizer outra coisa. Às vezes, sentimo-nos inquietos e nos perguntamos se deveríamos dar prosseguimento a esse leve sentimento de verdade, mesmo que não seja estritamente racional. Em outros momentos, vivenciamos esse valor de veracidade como uma sensação gutural ou um formigamento no coração, dando-nos mais incentivo para prosseguir.

Se seguirmos o pensamento intuitivo até a sua fonte, se cultivarmos a sensibilidade necessária para as intuições e aprendermos a explorá-las de forma criativa, poderemos comprovar diretamente a autenticidade — *o valor de veracidade* — do arquétipo.

O mundo supramental

A morada dos arquétipos que intuímos chama-se supramental. Por que precisamos postulá-la, autenticando ainda mais as intuições?

Há, na matemática, um teorema importante chamado teorema de Gödel, cujo significado é o seguinte: seja qual for o sistema matemático de algoritmos usado para determinar a verdade matemática, se o sistema for suficientemente complexo, sempre haverá uma proposição no sistema que ele não pode provar. Embora o matemático consiga ver a validade da proposição sem qualquer dúvida, o sistema algorítmico da lógica é incapaz de prová-la.

Em outras palavras, quando os matemáticos descobrem leis matemáticas, pulam fora do sistema: trazem a verdade matemática de um mundo transcendente. Esse é o mundo dos arquétipos supramentais apresentados por Platão. No mesmo espírito, se as leis científicas da matemática guiam o comportamento de objetos materiais, como na física e na química, devem existir antes da matéria, devem ser matéria transcendente e imaterial. Na mesma medida, também devem transcender a mente que estabelece a matemática.

De modo geral, a ciência é o resultado de nossa busca pelo arquétipo da verdade, com uma estratégia de duas pontas: teoria e experimento.

Além das leis físicas, o supramental também atua como reservatório dos arquétipos das funções biológicas (das quais os campos litúrgicos/morfogenéticos são representações vitais) e dos arquétipos de significado mental.

A confusão se dá porque não existe um lugar no corpo ou no cérebro onde as intuições são memorizadas para nossa recordação e exame detalhado posterior. No entanto, não é preciso negar que existe um tipo especial de pensamento — *o pensamento intuitivo* — que não é necessariamente racional segundo os padrões atuais, mas que tampouco é irracional. Parece nos guiar até uma verdade mais profunda, que se torna parte do reservatório de pensamento racional em algum momento futuro. Ajuda pensar que os pensamentos intuitivos são representações mentais dos arquétipos das intuições.

Na psicologia, Jung descobriu memórias coletivas da humanidade que formam aquilo que chamou de "inconsciente coletivo". Jung também chamou os objetos desse inconsciente coletivo, que costumam vir até nós em "grandes" sonhos, de símbolos arquetípicos. Para que isso não crie confusão, entenda que os arquétipos junguianos são representações mentais dos arquétipos platônicos, proporcionando, assim, evidências daquilo que afirmamos antes.

O caso especial do arquétipo da verdade

Os arquétipos são objetos quânticos multifacetados. Com uma exceção: o arquétipo da verdade. *A verdade é absoluta*. Como dito antes, o mundo arquetípico é o mundo da verdade. Então, por que a verdade não é quântica, não é multifacetada?

A resposta é clara: o universo precisa ser criado com um conjunto fixo de leis muito afinadas. O universo arquetípico da potencialidade acha-se sob a verdade absoluta; assim, todos os objetos do domínio arquetípico, todos os arquétipos, têm valor de veracidade. É por isso que na criatividade, especialmente numa experiência criativa que explora diretamente um arquétipo, sempre sabemos com certeza aquilo que sabemos.

A ideia de que é preciso uma afinação precisa do universo para produzir a vida manifestada e a autopercepção-consciente num universo que seria potencial é chamada de *princípio antrópico*. É uma evidência clara de que existe propósito no movimento da consciência.

O arquétipo da inteireza

Tanto a saúde física quanto a mental (e a própria felicidade) caracterizam-se pela inteireza – quando as partes envolvidas estão sincronizadas para atuar como um todo; a falta de inteireza, por outro lado, é vivenciada como infelicidade, doença e depressão.

A única inteireza com a qual podemos contar total e absolutamente é a inteireza da unidade, da própria consciência, sem divisão sujeito-objeto. Esse todo indiviso, naturalmente, é o inconsciente em nós. Excluindo a iluminação espiritual, não podemos vivenciá-la, mas podemos sê-la, tal como somos no processamento inconsciente e no sono profundo. Assim, o sono profundo e certo processamento inconsciente são elementos essenciais de uma boa saúde física e mental.

Infelizmente, se a necessidade de sono é mais ou menos reconhecida, o processamento inconsciente é subestimado em nossa cultura materialista, *do-do-do* (fazer-fazer-fazer). Para viver a visão de mundo quântica, promovemos o processamento inconsciente em nossa cultura, enfatizando a importância da desaceleração. Em lugar do "fast-food", tente a *slow food*; em vez das "mãos ligeiras" no contato físico, experimente as *mãos lentas*. Em vez de "uma rapidinha", afirme e dedique-se ao... *sexo lento*.

Além disso, como praticantes da saúde mental, sugerimos yoga, tai chi, artes marciais, meditação etc. Todas essas práticas nos desaceleram; esse é um de seus diversos objetivos.

Como lidamos com a inteireza no processamento consciente? Como um arquétipo a ser explorado. Quando ficamos mentalmente perturbados ou emocionalmente traumatizados, temos a tendência a ver o desconforto como um sofrimento inconveniente, e, se possível, nós o eliminamos. Talvez procuremos um terapeuta comportamental/cognitivo e peçamos uma "melhora rápida" que nos permita enfrentar o estresse mental/emocional. No entanto, a capacidade de enfrentar o estresse não nos deixa confortáveis. Quando perceber isso, você vai se interessar pela saúde mental/emocional como forma de recuperar a inteireza. Vai querer a saúde não apenas no nível do não sofrimento, como também no nível de otimização de sua inteireza, trazendo-lhe satisfação e felicidade.

Segundo a medicina tradicional chinesa (MTC), a inteireza refere-se ao equilíbrio e à harmonização de yin e yang, os aspectos *ser* e *fazer* do processo integral da criatividade. Isso também se aplica ao vital-físico, bem como à situação mental.

Einstein disse: "A criatividade exige coragem". É preciso coragem para convidar os arquétipos a entrar em sua vida, independentemente de quantas vezes você os tenha explorado antes. É preciso coragem para seguir o *self* quântico e abrir mão do controle do ego. Dessa forma, você faz a transição da felicidade centrada no prazer material para a felicidade centrada na alegria espiritual da expansão da consciência.

Ética: o arquétipo da bondade

As tradições espirituais dizem que um dos ideais do ser humano é este: o que está em cima é como o que está embaixo. Como ensinou Jesus, quando você integra o superior ao inferior, dá um passo para dentro do "reino do céu". Logo, para a MTC, essa integração refere-se ao balanceamento entre yin e yang, imanifestado e manifestado, condicionamento e criatividade, que se encaixam muito bem com a visão de mundo quântica.

No entanto, há uma interpretação mais estrita do significado da integração entre superior e inferior, ou seja, valores celestiais (o bem) e valores terrenos (o mal). Psicólogos profundos, já a partir de Freud, veem isso de outro modo. Freud tinha três conceitos, o Id, o ego e o superego. O Id é o subconsciente, emoções eliminadas e reprimidas e (na maior parte) traumas de infância. O ego é o eu consciente, o polo "sujeito" de nossa percepção-consciente de vigília cotidiana. Embora Freud não tenha definido o ego tal como o fazemos na psicologia quântica, não acredito que os freudianos farão muitas objeções se continuarmos a dizer que o ego é o ego/caráter/persona normal, conforme definido neste livro. O superego também é o inconsciente; é o resultado dos "pode" e "não pode" parentais, religiosos e socioculturais. Antigamente, nós o chamávamos de *consciência* e todo mundo, exceto psicopatas e sociopatas, tinham-na em maior ou menor grau. Sob a ciência materialista, os conceitos de ética e de moralidade em que a consciência se baseava tornaram-se borrados e incertos.

Para os sociobiólogos, nossos circuitos cerebrais emocionais negativos são os verdadeiros determinantes de nosso comportamento, junto com outros condicionamentos genéticos e ambientais. Além disso, consideram que os "memes" culturais exercem certo efeito sobre nosso comportamento, o que inclui os "pode" e "não pode" sociais e culturais e que por isso se aproximam um pouco do conceito de consciência.

As religiões não discordam totalmente do pessimismo sociobiológico sobre o ser humano. Identificam esse aspecto como o "mal em nós" e sugerem que o equilibremos com o "bem" (e Deus) que as religiões devem nos ensinar. De fato, nas culturas religiosas do passado, as pessoas buscavam a moralidade, tentando construir circuitos cerebrais emocionais positivos com base nos ensinamentos religiosos e éticos. Infelizmente, circuitos cerebrais emocionais positivos construídos desse modo estão longe de equilibrar o domínio exercido sobre nós pelos circuitos negativos e instintivos. Além disso, os freudianos concordariam: o Id sempre vence o superego, o sr. Hyde triunfa sobre o dr. Jekyll no final das contas.

É fácil ver que, sob o materialismo, a situação está ficando pior. Hoje em dia, discutimos com os materialistas se a ética deve ser mesmo aplicada à condição humana. Será científica ou será apenas um monte de regras sociais convenientes e politicamente corretas, uma necessidade, mesmo fingida, para algum tipo de manutenção da civilização, do comportamento civilizado?

Na psicologia quântica, esses debates são desnecessários, ou até irrelevantes. Todos temos o potencial de nos interconectarmos através de nossa consciência comum; logo, a ética torna-se compulsória quando você percebe sua unidade com outra pessoa, quando você entra num relacionamento. No entanto, se você ignora essa verdade, é dever da sociedade e da cultura ensiná-lo sobre a unidade; sobre sua aliança moral para manter-se aberto à relação com qualquer ser humano, independentemente de raça, gênero, orientação sexual etc.; sobre o arquétipo da bondade e sobre como investigar diretamente esse arquétipo por meio de sua criatividade e assim por diante. Em outras palavras, a ética deve ser enfatizada como um componente crítico da educação psicológica.

capítulo 10

resgatando a promessa de paraíso

A consciência chega até nós por meio da mensuração quântica no cérebro hierarquicamente entrelaçado na forma do *self* quântico — uma experiência numinosa do momento presente. O *self* quântico é cósmico, hierarquicamente entrelaçado, e a experiência lembra-o instantaneamente de quem você é de fato — a unidade que chamamos de paraíso. Volta e meia, perdemos esse acesso ao paraíso e nos esquecemos da unidade em duas etapas.

O ego/caráter

Naturalmente, para a maioria das pessoas, a maior barreira para o acesso ao self quântico é o estado habitual do "eu" que vivenciam, coloquialmente chamado de *o ego*. O ego é a maior barreira porque sua natureza é preservar o *status quo*, um controle que ele sente que precisa manter sobre seus assuntos. Então, como surge esse ego se nossa reação inicial a todo estímulo (que não é uma memória recuperada) é o *self* quântico?

Sempre que o aparato hierarquicamente entrelaçado do cérebro acaba de processar um estímulo, cria uma memória mental da cognição do estímulo. Da próxima vez que o mesmo estímulo chega ao cérebro, a memória é recuperada e proporciona um estímulo secundário, uma imagem refletida, por assim dizer. Logo, o sistema quântico de cognição precisa responder não só ao estímulo primário, como também ao estímulo secundário. Você pode entender isso como algo chamado processamento pré-consciente, como um reflexo no espelho da memória. Experimentos mostram que, após a autorresposta quântica inicial, o processamento secundário do estímulo leva em média 500 milissegundos para alcançar um estágio no qual nos tornamos conscientes dele. O que o reflexo repetitivo no espelho da memória faz é propender o sistema a reagir em favor da resposta anterior. Dessa forma, muitos desses reflexos produzem aquilo que os psicólogos chamam de *condicionamento*.

Portanto, o aprendizado repetitivo da reação a estímulos com esses mecanismos de reforço estímulo-resposta produz todo o padrão de hábitos condicionados e o repertório aprendido de um *self* humano que chamamos de caráter do ego e padrões de hábito. Nesse nível, o comportamento corresponde bastante àquilo que os comportamentalistas pensam sobre o ego – um monte de padrões condicionados que geram um comportamento. Estamos representando um verbo sem boa parcela do sentimento de que somos um substantivo; em outras palavras, nosso "eu" está sendo objetificado, um "eu/mim". Em vez da experiência ser "eu estou sorrindo", ela é "sorrir está acontecendo (comigo)".

Ego/caráter/persona

Na verdade, o ego que em geral vivenciamos é aquilo que alguns psicólogos chamam acertadamente de ego/persona; sua hierarquia é simples e não entrelaçada; com a aquisição do ego-persona, tornamo-nos literalmente quem escolhe *e* quem faz. Escolhemos um de nossos programas aprendidos e o colocamos em prática.

O que converte um punhado de padrões de caráter e de repertórios aprendidos num escolhedor-fazedor de hierarquia simples? Primeiro, o condicionamento que acompanha qualquer aprendizado de um estímulo não se aplica totalmente a qualquer resposta. Na prática, aprendemos uma série de respostas ao mesmo estímulo com valores variáveis de pesos probabilísticos. Segundo, a criação de memórias é um processo complexo: há a memória de curto prazo e a memória de longo prazo. Assim, quando fazemos referência a um reflexo no espelho da memória, de que memória estamos falando? Terceiro, temos a capacidade de estar conscientes *de que estamos conscientes*; podemos fazer isso *ad infinitum* e habitualmente o fazemos. Desse modo, podemos mudar o peso probabilístico de nossas respostas a um estímulo exterior mediante a introspecção. O efeito final é que temos a impressão de que escolhemos nosso comportamento para determinada situação entre um amplo espectro de comportamentos, um punhado de programas com os quais nos identificamos naquele momento. Esse é nosso ego/caráter/persona ou mim-mim-mim.

Assim, às vezes nosso ego/caráter/persona pode não ser autêntico. Atender à autoimagem tende a ser mais importante do que aderir à verdade. Ego autêntico seria aquele no qual todas as personas estão coerentes com o caráter.

Uma diferença notável entre o ego/caráter/persona e o *self* quântico é esta: em nosso ego/caráter/persona, podemos nos observar agindo deste ou daquele modo; o ego/caráter/persona pode ser visto como um objeto. Podemos até observar nossa observação, aparentemente *ad infinitum*. Em contraste, pense no *self* quântico como uma testemunha pura, sem ponto de referência a "o mim".

Dividido entre dois *selves*?

Desse modo, somos capazes de nos identificar literalmente com dois *selves* ou eus, o *self* quântico e o ego/caráter/persona. Entre eles, temos *o pré-consciente* — durante o tempo de processamento de quinhentos milissegundos. Os dados da neurociência conferem validade a isso tudo.

Esta história zen ilustra perfeitamente ambas as modalidades do *self*.

> Dois monges estavam prestes a atravessar um rio raso, mas lamacento. Nesse momento, surge uma jovem com um belo vestido, que chegava até seus tornozelos. Obviamente, a jovem hesitou para atravessar o rio, pois poderia arruinar seu traje. Um dos monges pediu-lhe permissão e, uma vez concedida, pegou-a no colo e atravessou o rio, pondo-a na margem oposta. A jovem agradeceu o monge e prosseguiu seu caminho. O outro monge não tardou para alcançar o primeiro e prosseguiram a viagem.
>
> Cerca de uma hora depois, o segundo monge falou. Ele estava perturbado.
>
> — Meu irmão, você fez uma coisa muito errada. Nós, monges, não devemos tocar em mulheres, muito menos carregá-las durante o tempo que você levou para atravessar o rio; foram cinco minutos e você a segurou bem junto ao corpo.
>
> O primeiro monge pensou um pouco e respondeu:
>
> — Meu irmão, eu carreguei a jovem por cinco minutos apenas e a pus no chão, mas você ainda a está carregando.

O primeiro monge realizou um ato de compaixão, reagindo à intuição de que a jovem precisava de ajuda e por isso agiu segundo o *self* quântico. O segundo monge estava pensando com seu ego/caráter/persona condicionado e com a mente julgadora. Por isso, sofreu.

O *self* quântico é o *self* unitário, o lembrete de nossa origem na unidade. O ego/caráter/persona traz a separação; porém, traz também certa individualidade, incluindo aí nossos singulares caráter e personalidade. Traz ainda nosso repertório de conhecimento.

Na infância, à medida que nos desenvolvemos, não sofremos com o fardo da memória, especialmente a capacidade de recuperar memórias; naturalmente, passamos mais tempo no *self* quântico. Ao crescer, temos mais memórias, mais condicionamento, mais repertórios aprendidos, mais estrutura e capacidade do ego para recuperar — e não se esqueça do apelo dos instintos (especialmente o instinto sexual, que se excita a partir da puberdade). Tudo isso, e mais algumas coisas, contribui para seu ego adulto. Subprodutos negativos do ego adulto incluem um monte de dores e de sofrimento indesejados. E depois? Você deve tentar voltar ao seu *self* quântico e viver na unidade, na inteireza, em paz, como sugerem algumas das antigas tradições espirituais? Você consegue? Ou está apegado demais à sua dinâmica de buscar prazer-evitar dor, em especial porque os cientistas materialistas aprovam esse estilo de vida?

Nos Estados Unidos, pelo menos metade da população acredita em Deus ou num poder superior. Na minha opinião, isso significa que essas pessoas estão um pouco divididas entre os dois *selves*, o ego e o quântico. Mas, se é preciso abrir mão da identidade do ego, por que precisamos desenvolver um ego forte?

Pessoas que vivem sob a égide do materialismo não precisam se preocupar com esses questionamentos. Para elas, a ignorância é pura alegria. Mas até elas têm o problema de encontrar a satisfação. "Coma, durma, faça sexo, processe informações com seu celular e tenha um emprego para ganhar dinheiro e sobreviver" como modo de vida não satisfaz a todos e não satisfaz ninguém o tempo todo.

Muitas tradições espirituais tendem a dizer que a consciência una é preferível à separação do ego. Certa vez, ouvi um pregador cristão dizer o seguinte num programa de rádio noturno: "Dê seu martelo de juiz para o Espírito Santo". Para mim, isso quer dizer que devemos deixar os julgamentos de lado e nos entregarmos àquilo que é maior do que nosso ego (com o qual nos identificamos tão de perto) e que o "falso *self* da separação", que não reconhece prontamente uma fonte superior ou exterior a si mesmo.

Existe a possibilidade (pelo menos em teoria) de nunca termos de nos identificar completamente com o ego. Primeiro, porque o condicionamento para determinada reação nunca é total. Sempre podemos dizer "não" ao condicionamento, abrindo-nos para o *self* quântico. Segundo, assim que nos abrimos para a intuição, o esquecimento que vem com o ego/caráter/persona cria uma fenda em sua armadura. Isso significa que sempre podemos ouvir o chamado da unidade e responder prestando atenção em nossa capacidade intuitiva. E sempre que deixamos de lado o ego e fazemos isso, conseguimos manter contato com nosso *self* quântico! Significa que sempre é possível ter uma resposta criativa para qualquer estímulo. Podemos sempre levar adiante nossas intuições até a criatividade plena, o que envolve encontros prolongados com o *self* quântico.

E não fique com a ideia de que um condicionamento fraco do ego é mais eficiente para nos voltarmos para a unidade ou para a criatividade. Experimentos com o treinamento de animais revelaram o fenômeno da neurose experimental. Se um animal for treinado para perceber a diferença entre um círculo e uma elipse e depois mostram-lhe a imagem de uma elipse que vai ficando mais e mais ambígua (digamos, progressivamente menos elíptica e mais circular), o animal vai exibir sinais de neurose ansiosa; o ego fraco não consegue lidar com a ambiguidade. A criatividade exige que lidemos com incertezas e ambiguidades; logo, é claro que é preciso ter um ego forte e com bom repertório. Voltar-se para a unidade apesar do ego adulto exige aquilo que chamo de *criatividade interior*.

Perdemos o paraíso?

No poema épico de John Milton, *Paraíso perdido*, Satanás é banido para o inferno e diz: "É melhor reinar no inferno do que servir no céu". Essa é uma visão muito polarizada do *self* quântico celestial e do ego — o *self* terreno e seu relacionamento.

A verdade é que o paraíso nunca é perdido de fato. Mesmo quando você está (mais ou menos) no ego, o *self* quântico não é tão indefinível quanto você pensa, porque:

1. As intuições são experiências do *self* quântico e vêm frequentemente até nós, pois os arquétipos são atraídos por nós.
2. Mais recentemente, Maslow falou da experiência de "pico". Com frequência, eu mesmo tenho vivenciado momentos de alegria espiritual com experiências criativas. Aposto que você também teve surtos ocasionais de criatividade, especialmente na infância. Procure recordar a primeira vez que compreendeu o significado da álgebra, ou de ter aprendido uma música. De onde vem a alegria espiritual dessas experiências? Do encontro com o *self* quântico.
3. Além disso, temos a experiência do fluxo. Algumas de suas formas, como nos esportes, por exemplo, são até mais comuns do que as experiências criativas.
4. Nosso neocórtex domina nossas ideias acerca de quem somos, pois é ali que encontramos nossa autoidentidade dominante. Não podemos mudar isso com facilidade. Mas podemos aprender a sermos sensíveis a pensamentos intuitivos. Também podemos aprender a sermos sensíveis às emoções em seu aspecto visceral,

desenvolvendo afinidade com os chakras. Isso nos abre para a criatividade vital e aumenta ainda mais nosso acesso ao *self* quântico.

Por fim, mesmo quando estamos mergulhados no ego, mantemos o direito ao livre-arbítrio e a capacidade de retornar ao *self* quântico.

A questão do livre-arbítrio

Quero enfatizar que preservamos um mínimo de livre-arbítrio mesmo no ego/caráter/persona. Dito de outro modo, a consciência acompanha nossa escolha entre alternativas condicionadas no nível do ego. Assim, nesse sentido, temos livre-arbítrio.

Veja este exemplo simples. Suponha que esteja escolhendo o sabor do sorvete que vai comprar. Você tem um monte de hábitos condicionados decorrentes de toda uma vida de experiência com diferentes sabores de sorvete e com pesos de probabilidades variados. Num grande número dessas vezes, seu comportamento vai confirmar as probabilidades. Mas, numa ocasião específica, você chega a escolher? A resposta é um retumbante *sim*! "Desta vez, vou escolher o sorvete de menta com gotas de chocolate em vez do meu habitual creme com cookies." Se estiver com vontade, você pode realmente esticar os limites da escolha, optando por um cone de waffle em vez do cone normal!

O outro exemplo importante dessa escolha do ego é a liberdade de também não aceitar mais escolhas condicionadas. De modo geral, nossa visão diz que a escolha *livre* chega até nós desde a unidade inconsciente por meio do *self* quântico e os experimentos apoiam isso. Há toda uma série de experimentos que são base para essa visão e mostram que um ser humano pode dobrar um dedo 200 milissegundos após um sinal exterior, quando nos pedem para fazê-lo voluntariamente. Por outro lado, leva um segundo ou mais para isso desde o momento em que surge a atividade elétrica conectada a estímulos interiores (tal como sua intenção de dobrar o dedo) e a ações inconscientes no cérebro, o chamado *potencial de prontidão.* A explicação se encaixa com a ideia de que o *self* quântico primário (e o inconsciente por trás) é o ponto de alavancagem da livre escolha; nem o pensamento do livre-arbítrio no nível do ego aflora sem um tempo de processamento da reflexão no espelho da memória. E a execução do "livre" arbítrio vai levar ainda mais tempo.

O neurofisiologista Benjamin Libet pediu que seus sujeitos dobrassem uma das mãos na altura do pulso enquanto observavam a posição de um ponto sobre um disco rotativo (como o ponteiro dos segundos de um relógio) quando sua intenção fosse formada. Alguns segundos depois, os sujeitos disseram ao experimentador onde estava o ponto quando a vontade consciente se formou, o que permitiu a Libet calcular a duração desse evento. Libet descobriu que existe mesmo uma lacuna de cerca de 400 milissegundos entre o surgimento do potencial de prontidão e a percepção-consciente da vontade de dobrar o pulso. Isso apoiou ainda mais a ideia anterior de que *a escolha consciente é uma função do* self *quântico* e que o evento interior de uma eventual intenção difunde-se por meio de processamento secundário até o nível do ego, e só então temos o pensamento de que queremos dobrar o pulso. Um observador exterior consegue conhecer nosso "livre" arbítrio se observar o EEG conectado a nosso cérebro. O ego não é realmente livre se suas escolhas podem ser previstas *a priori*, não é mesmo?

Entretanto, Libet descobriu uma coisa. Apesar de a vontade de dobrar o pulso formar-se antes de termos consciência dessa vontade em pensamento, subsequentemente somos capazes de deter nossa ação voluntária durante os 200 milissegundos, mais ou menos, que restam entre a ação em si e o pensamento. Qual a explicação para isso? Mesmo em nossa identidade de ego, podemos dizer "*não*" a nosso condicionamento. E essa é a chave para nos abrirmos para a criatividade. Portanto, a intuição e a criatividade são o caminho que nos leva de volta ao paraíso da felicidade eterna.

capítulo 11

a ciência da criatividade mental e vital e a manifestação

Todos nós queremos que nossas intenções mais profundas se concretizem; parte de nossa felicidade depende disso. O processo ao qual temos de nos dedicar é o processo criativo e quanto a isso não temos dúvidas. Há, porém, um desdobramento recente. Até agora, a criatividade tem sido considerada principalmente como criatividade mental. Com a psicologia quântica a nos guiar, o caminho que leva à criatividade do vital está sendo mapeado. Isso nos permite tentar explorar os arquétipos em duas frentes.

Vamos tratar detidamente do processo para a criatividade mental. A natureza brusca e espontânea do *insight* criativo é, de longe, o aspecto mais espetacular de um ato de criatividade. Mas nem tudo é descontinuidade e *insight*; aquilo que parece ser um *insight* criativo repentino e descontínuo é, na verdade, apenas uma parte de um processo muito mais extenso.

O pesquisador da criatividade Graham Wallas foi um dos primeiros a sugerir que os atos criativos envolvem quatro estágios que hoje são aceitos por muitos. Esses quatro estágios são: *preparação*, *incubação*, *insight* e *manifestação*. Todavia, muitos pesquisadores subsequentes observaram (e eu concordo) que há uma intuição antes mesmo do início da preparação, uma espécie de empurrão interior, uma vaga sensação acerca de um problema que possivelmente precisa ser explorado. Eu mesmo (com base em minha pesquisa e minhas experiências) adicionei um estágio intermediário, resumido pelo slogan *do-be-do-be-do* (fazer-ser-fazer--ser-fazer).*

Descrevo os estágios a seguir.

Estágio 1 — *Preparação*

Reúna fatos e ideias sobre seu problema e pense, pense, pense. Remoa as ideias em seu campo mental, observando-as sob todos os ângulos possíveis, sob todas as perspectivas. Nesse estágio, a ferramenta mais eficaz é sua imaginação. Se você almeja a felicidade e a saúde mental, busque inspiração em bons livros, participe de workshops de cura e medite para aumentar sua concentração e atenção plena, e, acima de tudo, crie novos conteúdos para a imaginação — pensamento divergente.

Se você estiver sofrendo de surtos ocasionais de neurose, trabalhe com seu terapeuta para explorar a dinâmica de supressão de seus traumas emocionais, explore técnicas de psicologia energética para alívio temporário, explore maneiras de lidar com o estresse emocional e coisas desse tipo. Explore muitas possibilidades de cura — pensamento divergente. Novamente, seja imaginativo. Preste atenção nos sonhos e nos significados que trazem a você. Pratique visualizações de cura ou visualizações de boa saúde mental e emocional. Mantenha-se plenamente consciente e aberto para a orientação das sincronicidades.

Estágio 2 — *Incubação*

Relaxe, relaxe, relaxe. O problema não vai a parte alguma, e, enquanto isso, você pode se divertir, dormir, meditar e fazer todas as coisas que o deixam relaxado. E o que faz o relaxamento? Quando você relaxa, seu inconsciente assume e, combinado com a *preparação* — o pensamento divergente —, cria milhares de possibilidades para o processamento do inconsciente.

Como isso acontece?

Lembre-se de que cada pensamento provoca também um punhado de memórias associadas; sempre que você não está pensando, essas memórias mentais voltam à sua existência original como onda de possibilidades de significado. Todas começam pequenas, como aquelas causadas por um pedregulho lançado numa lagoa para criar ondulações. Depois, assim como a onda de água cresce e cresce e os círculos concêntricos tornam-se maiores, espalhando-se ainda mais, o mesmo se dá com suas

---

* Referência a uma canção que ficou popularizada na voz de Frank Sinatra, "Strangers in the Night", na qual ele inclui o *scat do-be-do-be-do*, que significa "fazer-ser-fazer-ser-fazer". [N. de T.]

ondas de possibilidades de significado, criadas pelo pensamento divergente. Elas atuam como sementes de grandes fontes de possibilidades de significado que podem se misturar, criando ainda mais possibilidades, dentre as quais algumas provavelmente serão novas.

Dormir faz bem para a criatividade; o ditado "vamos dormir sobre a ideia" produz resultado por causa do processamento inconsciente envolvido. O sono funciona ainda melhor se você não sobrecarrega seu inconsciente pessoal com um monte de resíduos do cotidiano e emoções suprimidas.

Além disso, os sonhos são muito propícios para a criatividade. Dizem que quando Niels Bohr estava trabalhando em seu modelo do átomo, ele viu o modelo do sistema solar do átomo num sonho, sugerindo que havia uma incubação inconsciente em sua psique, convergindo para um *insight* em seu sonho.

Estágio 2a — *Do-be-do-be-do*

É importante alternar o fazer e o ser, a preparação e a incubação. Por que essa alternância entre fazer e ser? O excesso de relaxamento afasta de seu processamento inconsciente o foco sobre o problema. Como o fogo noturno na lareira durante o inverno, que precisa ser remexido de vez em quando para permanecer aceso. Assim, o *ser* precisa ser interrompido de vez em quando pelo *fazer* para recuperar o foco e manter o equilíbrio e o fluxo intacto.

Estágio 3 — *Iluminação*

Esse é o grande ahá. *Insights*, respostas, visões e discernimentos costumam aparecer quando você menos espera. Como a rã que pula de um lótus, o *insight* é um salto quântico repentino; a surpresa ahá é a assinatura da descontinuidade. Ouvi dizer que observar rãs saltando era um dos passatempos prediletos de Niels Bohr. Talvez todos devêssemos fazer isso para nos inspirar.

Se é um salto quântico até a terra arquetípica — um ato de criatividade arquetípica — o ahá será acompanhado pela certeza, por uma *sensação de saber* profundamente autêntica e geralmente pela sensação visceral de energia ao longo da espinha, tremor nos joelhos, sensações guturais e coisas desse tipo.

Estágio 4 — *Manifestação*

Não se preocupe, a diversão não acabou; está apenas começando! Manifeste, avalie e constate o que você tem. É muito divertido, porque essa fase costuma envolver longos episódios de fluxo — interação entre o ego-caráter e o *self* quântico.

Por exemplo, quando estou escrevendo um livro, tenho muitos *insights* criativos, que são encontros com meu *self* quântico. Minha experiência pessoal com eles se dá como um "episódio de ideias", no qual recebo muitas ideias e informações criativas. No entanto, para mim o mais difícil é traduzir essas informações em palavras escritas e para isso é necessário meu ego-caráter. Fazer com que o texto flua, com gramática correta e tudo o mais, é obra de meu ego-caráter em conjunto com meu cérebro. O *insight* criativo é o colapso primário e o significado que meu ego-caráter dá a ele é o resultado dos colapsos secundários de mini-*insights*. Meu cérebro me permite traduzir o significado como informações/símbolos em meu computador; dessa forma, o ego-caráter e o *self* quântico trabalham em linha num fluxo para que a manifestação aconteça no cérebro e no computador. É um fluxo equilibrado e harmonioso entre ideia e forma, uma verdadeira parceria de trabalho.

À medida que você sobe a escada da felicidade (para atingir degraus de mais felicidade do que infelicidade), à medida que você se dedica à criatividade voltada para a transformação interior, o novo você, mental e emocionalmente forte, vai se manifestar. Antes do ahá, você pode ter sido um fracote mental, jogado de um lado para o outro por seu inconsciente, praticamente sem nenhum controle consciente sobre suas emoções (ou seu comportamento), e agora, veja-se *depois do insight*, com fé renovada em seu controle consciente. Mas atenção: o controle ainda é precário. Para estabilizá-lo, você vai precisar de diversos encontros com seu *self* quântico, minissaltos quânticos, tão pequenos que a descontinuidade fica obscurecida. Mais uma vez, essa parte do processo é vivenciada como um *fluxo* na criatividade exterior e as pessoas que passam por isso costumam relatar uma felicidade intensa na forma de alegria espiritual. A felicidade provém do encontro com o *self* quântico, enquanto o papel do ego é proporcionar competência para representar as ideias que provêm do *self* quântico.

Além disso, há outras considerações. O psicólogo Carl Rogers enfatiza que preparar significa também desenvolver uma mente aberta, desestruturando o(s) sistema(s) de crenças que cria(m) o cenário para a aceitação do novo. Você precisa acreditar que será curado, desenvolvendo o conhecimento profundo disso; você precisa ter confiança no terapeuta e no fato de ambos estarem trabalhando juntos pela cura.

Na cura de doenças mentais e emocionais, volta e meia a manifestação envolve mudanças no estilo de vida. Talvez se inclua aí certa limpeza do inconsciente, que a psicologia junguiana chama de "limpeza da sombra" e que Joan Borysenko chama de "remover as nuvens que ocultam o sol do *self* quântico". No estágio de manifestação, ocorre ainda a reestruturação do sistema de crenças, na qual a personalidade passa claramente da propensão à doença para a propensão à cura, da separação à inteireza. Para pessoas que buscam a felicidade na vida, uma das metas mais elevadas é viver o máximo possível na experiência do fluxo.

A ciência da manifestação

Quem não quer manifestar seus desejos e ideias? Há livros, muitos deles sucessos de vendas, que alegam poder lhe ensinar o *segredo* da manifestação; contudo, quando você tenta aplicar esses conceitos simplistas, a metodologia falha. Esses autores estão errados? Não de todo, só não estão lhe contando a história toda.

Quando você se encontra pela primeira vez com a visão de mundo quântica e seus ditames definitivos e com a consciência escolhendo a realidade manifestada em meio às infinitas possibilidades à sua disposição, é natural pensar que podemos escolher o que queremos manifestar. Qual é a pegadinha? Depois de ler o livro até este ponto, você descobriu qual é: *aquilo que escolhe uma experiência transformadora é a consciência una, não o seu ego separado.* Uma segunda "pegadinha" importante é que as infinitas potencialidades são potencialidades quânticas permitidas pelas leis deliberadas da psicologia quântica e do movimento da consciência. Você precisa estar em sincronia com elas. Na linguagem espiritual do passado, você precisa ter Deus do seu lado.

Há três "Is" de empoderamento para a manifestação antes mesmo de iniciarmos o processo criativo, começando pela preparação: Inspiração, Intenção e Intuição. Vamos estudar mais a fundo cada um deles.

Inspiração – influência ou ação sobre uma pessoa que, acredita-se, a qualifica a receber e comunicar revelações sagradas. A inspiração vem de nosso *self* quântico. A inspiração é um modo certo de determinar se estamos em sincronia com o movimento significativo e deliberado da consciência; mas por que a inspiração é necessária? A inspiração é a base da motivação. A verdade é que a manifestação exige muito foco relaxado e você precisa estar motivado.

Livros sobre o princípio da atração destacam um ponto que vale a pena lembrar. Os arquétipos são atraídos por você. Logo, é seu dever ser atraído por eles. Como já foi dito: "Aquilo que você está procurando, está procurando você". Descubra e siga seu próprio arquétipo. Isso irá ajudá-lo a manter-se inspirado em sua jornada.

Intenção – esforço e energia focados num objeto ou resultado específico. A importância da intenção ficou muito clara desde que o neurofisiologista e psicólogo mexicano Jacobo Grinberg e seus colaboradores fizeram seu experimento de potencial transferido (ver Capítulo 4). Como você mantém suas intenções? Sugiro que siga quatro passos para a intenção:

1. Declare sua intenção a partir de seu ego e faça-o com vigor. Assuma sua propriedade. Se você não for a seu favor, quem será?
2. Aceite e confirme que você também tem uma natureza unitária como potencialidade; ademais, é nela que está seu poder de escolher. Logo, no segundo passo, você deve estender sua intenção também para o bem maior.
3. Agora vem o passo crucial, o terceiro: sincronizar o movimento intencionado com o movimento deliberado da consciência. "Desejo que minha intenção esteja em sincronia com o movimento da consciência." Nesse nível, sua intenção é como uma prece, usada pelas tradições religiosas com a mesma finalidade.
4. Último passo, encerre com o silêncio... e agradeça. Você verbalizou sua intenção, agora é hora de ouvir e meditar.

Intuição – processo que nos dá a capacidade de conhecer alguma coisa diretamente, sem raciocínio analítico; é uma ponte entre o consciente e o inconsciente. É a convocação de um arquétipo. Muitos consideram a ocorrência da convocação como parte do princípio da atração. Os arquétipos ficam chamando você porque são atraídos por você.

O fenômeno da kundalini e a criatividade do vital

Em 1981, passei uma semana no Instituto Esalen em Big Sur, na Califórnia, como palestrante convidado. O falecido professor espiritual Osho (Bhagwan Shree Rajneesh, nessa época) tinha muitos seguidores. Fui convidado para uma meditação matinal com um grupo de Rajneesh e lá fui eu. Explicaram-me que a meditação consistiria em quatro partes. A primeira seria apenas uma agitação do corpo, parado no lugar (conforme descobri, isso realmente nos desperta). Deveríamos parar na posição em que estivéssemos quando alguém dissesse PARE, dando início à segunda parte; então, deveríamos meditar nessa posição em pé por algum tempo. A terceira etapa consistia em dançar lentamente ao som de uma música, com os olhos fechados. Eu estava indo bem, até dar um encontrão em alguém e abrir os olhos. Fiquei frente a frente com um par de seios chacoalhantes! Esqueci de mencionar que o Instituto Esalen era bem famoso na época por permitir muita nudez? Além disso, mencionei que apesar de já estar nos Estados Unidos há algum tempo, eu ainda não me sentia à vontade com a nudez? Assim, meu corpo reagiu, formando aquela protuberância peculiar que o corpo masculino é capaz de ter e fiquei muito envergonhado. Felizmente, o sino tocou, anunciado a quarta etapa: deveríamos nos sentar e meditar e foi o que fiz. Mas a sensação de vergonha persistiu e foi então que subiu uma forte sensação de energia desde o meu ânus até a garganta, ou talvez um pouco além. Foi uma experiência deliciosa.

Mas lembre-se de que cresci na Índia, e, naquela cultura, todos conhecem o despertar da kundalini, um ato no qual temos a experiência do movimento do prana (energia vital) desde o chakra mais baixo até o mais elevado. A palavra sânscrita *kundalini* significa "energia espiralada". A ideia, expressada na terminologia quântica, é que os sentimentos nos dois chakras inferiores mantêm-se principalmente como potencialidade até ocorrer um salto quântico súbito de despertar e eles se abrirem; então, algumas de suas potencialidades antes não manifestadas tornam-se disponíveis para manifestação nos chakras superiores. Assim, naquele momento, imaginei romanticamente que tive a experiência do despertar da kundalini; mas, também nesse momento, fiquei desapontado porque a energia não se elevou até o chakra coronário, como indica a literatura.

Terá sido o despertar da energia da kundalini? Hoje, tenho certeza de que foi, mas na época não tive. Fiquei surpreso, mas não sei se tive certeza da experiência; basicamente, eu era ignorante demais para compreender o que estava acontecendo naquele momento!

Em retrospecto, posso confirmar que os movimentos da energia vital criativa não só conferem autenticidade às nossas experiências ahá, mas que esses movimentos, usados adequadamente, também podem ajudar o processo criativo em si. A meditação Rajneesh, se a examinarmos bem, é uma prática do tipo *do-be-do-be-do* tal como no pensamento, mas envolvendo energia vital. Assim, esse *é o mesmo processo criativo que o mental,* só que você precisa envolver movimentos da energia vital e prestar atenção em sua energia. Para uma discussão mais avançada, leia meu livro com a doutora Valentina R. Onisor, *Espiritualidade quântica.*

capítulo 12

reencarnação e evolução: o propósito da vida humana

A ideia de que nascemos neste mundo como lousas em branco ficou ultrapassada. Ela está sendo substituída gradualmente pela ideia de que, junto com a herança genética da evolução biológica e a contribuição do condicionamento sociocultural, também chegamos aqui com certas propensões de nossas vidas passadas que fazem parte do equipamento padrão quando nascemos. A psicologia iogue chama essa herança de vidas passadas de *karma* ou então, usando outra palavra sânscrita, *samskara*. Essas propensões ficam adormecidas em nós até serem despertadas conforme exigem as circunstâncias da vida atual.

Falei bastante do ego/caráter, mas não posso enfatizá-lo demais neste trabalho. Ele consiste nos padrões de hábito e nos traços de caráter resultantes do condicionamento. Os detalhes sobre como esse condicionamento se dá são espantosos.

Se realimentarmos o estímulo secundário na equação quântica de movimento original, a equação quântica de um elétron é modificada de tal modo que a reação fica menos quântica e mais previsível, um pouco determinada, como na física newtoniana; em outras palavras, a reação ao feedback tende a ser uma probabilidade pendendo levemente a favor da reação prévia. Em termos psicológicos, isso é condicionamento. Desse modo, o efeito do feedback repetitivo de uma quantidade infinita de reflexos no espelho da memória, reforços infinitos da reação, produz um condicionamento total. Antes do condicionamento, o elétron apareceu em muitos lugares, produzindo uma curva em forma de sino em torno da posição mais provável; após um condicionamento infinito, teremos 100% de probabilidade de que ele só aparecerá nessa posição condicionada (Figura 13).

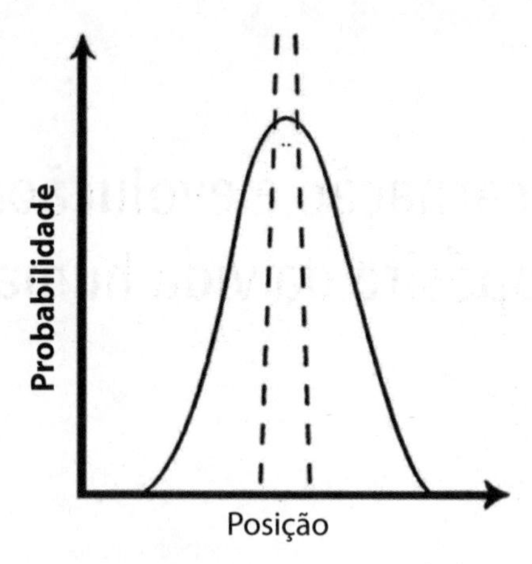

Figura 13. Como um elétron fica condicionado. Antes da mensuração, a distribuição de probabilidade do elétron é uma curva de sino. Após um número infinito de mensurações e de reforços da memória, a distribuição de probabilidade do elétron centra-se em torno de uma posição.

É justo presumir que aquilo que ocorre com um elétron deve ocorrer com a mente e o corpo vital quânticos.

O que está na raiz dessa mudança de peso na probabilidade? A causa raiz é a modificação da matemática quântica do movimento. A lei dessa modificação faz parte do munpotentia do arquétipo da Verdade. Essas propensões chamadas de karma são uma herança, quase como uma lei; além disso, estão armazenadas no domínio não local da realidade. Se formos chamá-las de memórias, devemos qualificar essa memória como *memória não local*, armazenada fora do espaço e do tempo.

Se ela é não local, é fácil responder à questão da reencarnação. A memória não local de seu karma relacionado com seus corpos vital e mental pode ser herdada por um bebê que vai nascer em outro lugar, num momento futuro. Com efeito, você pode ter conhecimento da memória não local de uma vida anterior a esta. Ou seja, você faz parte de uma corrente de reencarnações manifestadas de um ponto contínuo de propensões cumulativas, como um "colar de pérolas". Vamos chamar esse lócus de *mônada quântica* (Figura 14).

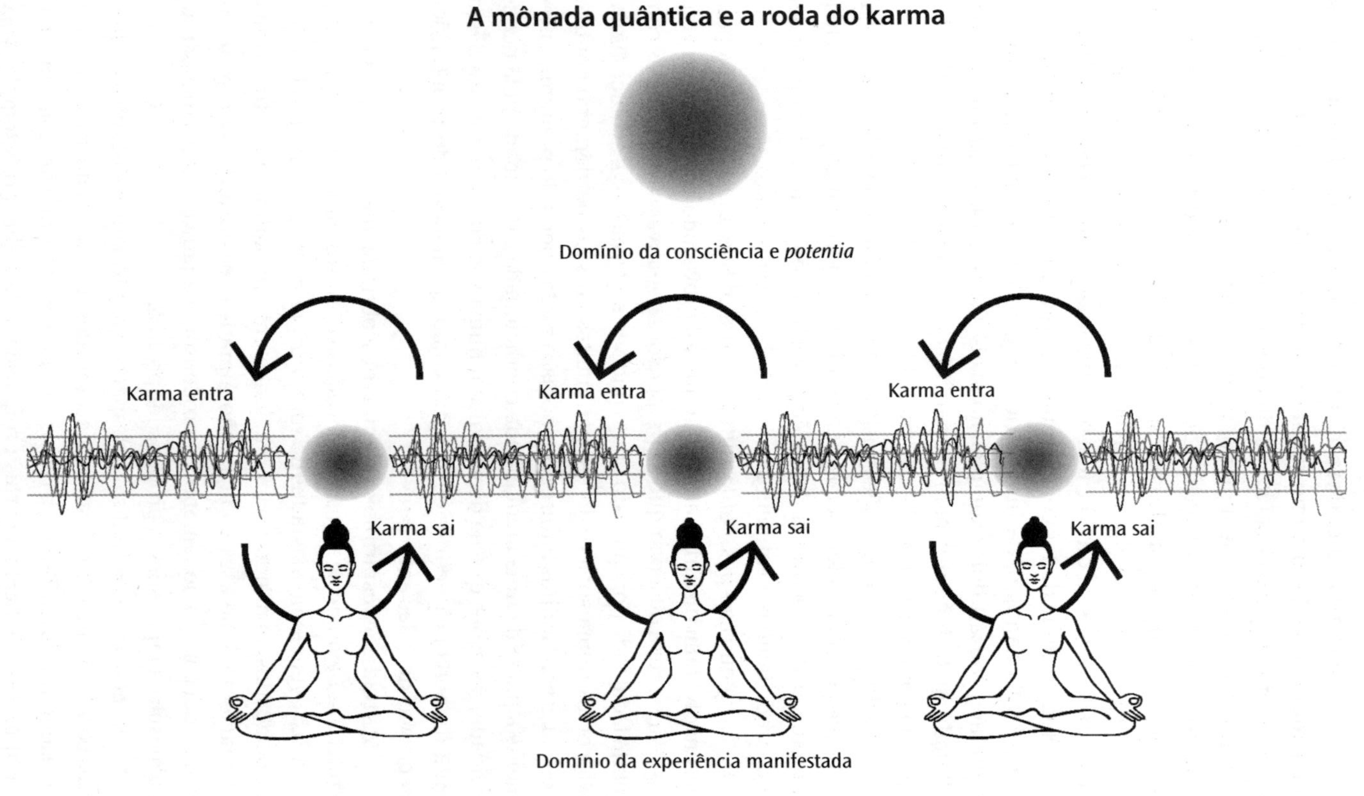

Figura 14. Como a mônada quântica reencarna como as pérolas de um colar.

A evidência empírica da reencarnação consiste em dados sobre bebês, quer tenham nascido como tábula rasa (sem conteúdo mental embutido), quer com uma capacidade de aprender já desenvolvida. Pesquisas confirmam aquilo que qualquer progenitor sabe: os bebês nascem com um número considerável de capacidades inatas que são acionadas pouco depois que ele encontra o estímulo correspondente. Parte dessa capacidade inata deve-se à herança do software universal no inconsciente coletivo; mas parte dela é pessoal e, sem dúvida, tem origem numa herança reencarnatória.

Temos ainda dados convincentes sobre alguns gênios, tendo no matemático Ramanujan, da Índia Oriental, e no virtuose musical austríaco Wolfgang Mozart dois exemplos notáveis. Esses gênios nascem com habilidade inata (talento) para a criatividade, inclusive ampla motivação, passada para eles por suas encarnações anteriores.

Junto com as propensões positivas, temos propensões cármicas negativas que também podem ser acionadas quando, por exemplo, a pessoa tem a predisposição para uma condição física/vital ou mental. Isso pode ser provocado tanto por estímulos exteriores quanto interiores.

No meu caso pessoal (Sunita), creio que tive a predisposição para desenvolver um distúrbio alimentar que foi provocado por diversos eventos. Vale a pena observar que as propensões negativas são acionadas com muita facilidade por causa do ponto onde estamos na curva evolucionária. Nascemos numa sociedade na qual muitas pessoas perderam o contato com suas verdadeiras naturezas e por isso estão operando predominantemente a partir de uma mentalidade condicionada e dominada pela negatividade. As ações que se desenvolvem numa sociedade por causa dessa falta de percepção-consciente agem como acionadores de propensões negativas de vidas anteriores.

As tradições espirituais orientais descobriram que esse acionamento poderia ser evitado se a pessoa se isolasse dos estímulos. Em outras palavras, os jovens eram afastados do *samsara*; eram retirados de suas famílias e sociedades, evitando assim o acionamento do karma de outras vidas. Obviamente, hoje essa solução não é prática; assim, a questão se torna como lidar com o acionamento de propensões negativas fazendo despertar, ao mesmo tempo, nossas propensões positivas?

Primeiro, vamos analisar o despertar das propensões positivas. Algumas pessoas têm a sorte de as conhecerem desde muito cedo, como Mozart, no exemplo citado. Também temos casos de pessoas que nascem em famílias que já se dedicam a certas propensões. Na Índia, por exemplo, você vai encontrar "famílias" ou "casas" musicais conhecidas como *gharanas*. Tradicionalmente, a gharana é definida por uma técnica especial que será transmitida por gerações, em geral dentro de famílias hereditárias; um pai, por exemplo, passa certa técnica para seu filho. Essas pessoas têm uma capacidade cármica inata na música, realçada ainda mais pelas famílias em que nascem.

Porém, nem todos estão nessa situação. Algumas pessoas precisam descobrir ou despertar suas propensões cármicas. Na verdade, isso aconteceu comigo. Enquanto crescia, tive diversos interesses, como ciência, escrita e ensino. Mas, quando chegou a hora de ir para a universidade, fiquei insegura sobre o que queria estudar. Eu sabia que queria ensinar, de algum modo, mas não sabia o quê. Não conseguia encontrar uma carreira que me parecesse suficientemente atraente e por isso dediquei-me à matemática, à ciência e à educação, seguidas por uma pós-graduação em educação. Dei aulas durante algum tempo, mas, no fundo, sabia que dar aulas em escolas não era minha vocação.

Alguns anos depois, por acidente (sincronicidade?), conheci o aconselhamento. Nunca havia me disposto a ter uma carreira nessa área, mas quando comecei a explorar a disciplina, minhas propensões positivas começaram a despertar. Comecei a entender por que tive interesses tão amplos e como podia reuni-los.

Há maneiras de você descobrir suas propensões positivas. Primeiro, e acima de tudo, seja honesto consigo mesmo. O que mexe com você, o que o inspira? O que desperta seu interesse? Veja além daquilo que foi programado a acreditar e, em vez disso, volte sua atenção para dentro. Pode levar tempo e muita contemplação até você entrar em contato com seu *self* mais profundo, mas esteja certo de que sua memória cármica está lá.

Segundo, permita-se explorar uma variedade de experiências e disciplinas, pois, como meu exemplo ilustra, você nunca sabe o que pode despertar sua memória cármica. Além disso, no caso de crianças, estimule-as a participar de diversos assuntos na escola. Não sabemos que memória cármica trouxeram e por isso precisamos criar um ambiente liberal e multifacetado que conduza a essa exploração.

Terceiro, pratique a recuperação de memórias, especialmente aquelas da infância. Primeiro, estabeleça a intenção de se lembrar de seu karma e da informação que você pode "baixar" de seu eu mais jovem.

Agora que temos certa noção sobre o despertar de nossa memória cármica positiva, vamos ver como lidar com memórias cármicas negativas. Além dos atuais acionadores culturais mencionados antes, também precisamos lidar com aquilo que esta vida nos apresenta. O modo como percebemos nossas experiências pode aumentar mais nossas propensões negativas. Logo, é essencial começarmos a aprender a trabalhar com essas questões. O material apresentado no restante deste livro vai ajudar você a lidar com suas memórias cármicas negativas e equipá-lo com o potencial de garantir que está construindo memórias cármicas positivas.

Um ponto importante a levar em conta. Assim como os gharanas da família musical, está se tornando bem conhecido, graças à terapia de constelação familiar, o fato de que várias gerações de famílias passam suas propensões negativas para as gerações futuras por meio da reencarnação.

Os gunas: equilibrando e harmonizando condicionamento e criatividade

Um dos maiores erros das práticas atuais da psicologia compartimentalizada (na academia e em outras áreas) é que a importância essencial da criatividade na saúde mental está sendo bastante ignorada. Lembre-se deste tao da ciência na visão quântica integral: equilibrar e harmonizar as possibilidades transcendentes e as realidades manifestadas imanentes. No tai chi, é o jogo entre yin (imobilidade) e yang (movimento). Yin oferece acesso a possibilidades transcendentes; yang proporciona as realidades manifestadas. Se não colocamos em prática a criatividade, nosso acesso ao inconsciente transcendente limita-se ao passado condicionado, ao âmbito freudiano pessoal e, na melhor hipótese, ao inconsciente coletivo junguiano. E isso não basta sequer para lidar com os rápidos desafios socioculturais e ambientais de hoje, que dirá para investir no crescimento pessoal.

Na psicologia quântica é diferente. Nela, desde o princípio, enfatizamos tanto a criatividade quanto o condicionamento. Logo, é importante reconhecer as qualidades mentais que a tradição espiritual indiana descobriu há muito tempo como parte da psicologia iogue — os três *gunas*:

1. A capacidade de usar a mente a serviço da criatividade fundamental, que é definida como a exploração criativa de novos significados em um novo contexto arquetípico. Daremos a essa qualidade o nome de *sattva*, palavra sânscrita que significa "iluminação". Essa é a qualidade com a qual trazemos novas luzes (clareza) do supramental para nosso repertório imanente de aprendizado. Desse modo, adicionamos mais e mais contextos arquetípicos ao repertório. Essa qualidade é importante para realizar a verdadeira transformação do ego-caráter, pondo-o a serviço do *self* quântico.
   Talvez isso pareça muito exaltado e entusiástico — e é —, mas relaxe. Viver de modo positivo e normal exige apenas um pouquinho dessa qualidade.

2. A capacidade de usar a mente a serviço da criatividade situacional — a exploração de novos significados em determinados contextos arquetípicos. Daremos a ela o nome de *rajas* (o que significa régio). Os reis têm seus reinos, mas é sua prerrogativa expandi-los — a construção de impérios. Do mesmo modo, com rajas, nós, profissionais de hoje nos mais variados campos da atividade humana, construímos algo com base em contextos arquetípicos de vida já conhecidos. Duvida? Cite uma profissão e lhe direi que arquétipo está envolvido. O arquétipo seguido pelas pessoas de negócios é a abundância. Cientistas seguem o arquétipo da verdade. O artista serve ao arquétipo da beleza. Para pessoas ligadas à cura, o arquétipo é a inteireza. No caso do clero, o arquétipo é a bondade. Os advogados deveriam seguir (em princípio) o arquétipo da justiça. Os políticos buscam o arquétipo do poder.
   Essa qualidade, rajas, é essencial para fazermos as mudanças necessárias para nos adaptarmos a um ambiente sociocultural em mutação. É o componente mais importante da caixa de ferramentas para uma vida saudável e feliz. Essa qualidade expande o ego/caráter e também reconhece o papel do *self* quântico, embora de forma modesta.
3. A capacidade de usar a mente a serviço do *status quo*, conforme exigido por nosso condicionamento. Essa qualidade, identificada pela palavra sânscrita *tamas*, que significa "escuridão", é vitalmente importante para a manutenção da estabilidade do ego-caráter-persona da vida adulta. Com o predomínio de tamas, o ego-caráter-persona rege nossa vida quase sem o reconhecimento do *self* quântico.

Ao que parece, nascemos com uma mescla dessas qualidades ou gunas mentais. De onde vêm? São as contribuições de nossas vidas passadas.

Agora, o propósito da reencarnação está claro. Primeiro, ela leva o indivíduo a ter mais e mais rajas e depois mais e mais sattva. Quanto mais rajas, maior a capacidade de adaptar-se criativamente a mudanças ambientais e de assumir lideranças. Quanto mais sattva, maior a capacidade de se valer da criatividade fundamental, maior a experiência de fluxo, maior a felicidade da alegria espiritual em nossa vida — a alegria do fluxo.

O que determina nosso lugar no espectro da felicidade mencionado no Capítulo 1? É claro que o condicionamento ambiental tem seu papel e até o condicionamento genético pode desempenhar um papel limitado (sendo um fator para a energia física, por exemplo), mas será que existe um fator cujo papel é vital?

A psicologia quântica concorda com a psicologia iogue que a reencarnação *é esse fator vital*, determinada pelo aprendizado que acumulamos ao longo de muitas vidas anteriores.

Histórico reencarnatório: você é uma alma antiga?

É claro que nosso lugar no espectro da felicidade depende crucialmente da combinação de gunas que trazemos conosco ao reencarnar. Para a maioria das pessoas (até hoje), em especial para a vasta população dos países subdesenvolvidos, o guna dominante é tamas. Quanto mais rajas trazemos, mais desejamos obter. Isso se aplica a países economicamente desenvolvidos, como os Estados Unidos. Quanto mais sattva trazemos, maior é a nossa tendência a lidar com a criatividade fundamental, empregando-a eventualmente para o bem-estar emocional e a saúde mental positiva, visando uma existência iluminada não só para nós mesmos, como também para toda a humanidade. A quantidade de sattva, rajas ou tamas que podemos fazer frutificar nesta vida depende de nosso histórico reencarnatório. A regra prática é a seguinte: *almas novas têm mais tamas e almas antigas têm mais rajas e sattva.*

O universo com propósito: mensagens da evolução

Como aplicamos propósito à dinâmica da vida de maneira científica? Vamos esclarecer. A manifestação quântica se dá no cérebro hierarquicamente entrelaçado com o qual a consciência se identifica como o *self* quântico de uma experiência de divisão sujeito-objeto. Mas a fonte causal é a causação descendente, a escolha da consciência quântica.

Essa consciência quântica precisa ser objetiva para salvar o colapso quântico de caprichos subjetivos. Ela pode ser objetiva se todos os eventos de colapso forem realizados com um propósito universal. Então, podemos presumir que a escolha da consciência quântica — que na linguagem tradicional seria chamada de "Vontade de Deus" — é dotada de propósito, e que o propósito, neste momento de nossa evolução, é fazer representações dos arquétipos. Mais amor, mais beleza, mais justiça, mais bondade, mais abundância, mais inteireza, nessa direção.

Como sabemos? Escrevi um livro chamado *Evolução criativa*, no qual mostrei que a teoria de Darwin é incompleta e precisa ser substituída por uma nova teoria da evolução baseada na consciência, que na verdade desenvolvi nesse livro. Um dos dados mais importantes que provam a incompletude do darwinismo é a unidirecionalidade da evolução: como demonstram os dados fósseis, a evolução procede de organismos simples para organismos cada vez mais complexos. Criaturas simples representam as funções biológicas arquetípicas, mas de maneira pouco complicada, com software original. Com a evolução, o software fica mais sofisticado, primeiro pela evolução do vital (os biólogos chamam de "desenvolvimento" esse tipo de evolução; isso segue a teoria de Lamarck e não a de Darwin; leia *Evolução criativa*) e depois pela evolução do mental. O histórico antropológico mostra claramente que a mente evolui do simples ao complexo: da mente física (a mente atribui significado ao mundo físico) à mente vital (a mente atribui significado ao mundo vital da experiência) e à mente racional ou mental (a mente atribui significado ao próprio significado — pensamento racional abstrato). Neste momento, estamos quase no final da era mental e no começo da era da mente intuitiva. Hoje, um bom número de pessoas (talvez 15%) incorpora cada vez mais os arquétipos, e, como buscador da felicidade, você não está sozinho.

O conceito de dharma

Falamos antes de evolução e de propósito. Existe uma forma específica de expressão do propósito em nossa vida? A psicologia quântica diz que sim. Cada um de nós que está na jornada reencarnatória há algum tempo capta a ideia de que a vida é mais significativa quando seguimos novos significados em novos contextos arquetípicos. Como a exploração de um arquétipo consome tempo, naturalmente adotamos uma agenda de aprendizado específica para cada encarnação, visando explorar apenas alguns arquétipos. Na psicologia iogue, essa agenda de aprendizado é identificada pela palavra sânscrita *dharma*, grafada com "d" minúsculo para distingui-la de Dharma com "D" maiúsculo, que representa a totalidade — o Tao.

Em 1973, tive uma experiência que me lembrou do meu dharma. Fui convidado para apresentar um trabalho numa reunião da Sociedade Americana de Física, algo considerado muito prestigioso. Fiz minha apresentação (que considerei bastante boa), mas o sentimento não durou muito. À medida que os outros palestrantes se apresentaram, senti que estavam se saindo muito melhor e, naturalmente, recebendo mais atenção, e fiquei com ciúme. O ciúme só aumentou ao longo do dia. À noite, fui a uma festa em homenagem aos palestrantes e aí fiquei com ciúme porque os demais, e não este sujeito bonitão — *moi* —, estavam recebendo mais atenção das mulheres. À uma da manhã, percebi que tinha consumido um tubo de antiácidos mas ainda estava com azia; senti-me revoltado e saí. A festa estava acontecendo num lugar chamado Asilomar, na Baía de Monterey. Em pé no terraço, com o vento do oceano batendo no meu rosto, surgiu uma pergunta do nada, na forma de pensamento: "Por que vivo assim?". E nesse mesmo momento, entendi. A experiência me disse claramente que o propósito de minha vida seria mais bem atendido se eu praticasse uma "física feliz", integrando aquilo que me dava sustento (o ensino da física) com meu modo de vida. Se eu soubesse naquela época aquilo que sei hoje, teria percebido que descobrira o arquétipo escolhido para esta vida, que é a inteireza.

Para funcionarmos no modo normal, não precisamos conhecer necessariamente nosso dharma, mas sem dúvida é útil, pois pode nos ajudar a estabelecer um propósito na vida. E se somos almas "antigas" e maduras, prontas para explorar arquétipos, definitivamente é bom conhecê-lo. O motivo é que a vida fica alegre quando seguimos nossa agenda de aprendizado.

A jornada reencarnatória

No filme *Feitiço do tempo*, o herói é movido pelo arquétipo do amor de uma vida para outra até aprender a essência altruísta do amor. Todos nós estamos fazendo isso, buscando um ou outro arquétipo ao longo de milhares de encarnações. A exploração dos arquétipos leva tempo; primeiro, precisamos desenvolver rajas, depois sattva.

Como aumentamos nossa motivação para subir no espectro da felicidade? Seguindo a sugestão dada pelo filosofo místico Sri Aurobindo, só podemos fazê-lo mediante uma purificação gradual, primeiro de rajas e depois de sattva. Inicialmente, quando nossos rajas são impuros, quem domina é tamas e tudo o que surge para processamento inconsciente são as imagens reprimidas do inconsciente pessoal, governado por circuitos cerebrais emocionais negativos e nossa dinâmica de supressão e repressão da infância, talvez até a dinâmica de supressão e repressão de vidas passadas. Depois, lidamos com os níveis 0 e 1 da felicidade baseada no prazer; no máximo, seremos capazes de ter criatividade à maneira freudiana. Pela arte e pela música, por exemplo, podemos transformar nossas imagens neuróticas em formas aceitáveis, produzindo algum alívio de tamas e abrindo a porta para rajas. Ou nos transformamos por meio da graça acidental de um mestre ou mentor.

Com o predomínio de rajas, as imagens do inconsciente coletivo permitiram-nos processar junto com as descobertas arquetípicas de nossos predecessores; assim, podemos lidar com a criatividade à maneira situacional. Nesse estágio, nossa motivação provém principalmente do sofrimento, o que serve para criar condições de crise. Só com uma purificação adicional, com o desenvolvimento do predomínio de sattva, é que nossa motivação será tão movida pela curiosidade pura que poderemos lidar com o processamento inconsciente, envolvendo territórios antes inexplorados sem incentivo exterior.

Usando rajas quando aprendemos a criar circuitos cerebrais emocionais positivos, usando tanto a criatividade mental quanto a vital, as tendências negativas do cérebro são equilibradas e desenvolvemos um mínimo de inteligência emocional.

Esse é o Nível 3 da felicidade.

Quando aprendemos a processar nosso próprio significado a partir da exploração arquetípica de outra pessoa, tornamo-nos indivíduos. Tornamo-nos "individuados" quando temos uma experiência direta de criatividade fundamental: agora, temos nosso próprio contexto arquetípico e o incorporamos, tornamo-nos originais e merecemos uma nova expressão para nos descrevermos.

Antes da individuação, com inteligência emocional temos a felicidade Nível 3. A individuação é a felicidade Nível 4 — pois você pode usar seu próprio contexto arquetípico para muitas explorações da criatividade situacional, proporcionando-lhe muita felicidade com o fluxo.

O progresso nessas áreas veio ao ritmo de uma lesma na civilização humana e está sempre mantendo uma hierarquia. Os escalões inferiores da hierarquia são seguidores; alguns tornam-se indivíduos e aprendem. Menos ainda se tornam efetivamente *individuados* e são os grandes líderes da história, como Lincoln e Gandhi, Nelson Mandela e Sua Santidade, o Décimo Quarto Dalai Lama.

A exploração sistemática do conhecimento por meio da ciência proporcionou-nos agora a psicologia quântica e com ela a capacidade de purificação rápida de rajas e sattva. Hoje, qualquer um pode ter criatividade interior, para a qual não há um requisito de talento para entrar, e subir pela escada da felicidade. O que falta é a rápida aceitação social da visão de mundo quântica e da psicologia quântica para que suas lições possam ser empregadas em grande escala. Se estiver interessado em outras pesquisas e conceitos, leia meu livro *O ativista quântico*, no qual eu (Amit) dei início ao movimento do ativismo quântico com esse propósito.

PARTE 2

DA NEUROSE À NORMALIDADE: DICAS PARA A PSICOTERAPIA QUÂNTICA

capítulo 13

começando a jornada: uma abordagem simples sobre a interiorização dos novos contextos da ciência quântica sobre saúde mental e felicidade

Antes de começar sua jornada rumo a níveis superiores de felicidade, seguindo até os próximos capítulos, nos quais a jornada toma forma, você precisa personalizar os novos contextos que a psicologia quântica está proporcionando para seu bem-estar psicológico. A seguir, temos uma lista resumida de aspectos da visão de mundo quântica que lhe servirá de guia:

A consciência é o fundamento primário da realidade.

1. Somos uma consciência imanente — *o self* — em associação com o cérebro e também uma consciência transcendente — *o inconsciente* — para além do mundo manifestado, incluindo o do cérebro manifestado.
2. A consciência é a base de toda existência, com quatro universos de possibilidades: *físico*, *mental*, *vital* e *supramental*; estes três últimos constituem a psique.

3. Para cada estado cerebral, existe um estado correspondente da psique. A consciência não local mantém o paralelismo entre os dois.
4. Somos literalmente capazes de nos identificarmos com dois *selves*: o *self quântico* é o *self* da unidade ou transpessoal; é quem nos lembra de nossa origem na unidade. O *self*-ego (ou, mais precisamente, ego-caráter-persona) produz a separação com certa individualidade, nosso próprio caráter singular e persona.
5. O *self* quântico é hierarquicamente entrelaçado e incondicionado. Nesse estado, a divisão sujeito-objeto é sempre recente e numinosa. O caráter do ego-persona é condicionado e tem hierarquia simples e provavelmente não é autêntico.

No restante deste capítulo, eu (Sunita) vou me aprofundar em alguns desses aspectos.

Personalizando a compreensão do transcendente

Meu segundo livro, *O poder da mente*, foi o resultado de meu anseio profundo por explorar a questão "Quem sou eu?". Ao longo do tempo, e após muitas pesquisas, cheguei a ter clareza: éramos indivíduos, mas parte de uma consciência maior que nos transcendia. A consciência transcendente é a base de toda existência. É nossa interconexão potencial que transcende tempo e espaço.

Nesse ponto, espero que você concorde comigo que a física quântica é convincente — podemos ser uma consciência universal que dá origem a tudo, mesmo sendo um indivíduo automanifestado no cérebro? Sim; o conceito da hierarquia entrelaçada e de como a consciência se identifica com o cérebro em função disso é autoevidente. Mas, do ponto de vista emocional, o que me ajudou foi a seguinte analogia de um professor espiritual, que talvez ajude você também:

> Imagine que o oceano é a consciência transcendente e agora imagine-se como uma singular gota de água no oceano. Sendo uma única gota de água desse oceano, ainda assim você possui as qualidades do oceano todo, como a mesma consistência e gosto salgado. Entretanto, mesmo possuindo essas qualidades, você não é o oceano todo. Desse modo, você é tanto uma manifestação da unidade transcendente, possuindo suas qualidades, como uma consciência imanente individual, separada e independente.

Mesmo na imanência, há o problema adicional da reconciliação entre o *self* pessoal e o transpessoal. Os Upanishads ilustram como esses dois componentes, a unidade (o *self* quântico) e o *self* separado (o ego), operam em nós:

> Dois pássaros estão sentados numa árvore. Um deles está comendo um fruto da árvore, pulando de galho em galho, dedicado aos sabores diferentes dos frutos. O fruto doce lhe proporciona alegria e o fruto amargo, desconforto. Esse pássaro exibe ansiedade e mau humor.
> O outro pássaro senta-se num galho superior, calmo e pacífico, e testemunha os acontecimentos em silêncio. Ele não se abala pela tentação dos frutos da árvore.
> Um dia, o pássaro que come frutos olha para cima e vê seu amigo, sentindo-se atraído imediatamente por sua natureza pacífica. Com a sua atenção e a interação com seu amigo pacífico, o pássaro que come frutos se liberta de suas ansiedades.

Em termos metafóricos, os dois pássaros residem no ser humano. O pássaro que come frutos representa o ego-caráter-persona, cuja felicidade depende do mundo material e de circunstâncias mutáveis. Essa parte de nós sofre de estresse e ansiedade, com base naquilo que acontece em nosso ambiente exterior.

O pássaro pacífico representa o *self* quântico, que está sempre lá nos bastidores de toda experiência exterior, sem se abalar pelas circunstâncias mutáveis trazidas pela vida. O *self* quântico consegue nos ajudar a transformar a ansiedade e a dor caso decidamos voltar nossa atenção interior para ele. Para voltar a atenção para o *self* quântico, o meio mais fácil é prestar atenção em nossas intuições, os arautos dos arquétipos com os quais transformamos e produzimos novos significados e novos contextos de vida para nos adaptarmos e vivermos melhor, numa escala de felicidade em permanente mudança.

Então, será esse o propósito da vida, explorar os arquétipos e ser cada vez mais feliz? A resposta a essa pergunta é um retumbante *sim!*

Os cinco corpos do ser humano

Em seu centro, a consciência não tem divisões (nós a chamamos de consciência não local ou simplesmente inconsciente). Esse estado indiviso se manifesta como os cinco corpos da experiência humana. O primeiro é o *corpo físico*, com o qual navegamos por nosso mundo sensorial. O segundo é o *corpo vital*, cujos movimentos e energias sentimos. O terceiro é o *corpo mental*, com o qual pensamos e processamos significados. O quarto é o *corpo supramental* (às vezes chamado de alma), feito das representações vital e mental dos arquétipos supramentais que intuímos, exploramos e incorporamos criativamente. O quinto corpo está associado ao *self* quântico (ou espírito), o corpo de ānanda – felicidade, também chamado de *corpo sublime* na literatura espiritual.

Este último exige um aprofundamento. O *self* quântico é o sujeito; mas como pode ser um corpo, um objeto? O objeto aqui é a alegria – ānanda – que vivenciamos quando estamos no *self* quântico.

O *self* quântico não é um *self* de fato (os budistas adoram lembrar isso, chamando-o de "não *self*"), mas um portal para a unidade que existe além – o estado de *Turiya*, que é o inconsciente ou a "imperiência" (lembra-se dessa palavra do Capítulo 5?) e a alegria ilimitada – em sânscrito, *Turiyaānanda*. Entretanto, para sermos um com a própria consciência una em sua verdadeira forma, sem quaisquer qualificações, temos de penetrar até essa alegria. Nesse sentido, os Upanishads chamam o *self* quântico e o estado de Turiya ao qual ele conduz de ānandamaya kosha ou corpo sublime.

Na psicologia quântica, trabalhamos com todos esses cinco corpos para otimizar a felicidade. Usamos nossos sentidos físicos para experimentar todo o prazer que as moléculas neurotransmissoras podem nos proporcionar, sem nos tornarmos viciados. Trabalhamos para equilibrar nossas energias vitais e livrarmo-nos de emoções que não nos servem mais. Exploramos novos significados para cultivar a mente. E, finalmente, fortalecemos nossa capacidade intuitiva para podermos incorporar melhor os arquétipos supramentais, que agora é o propósito evolucionário de nossa existência. E fazemos estes três últimos itens com criatividade, realinhando-nos com o *self* quântico. Essa expansão da consciência também nos traz felicidade.

A consciência e sua natureza de iceberg

Na psicologia quântica, representamos a consciência como se fosse um iceberg multifacetado, parte do qual fica oculto abaixo da superfície (inconsciente). A parte exposta do iceberg é a consciência total da percepção-consciente com suas três faces do *self*; a parte oculta é o inconsciente, também com três facetas: o inconsciente pessoal (subconsciente), o inconsciente coletivo e o inconsciente quântico (Figura 15).

Figura 15. A consciência e sua natureza similar a um iceberg.

(In)consciência não local

A consciência não local — ou a consciência como marco zero de toda existência — é o agente da escolha e da causação descendente. É o quadro branco sobre o qual tudo se manifesta, como a tinta vibrante de um marca-texto.

A consciência não local tem duas características importantes. Primeiro, sua natureza é benevolente, o que significa que vai se alinhar às nossas escolhas no nível do ego. Em última análise, há apenas duas escolhas: condicionamento ou criatividade. Num momento qualquer, ou nos expressamos mediante o condicionamento passado, ou nos abrimos pela criatividade, começando por dizer "não" ao condicionamento e entregando-nos ao desconhecido. Importante lembrar que a consciência não local vai apoiar nossa escolha, não importa o que escolhermos. Se é assim, como saímos do ego e suas escolhas? Quando a ambiguidade entra em cena, ou seja, o ego não tem certeza sobre o que deve escolher, em geral a consciência ajuda com eventos de sincronicidade. Naturalmente, sempre é possível acolher a consciência não local em nossa vida, dizendo "não" ao condicionamento.

A segunda característica importante sobre a consciência não local está relacionada com a criatividade. A consciência não local está sempre fazendo uma escolha que beneficia a evolução da humanidade. Isso é vivenciado de duas maneiras. Primeiro, quando nos valemos do processo criativo do *do-be-do-be-do* (fazer-ser-fazer-ser-fazer), como na criatividade exterior, abrimo-nos para o *insight* criativo e a manifestação no mundo exterior. Nas palavras do poeta Rabindranath Tagore:

Tenho escutado
E tenho olhado de olhos abertos.
Tenho despejado minha alma neste mundo
Buscando o desconhecido dentro do conhecido.
E canto em voz alta com espanto.

É assim que produzimos obras de arte, musicais e literárias inspiradas; também é assim que fazemos novas descobertas e encontramos novas soluções para velhos problemas, inclusive científicos. Não sabemos quando esse *insight* criativo vai ocorrer, mas lidar com o processo criativo certamente vai nos abrir para receber o *insight* criativo.

Segundo, podemos nos dedicar à criatividade interior, cocriando um novo eu enquanto lidamos com a vida. Participamos da dança da vida, ouvimos nossa intuição, acionamos o processo criativo para exploração interior e "vamos com o fluxo" quando o *self* quântico chama. Seguimos a orientação criativa que a consciência não local está nos proporcionando e permitimos que as circunstâncias se desenrolem sem "varrer a areia da praia". No entanto, para isso temos de reconhecer nossos padrões condicionados, temos de olhar além das "nuvens que cobrem o sol" e trabalhar para fazer as escolhas criativas que funcionam para nós. É preciso praticar, mas vale o esforço.

Em geral, vivemos num estado de medo: medo de não sermos bons o suficiente, medo de não ter dinheiro suficiente, medo de não ter talento suficiente. É claro que, em alguns casos, o medo pode ser transmutado numa motivação que nos leva a fazer mais. Em alguns casos, o medo pode provocar mudanças positivas; mas, quando o medo domina boa parte de nosso condicionamento mental e começa a se infiltrar em nossa saúde, educação e finanças, temos um problema. Com efeito, é nesse ponto em que está nossa evolução hoje. Não estamos progredindo; até retrocedemos um pouco. Fomos condicionados a viver com medo embora também tenhamos o potencial natural para amar e é isso que cria a profunda ambiguidade interior: mantermo-nos no desconhecido, aceitando a camisa de força que o medo nos impõe, ou explorar nossas potencialidades.

Se não reconhecermos essa dinâmica conflitante agindo dentro de nós, e se não reconhecermos nossa verdadeira natureza e nossa verdadeira potencialidade, como iremos reconhecer a verdade no outro? Se não aprendermos a nos perdoar, como poderemos perdoar o outro? Assim, para vivenciar e expressar plenamente nossa natureza transcendente, primeiro temos de cuidar apropriadamente de nossa dinâmica individual medo-amor. Em outras palavras, temos de examinar e mudar nossos sistemas de crença ao explorar a criatividade.

A consciência não local é benevolente! Ela vai nos permitir fazer qualquer escolha. Se escolhermos nos alinhar com nossos *selves* condicionados, dedicando-nos à criatividade exterior, então a consciência não local vai nos permitir seguir essa rota. A criatividade exterior produz uma satisfação momentânea, mas, de modo geral, ficamos no mesmo ponto da escala da felicidade. Ou podemos nos dedicar à criatividade interior, numa jornada pela escala da felicidade rumo a níveis cada vez mais elevados. A capacidade de manobrar a consciência benevolente é o maior de nossos dons!

O ego-caráter e a autenticidade

Expressar autenticidade significa que suas personas estão em sincronia com seu caráter. Desse modo, sua persona dominante está sempre expressando seu caráter. Quando o caráter muda, o mesmo acontece com sua persona dominante ao longo do tempo.

Há muitos anos, Irene veio fazer terapia. Possuía uma bela energia vibrante e era apaixonada por sua bem-sucedida carreira corporativa. Era impetuosa e franca e por isso não era raro enfrentar a hostilidade das pessoas à sua volta. Em algum ponto de nossas sessões, começamos a explorar a autenticidade e ela disse que sua natureza impetuosa era seu *self* autêntico. Tinha razão. Naquele momento específico de sua evolução pessoal, essa foi sua expressão de autenticidade, embora eu suspeitasse de que poderia ter sido um indicador de seu medo oculto.

Depois de trabalhar isso durante algum tempo, porém, Irene desenvolveu uma natureza mais branda, o amor entrou em sua vida e mudou a maneira de expressar sua autenticidade.

O *self* quântico e o princípio da atração: construção da alma

A experiência do *self* quântico costuma ser vivenciada em nossas intuições e é mais numinosa quando recebemos um *insight* criativo com um momento ahá.

Assim, podemos fazer alguma coisa para ter uma experiência do *self* quântico? Bem, existe o princípio da atração, que opera em nosso auxílio: os arquétipos são atraídos por nós. Se prestarmos atenção nos arquétipos (ou seja, se nos alinharmos com o propósito), as autoexperiências quânticas serão bem frequentes, embora nunca possamos fazer com que aconteçam de maneira previsível. E se por acaso você souber qual é o seu arquétipo, seu dharma reencarnatório, e explorá-lo, isso será de grande ajuda.

Quando você explora criativamente essas intuições e incorpora os arquétipos com base em seu salto quântico de *insight*, o *self* / o experimentador do novo software vital e mental elevado é a sua alma.

O inconsciente: o inconsciente pessoal ou subconsciente

O inconsciente pessoal (também conhecido como o subconsciente) é nosso banco de dados pessoal e armazena as potencialidades de todas as experiências que tivemos. O psicólogo Stan Grof encontrou evidências de que também preservamos parte de nossas experiências pré-natais e perinatais em nossa memória e inconsciente pessoal.

O inconsciente pessoal cria reações para nos manter seguros, mesmo que essas reações não sirvam necessariamente no longo prazo. O inconsciente pessoal também armazena nossos traumas de infância e todas aquelas emoções suprimidas ou reprimidas.

O inconsciente coletivo

O nível seguinte na parte submersa do iceberg da consciência é o inconsciente coletivo. A expressão "inconsciente coletivo" foi introduzida por Carl Jung para descrever o reservatório de memórias coletivas compartilhado por toda a humanidade. O inconsciente coletivo inclui arquétipos junguianos, tanto positivos quanto negativos, que são pensamentos e imagens que possuem significados universais em todas as culturas e que podem aparecer especialmente em sonhos. O inconsciente coletivo exerce grande influência sobre mentes individuais. O inconsciente coletivo também é o repositório de nosso software universal, tal como aqueles correlacionados com os circuitos cerebrais emocionais negativos.

O inconsciente quântico

O último nível, o fundo do iceberg, por assim dizer, é aquilo que chamamos de inconsciente quântico. Esse é o nível daquilo que antes não foi manifestado; é nele que residem as possibilidades incondicionadas. É também o local dos arquétipos platônicos puros e que não podem ser condicionados, como verdade, amor, inteireza e outros.

O inconsciente coletivo também é aquilo que nos permite criar um novo futuro, trazendo à manifestação as possibilidades não manifestadas de novos significados e sentimentos; do contrário, criaríamos um futuro igual ao passado, que é o que continuamos a fazer quando nos mantemos predominantemente alinhados com nosso ego e com a qualidade de tamas. Quando temos momentos ahá, estamos intuindo aspectos do inconsciente quântico e nos sentimos inspirados.

A chave para uma cura emocional salutar

Por que sofremos emocionalmente, por que a maioria de nós vive sob a falta persistente de paz interior? Sofremos emocionalmente por causa da maneira pela qual percebemos e respondemos ao nosso ambiente. Para mudar essa percepção, precisamos mudar nosso sistema de crenças; e, se estamos mudando nosso sistema de crenças, precisamos nos assegurar de que estamos nos alinhando ao sistema de crenças correto. Mais uma vez, é preciso uma percepção-consciente do processo e um contínuo "trabalho interior" para mudar nossa percepção e nossas perspectivas.

Compreenda que:

1. a verdade é absoluta;
2. a ciência é um bom modo de abordar a verdade absoluta e é dotada de três pontas: teoria, dados experimentais que a apoiam e tecnologia que nos ajuda a vivenciar a verdade;
3. a psicologia quântica também é a mais recente das ciências, com teoria criativa apoiada por dados experimentais e experienciais e tecnologia para viver segundo eles, desenvolvidos por milênios; e, até agora, é a única ciência desenvolvida para descrever o ser humano como um todo;
4. desse modo, a psicologia quântica é um sistema de crenças confiável para você iniciar sua jornada rumo à felicidade. Esse sistema está firmado em uma ciência comprovada e também lhe permite desenvolver a arte da transformação criativa.

A psicologia quântica é um guia essencial para nossa jornada rumo à felicidade, além dos meros prazeres materiais; é que ela se baseia na evidência definitiva da unidade, por um lado, e por outro sustenta a verdade absoluta. O mais importante, porém, é que ela amplia o escopo da vida feliz. Vamos encarar os fatos: do ponto de vista médico ou socialmente aceitável, o prazer é um tanto monótono, e esse é um dos principais motivos pelos quais as pessoas ficam obesas, tornam-se infiéis ou consomem drogas. Na abordagem quântica, sabemos que os seres humanos têm um imenso poder para manifestar a realidade imanente quando aprendem a ter acesso ao poder causal do inconsciente; quando usado corretamente — ou seja, pela exploração de significados, sentimentos e intuições — esse poder tem a capacidade de transformar indivíduos em pessoas radiantes e o mundo num lugar muito mais feliz.

Uma espiada na jornada: a mente inferior, criatividade interior e a mente superior (alma)

Nossa mente inferior-vital inferior permanece imutável quando lidamos com pensamentos e emoções usando nossas memórias passadas ou quando respondemos a estímulos externos usando os mesmos antigos padrões de pensamento e emoção com os quais estamos acostumados. Mas quando usamos nossa criatividade situacional para criar um circuito cerebral emocional positivo, engajamo-nos em um contexto arquetípico. Um contexto conhecido, claro, mas, ainda assim, estamos fazendo uma representação desse arquétipo em nosso próprio cérebro, e isso assinala o início daquilo que chamamos de "alma" ou de "mente superior-vital superior". Porém, quando intuímos e depois damos prosseguimento à nossa intuição na exploração dos diversos arquétipos, a mente superior-vital superior começa a se formar, um processo que chamo de "construção da alma". Vamos usar a palavra alma para o *self*/experimentador da mente superior-vital superior.

Dessa forma, sua alma é o resultado de repetidos encontros com seu *self* quântico; esses encontros proporcionam valiosos *insights* inseridos em suas manifestações. Esses *insights* alteram nossa percepção e podem tornar-se a base para novo condicionamento. Se continuarmos e pusermos repetidas vezes em prática esses *insights* criativos e suas manifestações, criamos circuitos cerebrais emocionais positivos que se tornam parte do nosso padrão de hábitos; saltos quânticos criativos transformam esses padrões de hábitos em traços de caráter, criando "novos eus" e, com o tempo, começamos a exibir um comportamento de alma. Claro que os circuitos cerebrais negativos não desaparecem e que as tendências da mente inferior-vital inferior também continuam, mas temos equilíbrio e controle. Finalmente, quando incorporamos os arquétipos com criatividade fundamental, a ação sob a orientação das intuições torna-se parte de nosso caráter, e o mesmo se dá com a felicidade.

O ego-caráter-persona também tem formas superiores e inferiores. Uma manifestação inferior da persona, por exemplo, dar-se-ia quando a pessoa muda a própria persona para se ajustar a determinada situação ou circunstância, a fim de ser aceita. Essa ação vem de um lugar de medo e de necessidade – a necessidade de ser aceito é normal, mas o nível de felicidade vai se manter baixo.

Uma mente superior-vital superior ou manifestação da alma da persona seria diferente. Pessoas de alma ainda mudariam de persona, mas não por medo ou desejo de aceitação, e sim porque são fortes e percebem a necessidade de mudar a persona para que a interação seja confortável para a outra pessoa. Um bom exemplo disso é o treinador que trabalha com adolescentes em transformação. Um treinador eficaz estará propenso a expressar certa persona ou a "ficar no mesmo nível" dos adolescentes para construir um bom relacionamento com eles e poder ajudá-los. Essas pessoas expandem a consciência para incluir outras no processo, criando felicidade para elas mesmas.

Quanto mais subimos na escada da felicidade, menos precisamos usar as máscaras da persona. Quando as intuições se tornam guias mais ou menos confiáveis em nossa vida, chegamos a um lugar que chamo de *luminação quântica.* Você vive e se dedica ao mundo, mas num estado de existência muito mais feliz. No estágio mais elevado da felicidade — a iluminação espiritual tradicional — você ainda "está no mundo", mas não é tanto "do mundo" e o resultado é mais felicidade.

Você deve estar curioso: como devo fazer para atingir um nível de consciência superior, que vai resultar em mais felicidade? Antes de enfrentar o desafio da transformação, é imperativo fazer outra pergunta: O que o está impedindo de ser feliz?

capítulo 14

dicotomias: as nuvens fundamentais que cobrem o sol

As três barreiras mais fundamentais da felicidade também são nossas três dicotomias fundamentais: *transcendente-imanente*, *interior--exterior* e *homem-mulher*. Vamos analisar cada uma mais a fundo.

Dicotomia inconsciente-consciente

A primeira dicotomia fundamental é a dicotomia inconsciente-consciente (chamada pelas tradições espirituais de dicotomia transcendente-imanente ou dicotomia acima-abaixo). No inconsciente, somos um em potencialidade; na consciência total da percepção-consciente, experimentamos a divisão sujeito-objeto, e depois a separação explícita do ego. Como a maioria das pessoas raramente experimenta uma assinatura da unidade inconsciente (nem mesmo o *self* quântico vislumbra a unidade), a separação do mundo manifestado as domina; mas a verdadeira liberdade de fazer uma nova escolha, a chave para fazer mudanças, está no inconsciente.

O mulá Nasrudin estava procurando alguma coisa atentamente sob a luz da rua. Era um mestre espiritual na aldeia e muita gente o conhecia. Um transeunte o reconheceu e, naturalmente, ficou curioso.

— Mulá, o que você está procurando?

— A chave da minha casa — disse o mulá. Com isso, a pessoa, como o Bom Samaritano, também começou a procurar a chave. Depois de certo tempo, a pessoa ficou impaciente.

— Mulá, tem certeza de que a chave caiu aqui?

— Perdi a chave na minha casa — disse o mulá.

Seu ajudante ficou zangado, e quis saber:

— Então, por que estamos procurando por ela aqui?

— Porque é aqui que a luz está.

Há mais "luz" na consciência total da percepção-consciente e com frequência nos perdemos nas questões que ela suscita. Assim, a chave para mudar está no inconsciente (a "casa" escura) e é lá que temos de procurar. Quando nossos atos são guiados por nosso condicionamento e pelo impulso de evitar traumas desagradáveis, somos dominados pelo inconsciente; estamos agindo de modo neurótico. Logo, precisamos equilibrar o inconsciente *e* o consciente de ambos os lados – positivo *e* negativo – quando analisamos a situação. Agora, você já sabe o que acarreta viver de modo quântico.

A dicotomia interior-exterior

A segunda dicotomia fundamental é a dicotomia interior-exterior. Vivenciamos objetos materiais fora de nós, mas vivenciamos o sentimento sutil, o significado e os arquétipos como objetos interiores. Aqui, também, o mundo exterior nos domina mais, especialmente sob os ditames da atual visão de mundo do materialismo científico. Mas, agora que a ciência quântica explica a origem da dicotomia interior-exterior e podemos medir os sentimentos interiores da energia vital e do significado mental, dando-lhes credibilidade, isso pode e deve mudar.

Sem dúvida, você vive mais na psique do que no mundo exterior. Mesmo assim, coloca sua mente e suas energias vitais a serviço do exterior. Seu mundo interior está enviando intuições, mensagens diretas de sua consciência mais íntima, mas, na maior parte das vezes, você não as escuta como deveria. Você precisa prestar atenção tanto ao interior quanto ao exterior para criar felicidade. Trabalhar com o interior é, em parte, um processo de limpeza e de atenção à higiene interior, e, em parte, o cultivo do positivo mediante a exploração dos objetos arquetípicos da intuição.

Os sonhos são meramente experiências mentais. É claro que a consciência usa o ruído do cérebro para gerar imagens visuais, mas é nossa mente que atribui significado a essas imagens. Assim, os sonhos referem-se a seus significados de vida. Aprenda a prestar atenção nos sonhos. Talvez seja útil manter um diário de sonhos, que pode se tornar uma espécie de mapa com relação àquilo que está acontecendo em seu mundo de significados — do exterior e do interior — e que você pode estar perdendo.

Psicologia dos sonhos

Os neurofisiologistas têm sua razão quando dizem que formamos as imagens dos sonhos com o Rorschach de ruído branco proporcionado pelas atividades eletromagnéticas do cérebro. O que vemos num sonho é o significado que sua mente atribui ao ruído branco.

Segundo Jung, os sonhos nos falam dos grandes mitos que percorrem nossa vida. Muitos outros acreditam que os sonhos ajudam a formular e a perpetuar mitos pessoais que criamos e pelos quais vivemos (como a *jornada do herói*).

A consciência sonha convertendo ondas de possibilidades em eventos oníricos manifestados e no processo de conversão divide-se em duas partes: uma parte é o sonhador, que se vê separado dos objetos de sua experiência; a outra são os objetos do sonho.

Alguns filósofos dizem que os sonhos não possuem continuidade de causa e efeito; saltam de episódio em episódio, sem qualquer continuidade causal aparente. Em contraste com a aparente fixidez da percepção-consciente de vigília, na qual a incerteza quântica fica camuflada, os sonhos preservam muito mais sua natureza quântica, cedendo apenas um pouco para a fixidez newtoniana em virtude do condicionamento do ego. Assim, nos sonhos, temos alguma continuidade condicionada, o que nos proporciona o roteiro de um episódio onírico específico. Porém, quando o episódio muda, temos a oportunidade de vivenciar a descontinuidade causal da manifestação quântica. Na verdade, porém, é comum haver uma continuidade sutil, até na mudança de episódios.

Isso nos leva a outra pergunta feita pelos filósofos: quando despertamos de um sonho, voltamos à mesma realidade desperta (com pequenas mudanças), mas quando voltamos a sonhar, raramente encontramos a mesma realidade onírica; assim, como podemos levar a sério a realidade onírica? A resposta a essa pergunta é que os sonhos nos falam sobre a mente — ocupam-se do significado, o significado do físico, do vital, do mental, do supramental e até da inteireza —, o *self* quântico e, em última análise, da própria consciência. Logo, temos de buscar a continuidade não apenas no conteúdo, como no significado. Quando fazemos isso, podemos ver rapidamente que, na maioria das vezes, especialmente na mesma noite, voltamos à mesma realidade onírica em termos de significado. O conteúdo e as imagens mudam, mas os significados associados preservam a continuidade.

Portanto, psicoterapeutas que estimulam seus pacientes a trabalhar com sonhos, especialmente no nível do significado, estão acertando em cheio. A suposição implícita que fazem os psicoterapeutas que trabalham com os sonhos de seus pacientes é que o significado visto pelo sonhador nos símbolos do sonho é o mais importante. O psicólogo gestalt Fritz Perls resume bem essa atitude ao dizer que "todas as partes do sonho são você, uma projeção de si mesmo". A psicologia quântica concorda: um símbolo onírico é uma projeção de você mesmo, a ponto de representar apenas o significado pessoal que você atribui a esse símbolo no contexto geral do sonho, dando a devida atenção ao aspecto dos sentimentos e dos arquétipos. Os outros personagens humanos do sonho são particularmente importantes. Se, por exemplo, você vê sua esposa (ou marido) num sonho, ela/ele é aquela parte de você que reflete a percepção de sua esposa (ou marido). Naturalmente, há ainda símbolos contextuais universais (geralmente, os arquétipos junguianos do inconsciente coletivo) representando os temas universais que aparecem nos sonhos das pessoas; nesse caso, projetamos universalmente o mesmo significado. Os temas dos sonhos arquetípicos estão codificados em nossas mitologias, como o tema da jornada do herói, por exemplo.

O nível de significado de nossa vida também está se desenrolando em nossos eventos em vigília, mas o clamor do significado fixo de nossos símbolos na vida desperta desvia tanto nossa atenção que raramente prestamos atenção em seus significados atuais. Suponha, por exemplo, que um dia você topa com um número incomum de semáforos vermelhos enquanto está dirigindo; você pararia para pensar que isso pode ser algum tipo de sincronicidade? Os sonhos nos proporcionam uma segunda oportunidade. Nessa mesma noite, você pode sonhar que está dirigindo seu carro e que encontra uma placa de "pare"! Ao acordar, você pode perceber facilmente que o carro representa seu ego e que a placa está chamando a atenção para que você pare com seu egoísmo desenfreado.

Os sonhos são um relato permanente da saúde de nossos cinco corpos

Muitos sonhos podem ser mais bem analisados e compreendidos se lidarmos com eles sob o ponto de vista da ciência quântica e de nossos cinco corpos, ou seja, o físico, o corpo de energia (vital), o corpo mental, o corpo de temas supramental e o corpo sublime da inteireza.

1. Sonhos do corpo físico: são chamados de sonhos residuais, cuja preocupação dominante é o corpo físico e o mundo físico, lembranças de eventos em vigília que não chegaram a uma conclusão.
2. Sonhos do corpo vital: pesadelos nos quais a qualidade dominante é uma emoção forte, como o medo. A análise dos sonhos do corpo vital pode mostrar-nos nossos traumas reprimidos.
3. Sonhos do corpo mental: sonhos nos quais quem predomina é o significado dos símbolos, em lugar de seu conteúdo. Bons exemplos são sonhos em que há gravidez e voos. Muitos sonhos recorrentes (sem contar os pesadelos) também entram nessa categoria. Esses sonhos nos falam de nossa vida de significado, a saga em curso em nossa mente.
4. Sonhos supramentais: sonhos que contêm símbolos objetivos universais, como os arquétipos junguianos, por exemplo. Esses sonhos falam-nos da exploração e do desdobramento contínuos do significado dos temas arquetípicos de nossa vida. Se você não sabe qual é o seu dharma — o arquétipo de sua vida atual — preste atenção nesses sonhos.
5. Sonhos do corpo sublime: são esses raros sonhos nos quais o sonhador acorda com um senso profundo de felicidade, fundamentada no "ser".

Analise os seguintes cenários. Primeiro, temos um exemplo de um sonho com predomínio do corpo vital mas tocando também no mental. "Nancy" fazia parte de um grupo de sonhos que a psicóloga Laurie Simpkins e eu (Amit) tínhamos criado no Instituto de Ciências Noéticas e compartilhou este sonho emocionalmente carregado com o grupo:

> Estava chegando em casa e minha irmã disse que estava saindo, e quando entrei em casa não havia ninguém. Olhei e olhei em todos os cômodos e não havia ninguém — todos tinham me deixado. Ao mesmo tempo, foi assustador, pois senti que havia um fantasma ou algo assim na casa.

O que move esse sonho é a emoção do medo — medo de ser abandonada, medo de fantasmas etc. Desse ponto de vista, podemos entender as imagens simbólicas como a psique da sonhadora (a casa) e ela está com medo de ser deixada sozinha com os "fantasmas" que estão lá dentro.

O medo de fantasmas indica que estar sozinho na psique é uma experiência assustadora. Nancy disse que passava muito tempo sozinha, mas, aprofundando a questão, o tempo que passava sozinha era voltado para alguma atividade, fosse a leitura de um livro, fosse limpando a casa. O ponto aqui era que ela não passava um tempo sem fazer nada, simplesmente em sua própria companhia. Tanto em sua vida desperta quanto nesse sonho, essa ideia estava envolvida pelo medo. Esse aspecto de pesadelo baseia-se no corpo vital de sentimentos, que também era a área da psique que estava exigindo atenção.

Esse sonho revelou a necessidade de solidão e de calma. Duas semanas depois desse sonho, inesperadamente, Nancy teve de mudar sua vida e foi morar sozinha num apartamento. Mas só na reunião seguinte do grupo de sonhos, quando mencionou a mudança, é que ela conseguiu associar a história do sonho com a manifestação de sua nova situação física. Embora a mudança para um lugar solitário não fosse a solução completa — ela ainda precisava usar seu espaço para passar tempo consigo mesma —, foi outro símbolo importante, sugerindo a necessidade de estar sozinha em sua psique. É muito importante ver que tanto sua vida desperta quanto sua vida onírica manifestaram símbolos que são relevantes, mostrando-lhe direções para seu crescimento pessoal.

Já falamos de higiene mental. Na década de 1980, passei por um período intenso de limpeza de meu ecossistema interior. Nesse período, tive toda sorte de sonhos de purgação; o que me ajudou muito foi trabalhar esses sonhos com um professor. Ainda me lembro do último sonho que tive nessa série.

No sonho, surgiram dois personagens. Um era Ronald Reagan, um político bastante conservador, e Jane Fonda, uma atriz bem liberal. O que se destacou no sonho, entretanto, não foram os personagens em si. Nele, havia um presidente e uma atriz famosa, ambos dançando literalmente em torno de pilhas de lixo e de dejetos. O chão em que andavam estava repleto de excrementos. Acordei com a sensação de que os rótulos — liberal e conservador — eram uma porcaria. Significam apenas que estamos seguindo a opinião de outra pessoa. E eu estava pronto para parar de aceitar que a opinião de alguém pudesse influir em meu modo de ser. Assim, minha lousa ficou em branco e pude continuar a descobrir minha própria opinião através da verdadeira criatividade — a criatividade fundamental. Depois desse episódio, nunca tive outro sonho com excrementos.

Finalmente, vou compartilhar com você um exemplo de um sonho do corpo sublime que tive. Nesse sonho, estava sendo banhado pela alegria e vi sua fonte: um homem irradiando alegria. Fiquei ali, só olhando para ele; não conseguia parar de olhar. Não conseguia parar de receber a alegria que emanava dele. O sonho foi esse. Quando acordei, contei-o todo animado para meu professor de sonhos, que disse: "Amit, você não entendeu? Você sonhou com seu próprio *self* iluminado".

A dicotomia homem-mulher

Finalmente, a dicotomia homem-mulher. Os dois gêneros processam as coisas de forma bem diferente, como mostra John Gray em seu livro *Os homens são de Marte, as mulheres são de Vênus.*

Nas tradições espirituais, essa dicotomia é chamada de "dicotomia cabeça-coração". Em sua maioria, os homens estão mais centrados na cabeça enquanto as mulheres ouvem o coração. Há, é claro, exceções dos dois lados, os homens e as mulheres de nossa espécie.

Quando éramos caçadores e coletores, os homens pegavam os itens alimentares maiores; certamente eram mais imponentes fisicamente (ainda o são) e por isso dominavam (há um circuito de dominação embutido no cérebro). Os homens são provedores de segurança e de sobrevivência, para os quais o cérebro (e os chakras inferiores) é essencial. Naturalmente, os homens são centrados no cérebro, e, se prestassem atenção nos sentimentos do corpo, estariam mais centrados no *self* do umbigo. As mulheres, por sua vez, precisam criar os filhos, precisam conectar-se com os ditames do circuito da maternidade no cérebro e manter contato com o chakra cardíaco. Mas veja (e esta é a parte triste) que as mulheres têm acesso, de forma bem natural, ao *self* do cérebro quando precisam; quando saímos da era vital para a era mental, porém, homens poderosos (a aristocracia masculina e a oligarquia religiosa) proibiram as mulheres de processar significado e essa história triste continua até hoje, embora o movimento de libertação feminina na década de 1960 as tenha ajudado a manter mente e coração equilibrados, até certo ponto.

Do mesmo modo, as sociedades tradicionais incentivam as meninas a dar amor aos outros para prepará-las para uma eventual maternidade, claro, mas isso costuma impedir que as mulheres desenvolvam uma identidade com o *self* do umbigo. Em contraste, os meninos são mimados; são estimulados a ser narcisistas. Assim, os homens têm certa percepção-consciente do *self* do umbigo (muitos homens relatam sensações guturais durante experiências criativas), mas não muita percepção-consciente do *self* do coração.

Quando uma mulher sente tanto com seu coração (o amor pelo outro) quanto com o umbigo (o amor-próprio), está equilibrando os dois chakras. Quando os homens se dedicam ao amor pelo próximo, estão equilibrando o umbigo e o coração.

Minha conclusão é que ambos os sexos possuem uma "voz da cabeça", que é a voz da razão, e uma "voz do coração", que é a voz da emoção positiva que vem do corpo. Creio que o motivo pelo qual homens e mulheres de nossa cultura são tão ignorantes sobre o *self* dos sentimentos (os homens mais do que as mulheres) é que, em si, o umbigo ou o coração não podem competir com o *self* do cérebro, cuja voz dominante abafa a voz discreta do fraco *self* do corpo. Assim, há muito a ser integrado a fim de obter o equilíbrio adequado da dicotomia homem-mulher.

Carl Jung teorizou que a dicotomia dos sexos tem origem no inconsciente coletivo. Quando nossos ancestrais estavam conectados o suficiente (tal como nossos ilustres ancestrais da era da mente vital da evolução humana) para criar a memória coletiva que Jung chama de inconsciente coletivo, universalizaram a diferença entre os gêneros humanos.

No sistema de Jung, as potencialidades masculinas de autorrespeito e de autoestima aparecem para a mulher como o arquétipo do *animus*; de modo similar, a potencialidade feminina do amor pelo próximo aparece para o homem como o arquétipo da *anima*. Jung disse que os homens integram seu arquétipo da anima neles mesmos e que as mulheres cultivam o arquétipo do animus.

Minha intuição é de que a anima é o *self* suprimido do coração feminino nos homens; similarmente, o animus é o *self* suprimido do umbigo masculino nas mulheres. Isso não só faz sentido como é coerente com um sonho que tive sobre a anima.

Como homem, em dado período da vida, na década de 1990, estava me sentindo emocionalmente ressecado, muito intelectual e muito centrado no cérebro. Então, certa noite, tive um sonho no qual estava procurando água, procurando, procurando, até encontrar um riacho; contudo, ao me aproximar, vi que o riacho estava seco. Fiquei muito desapontado, mas então ouvi uma voz que dizia: "Olhe atrás de você". Quando o fiz, fiquei surpreso: estava chovendo. Corri até a chuva e desfrutei dela, caindo sobre meu corpo e descobri uma jovem que ficou comigo, uma jovem muito bonita. Caminhamos juntos durante algum tempo, desfrutando a chuva e a companhia um do outro. Então, chegamos até o lugar onde ela devia morar, e ela se despediu. Vendo o desapontamento em meu rosto, acrescentou: "Vou passar um tempo em Londres. Depois eu volto".

Quando acordei, reconheci imediatamente a jovem como o arquétipo da minha anima e fiquei entusiasmado diante da perspectiva de tornar a encontrar a fluidez emocional em minha vida. Naturalmente, porém, isso não aconteceu de imediato. "Ela foi para Londres." Mais tarde, voltou à minha vida e consegui integrar a minha anima.

Interessante ver que a anima apareceu no meu sonho como uma jovem. Aparentemente, muitos homens têm sonhos com a anima e é uma jovem que se encaixa perfeitamente com a imagem do *self* suprimido. O mesmo se aplica ao animus nas mulheres, para quem aparece como um belo rapaz.

Moralidade e ética: a dicotomia bem *versus* mal do inconsciente coletivo

Os esforços de nossos ancestrais da era vital-mental para fazer representações dos arquétipos platônicos em geral deram-nos os arquétipos junguianos do inconsciente coletivo, normalmente divididos em dicotomias. Desse modo, por meio do inconsciente coletivo, também vivenciamos dicotomias em outras áreas arquetípicas da vida e nossa incompreensão sobre sua gestão também cria um conflito interior.

Dentre essas dicotomias, é importante a dicotomia bem *versus* mal. Nossa personalidade tem tanto um "lado sombrio" quanto um "lado luminoso". É por isso que, aparentemente, às vezes, pessoas "boas" fazem coisas "más".

Conforme disse no Capítulo 10, as religiões introduziram o conceito de moralidade como solução para a dicotomia bem *versus* mal: seja bom porque é a coisa moral a se fazer. Naturalmente, porém, tendo em vista a cisão junguiana no inconsciente coletivo e os circuitos cerebrais emocionais negativos, não podemos ser bons só porque queremos. Precisamos estudar de forma criativa o arquétipo da bondade e descobrir diretamente a verdade da ética. Desse modo, pela criatividade, podemos suplantar o software universal das emoções negativas que o inconsciente coletivo traz em seu bojo.

E se nosso sistema educacional incentiva você a estudar a ética por meio de sua própria criatividade, percorrendo até o estágio de preparação, isso vai torná-lo melhor. Pois o fato é que, quando você der um salto quântico até a verdade da ética, eventualmente, o circuito da bondade, dentre as emoções positivas que você possui em seu cérebro, será bastante adequado para se sobrepor à sua negatividade herdada evolucionariamente, o mal; mesmo que leve algum tempo, merece seu esforço.

Outras dicotomias arquetípicas

Eis outro modo pelo qual vivenciamos a dicotomia arquetípica: a *dicotomia verdadeiro ou falso*. Em termos platônicos, a verdade é absoluta, o falso é simplesmente a ignorância da verdade. Mas em função da dicotomia verdadeiro-falso em nosso inconsciente coletivo, temos a tendência a atribuir ao "falso" muito mais importância do que ele merece. A mídia noticiosa, por exemplo, às vezes fica obcecada por manter o equilíbrio entre notícias verdadeiras e falsas, em vez de enfatizar apenas a verdade.

Temos o dom natural da potencialidade de sermos autênticos e verdadeiros em nosso comportamento, mas somos programados evolucionária e socialmente para ignorar essa potencialidade. Em vez disso, somos estimulados a nos comportar de certo modo a fim de nos "encaixarmos" na sociedade, assumindo personalidades diferentes de acordo com situações diferentes.

Outra dicotomia do inconsciente coletivo é aquela entre belo e feio, que pode ter muito a contribuir para o racismo. Para chegar à inteireza, precisamos integrar todas essas dicotomias, bem como outras.

Equilibrar as dicotomias arquetípicas consiste eventualmente na exploração de todos os diferentes arquétipos principais, trazendo-os à manifestação.

A integração dessas dicotomias vale a pena? O grande Swami Vivekananda costumava se vangloriar de seu guru Ramakrishna: "Meu guru tem olhos lindos". Seus detratores diriam: "Você é suspeito. Os olhos dele são comuns". E Vivekananda diria, com um sorriso satisfeito: "Onde vemos belo e feio, meu guru vê apenas o belo. É por isso que ele tem olhos tão lindos, que não discernem essas dicotomias".

De fato, Ramakrishna tratava a todos da mesma maneira, ricos e pobres, intocáveis e membros da casta mais elevada, prostitutas e brâmanes. Temos todos o mesmo potencial de ver o mundo com "olhos lindos", produzindo uma sensação de céu na terra, bem como paz e felicidade interior de grande profundidade.

capítulo 15

o jogo cerebral: lidando com as emoções

Os diversos hábitos que empregamos no trato de nossas emoções devem-se a nosso condicionamento sociocultural e à herança de características genéticas e reencarnatórias. Conhecer esses hábitos e ter noção de quais você tem propensão a usar em excesso vai ajudá-lo a tomar mais consciência de quem você costuma ser em termos de sua existência emocional.

A ciência da medicina ayurvédica baseia-se na seguinte ideia: a aplicação desequilibrada dos *gunas* (qualidades) no nível vital dá origem aos *doshas* (defeitos) — *kapha, vatta, pitta* — nas representações do software dos campos litúrgicos/morfogenéticos vitais correlacionados com os órgãos físicos. Assim, devemos procurar os análogos aos doshas vitais-físicos criados no comportamento cerebral pelo defeito do software mental através do uso excessivo, na infância, das qualidades mentais ou gunas. Vamos chamá-los de doshas da mente-cérebro.

O uso superlativo e desequilibrado de sattva mental cria o intelectual: aquele que só descobre novos contextos para mais pensamentos e não para uma vida equilibrada na mente e no corpo. Em outras palavras, um intelectual pode se manter destacado do corpo.

O mulá Nasrudin, que nesta história é um barqueiro, está levando um sábio em seu barco até certo destino. Assim que a viagem começa, o sábio dá a Nasrudin uma mostra de seus conhecimentos, falando de gramática. No entanto, Nasrudin estava entediado e não procurou esconder o fato. O sábio ficou irritado e disse:

— Se você não sabe gramática, desperdiça metade da sua vida.

Nasrudin deixou passar o comentário. Após algum tempo, o barco teve um problema e começou a adornar. Nasrudin perguntou ao sábio se ele sabia nadar, ao que ele respondeu que não e acrescentou que a ideia de exercício físico o entediava. Agora, foi a vez do mulá. Ele disse:

— Nesse caso, toda a sua vida foi desperdiçada. O barco está afundando.

Um rajas mental superativo dá origem à hiperatividade no nível do cérebro físico. As pessoas hiperativas têm déficit de atenção; gostam de resolver um problema atrás do outro, em rápida sucessão. Além disso, seu estilo de vida é do tipo fazer-fazer-fazer, sempre em sintonia com a realização mental. Na atual era da informação, para essas pessoas a realização mental consiste no processamento de informações — o significado alheio, em oposição aos intelectuais, que pelo menos processam seu próprio significado. Como a demanda de atenção da criatividade situacional é bem menor que a da criatividade fundamental, isso funciona, mas o dano colateral é a hiperatividade do mesencéfalo. O transtorno do déficit de atenção e hiperatividade é um caso extremo desse dosha do cérebro.

A inércia mental superativa, ou tamas, dá origem à apatia mental do cérebro, uma letargia básica para lidar com o aprendizado mental. Isso pode acontecer por causa da negligência dos pais ou pela falta de estímulo adequado no ambiente para que a criança se estimule. Também pode acontecer em virtude de um desencontro entre as propensões de vidas passadas e os estímulos disponíveis no ambiente da criança. Um déficit nos genes também pode contribuir para isso.

Embora esses doshas do mesencéfalo residam no cérebro, também governam nossa atitude com relação a todas as emoções. De todos os três doshas, só o mentalmente apático pode evitar a dupla mente-cérebro e viver no corpo, e não só nos três chakras inferiores, como também no coração. Pessoas dos outros dois doshas "mentalizam" excessivamente seus sentimentos e costumam atribuir um significado errado por meio da imaginação, criando um software emocional negativo adicional ao que a pessoa já tem.

Pessoas mais propensas à intelectualidade vão suprimir as emoções e, como resultado, podem sofrer de depressão crônica. Por outro lado, pessoas com dosha dominante de rajas — hiperatividade — são do tipo expressivo; irritam-se muito fácil e logo tendem a demonstrar raiva e hostilidade em sua reação ao estresse emocional. A hiperatividade também está associada intimamente à ansiedade.

Na Índia, há sempre uma longa espera nos aeroportos porque os aviões raramente saem no horário. Para ocupar meu tempo, volta e meia observo as pessoas e é interessante notar com que facilidade confirmo a classificação tripla de seus doshas mente-cérebro. Algumas das pessoas parecem inabaláveis, mas, se você lhes der uma chance, começam a resmungar no mesmo instante. Esses são os intelectuais. Depois, temos aqueles cuja ansiedade aparece facilmente; são impacientes e inquietos, muito propensos a explosões de raiva. Esses são os hiperativos. Mas algumas pessoas se mostram satisfeitas com a situação e parecem ser bem estáveis. Entretanto, não podemos presumir que tenham chegado ao cobiçadíssimo estado de equanimidade emocional. É bem possível que essas pessoas sejam apenas lentas para processar mentalmente as coisas.

A regra prática é a seguinte: o excesso de intelectualismo tende a suprimir as emoções. O excesso de hiperatividade leva à tendência a expressar as emoções.

Conheça seu dosha como parte de sua educação e percepção-consciente sobre si mesmo. Como você lida com as emoções? As seções a seguir serão úteis com relação a essa questão.

Expressão das emoções e doenças da mente e do corpo

Para os homens ocidentais (especialmente nos Estados Unidos), existe um forte condicionamento cultural contra a expressão de emoções, em geral considerada como sinal de fraqueza; por isso, quase universalmente, os homens do Ocidente aprendem a reprimir suas emoções. Para as mulheres, que volta e meia eram categorizadas como o "sexo mais fraco", o condicionamento cultural contra a expressão das emoções não é tão profundo. Entretanto, agora isso está mudando, devido, em grande parte, ao "movimento de liberação feminina" que surgiu no final da década de 1960.

Nem todos os homens do Ocidente, porém, reprimem as emoções. Se, por exemplo, a pessoa tem um conceito exagerado sobre sua autoimportância, pode expressar as emoções e fazê-lo sem se valer da habitual limitação social da defesa da própria persona. Sob estresse emocional, essas pessoas exibem reações bem identificadas de "pavio curto" ou irritabilidade. Logo, o dosha da hiperatividade, quando excessivo, pode resultar facilmente em expressão quando confrontado com estresse emocional.

Mais uma coisa a se levar em conta. Se a pessoa tem a sorte de contar com alguém com quem possa "extravasar suas emoções", essa outra pessoa pode ajudar a dissipar o impacto negativo das expressões emocionais. Nas sociedades tradicionais essa era a regra geral, e por isso o impacto da expressão emocional sobre a saúde era relativamente pequeno. Todavia, isso está mudando.

O impacto significativo que expressões emocionais sob estresse mental e emocional sem suporte exercem sobre nós está bem compreendido. A reação ao estresse é função do sistema nervoso autônomo, que tem dois componentes: *simpático* e *parassimpático*. Como o nome implica, o sistema nervoso simpático simpatiza conosco e produz as mudanças fisiológicas de que precisamos para "sobreviver" ao estímulo responsável pelo estresse. O sistema parassimpático controla a "reação de relaxamento" que devolve o equilíbrio ao corpo. Assim, se você enfrenta uma exposição prolongada ao estresse, expressando emoções como se tivesse um excesso de dosha mente-cérebro de hiperatividade, isso vai produzir um desequilíbrio nas atividades do sistema nervoso simpático e parassimpático. O resultado final é que o sistema vai ficar num estado permanente de excitação simpática.

E o que acontece depois? Irritabilidade crônica e tensão nervosa que podem levar à insônia (e isso é só o começo) e à irritabilidade crônica, derivada da pressa, combinada com a competitividade — uma emoção instintiva negativa — dando origem até à hostilidade declarada. Com o tempo, aquilo que antes era uma hiperatividade mental expressada por meio de programas cerebrais condicionados manifesta-se nos órgãos físicos, que começaram a funcionar num nível mais intenso, produzindo doenças desses órgãos no corpo. Em geral, a doença vai se assentar num órgão específico.

Por tudo isso, a excitação crônica devido à expressividade da reação emocional tem sido associada especialmente a doenças do coração, hipertensão etc. Mas as doenças do coração não são o único resultado da expressão.

Quando a irritabilidade dá lugar à hostilidade combinada com a competitividade, uma reação avançada de pessoas com excesso de hiperatividade cérebro-mente, onde é sentida a energia vital? A hostilidade olha para o mundo como um inimigo, como um *não eu*. Quando isso acontece, esgota-se a energia vital no chakra cardíaco, a energia amorosa. Assim, inevitavelmente, a reação hostil vai levar a doenças de todos os órgãos do chakra cardíaco, não apenas ao coração.

Se você direciona a reação hostil a pessoas com quem mantém relacionamento íntimo, vai se tornar abusivo nesses momentos de irritação. Naturalmente, porém, você não abre mão do amor só porque se torna abusivo nesses momentos; assim, as funções de seu sistema imunológico não são afetadas. Com o tempo, o órgão afetado é o coração. O resultado pode ser uma doença cardíaca.

Se a reação hostil for dirigida ao ambiente e a pessoas à sua volta porque você não tem um relacionamento íntimo, na verdade está desistindo do amor. O órgão afetado é o sistema imunológico e o mau funcionamento de um sistema imunológico comprometido e danificado pode levar a diversas formas de câncer.

Supressão das emoções e outras doenças da mente e do corpo

O que a supressão da reação emocional faz conosco? Se observarmos o papel da consciência na tomada de decisões e o papel do corpo vital na escolha do local da reação psicossomática na emoção teremos a resposta. Toda emoção tem uma contrapartida no corpo vital e um sentimento associado a seu movimento. Os efeitos físicos dos movimentos vitais que sentimos nos chakras envolvem o(s) órgão(s) correspondente(s) e os músculos pelos quais os órgãos estão envolvidos. Quando a consciência suprime a emoção pela intermediação da mente-cérebro e sua conexão com os órgãos físicos por meio de nervos e neuropeptídeos, os movimentos do corpo vital no chakra correspondente são suprimidos, junto com os programas que gerenciam as funções das representações físicas, os órgãos. O efeito somático é causado por isso, a experiência da doença num órgão específico por causa de uma mudança efetiva na fisiologia desse ponto.

Essa repressão emocional auxiliada pela mente, com a mentalização atribuindo significado a um sentimento e, nesse caso, tornando-o algo a ser evitado, quando crônica, torna-se o mau funcionamento dos órgãos no chakra correspondente a esse sentimento.

Se, em particular, a emoção do amor é suprimida, o sistema imunológico não obtém o repouso de que precisa e funciona mal. Isso faz com que a pessoa fique propensa ao câncer. A supressão dos chakras laríngeo e frontal (ou do terceiro olho) priva-nos da satisfação com a vida, contribuindo para a depressão.

Entretanto, o mais comum é que a repressão fique memorizada nos músculos. Isso acontece porque temos a tendência a enrijecer os músculos quando estamos defensivos. Quando reprimimos a experiência mental-emocional, também reprimimos a tensão muscular e nunca os relaxamos. Desse modo, a repressão das emoções se traduz como a repressão da atividade muscular. Os músculos preservam uma "memória corporal", por assim dizer, do trauma emocional reprimido. É justo dizer que os músculos preservam a memória quando ficam fixos em determinada posição e não podem sair dela.

Assim, o que a repressão repetitiva de uma reação emocional significa em termos de memória da tensão muscular? A psicologia quântica diz o seguinte: em experiências subsequentes desse estímulo, como a consciência não consegue manifestar certos estados mentais/vitais de percepção-consciente da reação emocional, a memória muscular específica nunca é ativada. Portanto, esse músculo em particular não é reativado por experiências emocionais subsequentes se o mecanismo de defesa mental/vital for sempre estimulado.

É bastante provável que emoções reprimidas pelo corpo todo deem origem a doenças sérias como fibromialgia — diagnosticada como um estado de dor muscular generalizada e síndrome de fadiga crônica, para os quais o principal sintoma do corpo físico é a fadiga total. Se os sentimentos são reprimidos em todos os chakras do corpo, praticamente todos os movimentos correspondentes do corpo vital serão reprimidos. Isso pode se manifestar como uma falta geral de vitalidade, explicando a fadiga crônica. Se a supressão de sentimentos envolver mais as partes estruturais do corpo nas quais se localizam os órgãos, mas não os órgãos em si, a falta de energia vital pode ser sentida como uma dor pelo corpo todo, como fibromialgia.

A presença da dor é interessante, pois, como um *sentimento*, deve ter uma conexão com a energia vital. Mesmo assim, o papel dos nervos também é inegável, pois, quando os entorpecemos (anestesia local), podemos, por sua vez, reduzir os sintomas da dor. Ademais, é preciso reconhecer o papel dos neuropeptídeos. Logo, a dor é um sentimento mentalizado, um sentimento conectado com a supressão da energia vital em qualquer parte estrutural do corpo e interpretado pela mente como dor, pois é indesejável. Essa é uma mentalização muito persistente, obviamente com milhões de anos de idade, e tem muito valor como ferramenta de sobrevivência.

Isso também vai passar

O sofrimento que chega a nós em virtude do mau tratamento que damos às emoções é triste, geralmente difícil e debilitante, mas espero que você veja a oportunidade para transformá-lo em motivação, um trampolim para mergulhar no oceano da felicidade. Quando crianças, não temos tanto controle quanto temos como adultos. Assim, sempre haverá pessoas com doshas cerebrais variados, a menos que a sociedade como um todo mude drasticamente. No entanto, podemos mudar nosso estilo de vida como adultos.

Existe algum modo alternativo de lidar com as emoções em vez de suprimi-las e de expressá-las? Não tenha dúvidas: a meditação é uma receita eficaz.

As emoções instintivas são reações automáticas que envolvem a amígdala e contornam o neocórtex. São guiadas por um software universal e de difícil alteração.

No entanto, há ainda o software emocional mentalizado que criamos pela imaginação, com base num sistema de crenças errôneo. Uma das principais virtudes da meditação é que ela desacelera a psique. Isso nos proporciona tempo para observar a reação ao estímulo que surge enquanto agimos. Dessa maneira, aos poucos e com a prática, podemos perceber que a reação, supressão ou expressão, passa; não precisamos ficar presos a uma reação condicionada, automática. Em outras palavras, valemo-nos da liberdade de dizer *não* à permanência no estado de escolhas de ação condicionadas. Com o tempo, formamos circuitos cerebrais envolvendo o hipocampo e o córtex cingulado anterior, contornando a amígdala — *circuitos cerebrais emocionais positivos* — e usando o processo criativo. Isso acelera o tempo de retorno ao equilíbrio após um abalo emocional, mesmo os instintivos.

Esse modo de lidar com os fatores de estresse pode quase eliminar uma fonte importante de infelicidade nas sociedades individualistas de hoje, contribuindo, assim, para sua felicidade.

Houve época em que eu era intelectual, mas como cresci na Índia, cuja cultura incentiva a expressão das emoções, também era muito expressivo quando estava estressado. Era temperamental. Então, com quarenta e poucos anos, aprendi a meditação sufi — *isso também vai passar.* Hoje, se alguma coisa me incomoda e percebo que minha raiva vai aumentar, começo meu japa — *isso também vai passar* — que é meu mantra, e, na maioria das vezes, funciona.

Desacelerar a mente nos permite examinar com mais clareza a forma como atribuímos significado a determinado sentimento e percebemos, após certa prática, que não temos de atribuir o significado condicionado. Não temos de temer o chefe tal como precisamos recear um tigre-de-bengala.

Além disso, de modo geral, há mais elementos de estresse em nossa vida em função do estilo de vida materialista e seus padrões elevados, que nos levam a ter empregos que não nos satisfazem. Muitos vieram para essa encarnação numa sociedade economicamente avançada ou numa classe social economicamente avançada, que exige muitos rajas. Isso mostra que você já é "antigo" na reencarnação; que tem uma alma, aguardando em potencialidade, que precisa despertar. Provavelmente, você tem um dharma também — um arquétipo preferido — que você decidiu explorar nesta vida. Mas o ambiente sociocultural o estimula a trabalhar em empregos que não o satisfazem. Se isso lhe parece familiar, procure se conscientizar de seu dharma. E se você encontrar seu dharma — o arquétipo de sua escolha —, procure segui-lo, encontre outro emprego, se for necessário; isso lhe trará mais felicidade e saúde mental positiva.

Mesmo que todo esse esforço para explorar a sério um arquétipo não se encaixe em seu estilo de vida, leve em consideração a questão da congruência e sua capacidade de sincronizar sua vida com seu meio de sustento.

Se você contrai uma doença da mente e do corpo, como vai curá-la? Você não consegue curá-la fazendo alguma coisa no nível puramente mental ou emocional; precisa recorrer à cura quântica criativa, a saltos quânticos ao supramental/arquetípico para mudar o contexto de sua mentalização. Trato desse ponto com mais detalhes em meu livro *O médico quântico*.

Um último ponto, importante para os pais — fiquem atentos. O conceito de "surfar pela internet" que antes estimulava nossos filhos a aprender, tornou-se agora um importante fator de contribuição para o aumento da hiperatividade nas crianças, emburrecendo-as. Isso também se aplica a adultos.

A jornada rumo à felicidade

Isso completa a preparação para aquilo que veremos em seguida neste livro. Os dois capítulos seguintes falam de pessoas que flutuam entre o Nível 1 e o 2; em outras palavras, pessoas que têm problemas de saúde mental e precisam de tratamento. Depois, vamos discutir conjuntos de ferramentas da psicologia positiva e o fenômeno da transição da meia-idade como preparação para a jornada rumo à felicidade. A meia-idade é um período importante da vida, pois temos a oportunidade de dar uma segunda chance ao crescimento pessoal como adultos. Os cinco capítulos finais deste livro tratam do cultivo de uma saúde mental para lá de positiva na jornada rumo a novos patamares de felicidade.

capítulo 16

trauma emocional, sistemas subconscientes e de crenças

Nossas experiências de vida têm dois aspectos criticamente importantes: 1) aqueles cujo colapso causamos com atenção e intenção e, portanto, com pleno controle consciente; 2) aqueles que nosso inconsciente gera com base estatística a partir de estímulos ambientais exteriores e interiores e dos quais temos apenas uma noção superficial. Sobre estes últimos, não temos controle consciente completo.

Dois exemplos para ilustrar esses dois aspectos. Você está atrás do volante de um carro, mas transferiu o controle do veículo para o modo de piloto automático. Como bom motorista, sua intenção é clara: não ter acidentes e atingir determinado destino. Em geral, conseguimos fazer isso, pois temos certo controle consciente.

Suponha, porém, que temos um trauma suprimido que evitamos conscientemente para não precisarmos "lidar com ele" (infelizmente, isso nunca funciona no longo prazo). No inconsciente, possibilidades interagem com possibilidades, produzindo uma possibilidade que supera nossos sensores e, assim, manifesta-se uma experiência que, do ponto de vista consciente, é irracional. É desse modo que se manifestam os sintomas do estresse pós-traumático. Quando isso acontece, a perda do controle consciente é muito mais espetacular (*e devastadora*) do que quando dirigimos um carro no "piloto automático" e os resultados podem causar o caos em muitos níveis.

Psique consciente

O ego consciente está correlacionado primariamente ao córtex pré-frontal no cérebro e é responsável por nossas funções cognitivas superiores, como tomada de decisões, planejamento e coisas assim. O *self* consciente pode visualizar imaginativamente o futuro ou o passado. Em sua forma mais criativa, o *self*-ego opera em sincronia com o *self* quântico — nosso ponto de verdadeira escolha livre.

O teatro de operações controlado pelo *self* consciente, porém, é pequeno em comparação com aquele sob o controle do subconsciente e é responsável por apenas 5% de tudo o que acontece no teatro total da psique.

O subconsciente

O subconsciente está correlacionado com o sistema límbico do cérebro e é responsável por 95% do teatro de nossa psique. Ele processa tudo no eterno presente. Isso significa que, se passamos por um trauma no passado, essa memória ficará sempre viva em nosso subconsciente como possibilidade e será provável que influencie a escolha de experiências quando estivermos desatentos; em algum nível, ainda pode nos afetar e influenciar nosso comportamento anos depois.

Embora o *self*-ego consciente não consiga se lembrar de tudo que já vivenciamos quando queremos, nosso domínio subconsciente da potencialidade retém tudo como possibilidades à nossa escolha. Se, por exemplo, ganhávamos um biscoito sempre que caíamos e nos machucávamos quando éramos pequenos e esse biscoito fazia com que nos sentíssemos melhor, então o subconsciente pode nos levar a comer um biscoito como ação autocalmante no futuro por causa da memória associada: após a dor, sentíamo-nos melhor com o biscoito. Com o tempo, e com muito reforço, isso pode evoluir para uma alimentação emocional, pois torna-se um hábito, de modo que, sempre que o *self* percebe alguma forma de dor física ou emocional, recorre à comida para aplacar a dor. Isso se transforma num ciclo subconsciente interminável e autorrealizável.

O subconsciente é o reservatório das memórias instintivas, inclusive do instinto de sobrevivência. Se processa um estímulo que representa uma ameaça ou perigo para nossa sobrevivência — como o tigre-de-bengala no campo visual, por exemplo —, ele processa a ameaça imediatamente, colocando-nos no modo lutar, fugir ou congelar, todos eles inconscientes, claro. Embora o modo lutar, fugir ou congelar possa salvar nossa vida em certas situações, às vezes pode ser acionado por situações cotidianas (aparentemente, não ameaçadoras) se houver um trauma não resolvido na psique.

Muitas das reações psicológicas que exibimos são fruto do subconsciente em sua tentativa de nos manter protegidos.

Nessa discussão, estamos falando muito de ações inconscientes do cérebro. Isso pode ser um pouco confuso. O inconsciente não contém apenas potencialidades? Sim, contém. No entanto, você deve se lembrar de que no nível macrofísico o movimento quântico dá lugar a movimentos virtualmente newtonianos e determinados. Logo, as ações do cérebro inconsciente, em princípio, são potencialidades para escolha da consciência e, para todos os fins práticos, são muito parecidas com realidades manifestadas, pois sempre que a consciência se manifesta (por meio da escolha retardada, por exemplo), como no caso da consciência total da percepção-consciente, ou quando retorna ao despertarmos de um sono profundo, aquilo que se manifesta deveria ser virtualmente idêntico àquilo que esperamos das predições newtonianas determinísticas.

Em outras palavras, o mundo macro da matéria continua tal como esperam os materialistas, mas em potencialidade, como se fosse manifestado. Não existe mundo macro manifestado lá fora, independente de nossa experiência.

Como se formam os sistemas de crenças

Os seis primeiros anos da vida são criticamente importantes. Durante essa fase, estamos num estado altamente sugestionável, absorvendo informações de nosso ambiente e estabelecendo as bases para nossos sistemas de crença vitalícios. Assimilamos uma quantidade enorme de informações sobre nosso ambiente e sobre o modo como o mundo funciona, e, ao mesmo tempo, desenvolvemos complexos programas motores, como a fala.

Nesse estágio, nossas faculdades conscientes não se desenvolveram plenamente e por isso não temos conhecimento ou experiência suficientes para rejeitar uma ideia quando ela entra em nossa consciência total da percepção-consciente; portanto, aprendemos comportamentos com as pessoas que fazem parte de nosso ambiente imediato e os assimilamos sem questionamento — mesmo que sejam errados ou negativos. Quanto mais repetimos um pensamento ou ação, mais forte torna-se a programação, gerando um hábito ou reação automática. As percepções adquiridas durante os seis primeiros anos de vida tornam-se nossa programação subconsciente fundamental, com a qual operamos posteriormente.

Se, por exemplo, dizem-nos constantemente que somos estúpidos, torna-se uma de nossas crenças fundamentais e pode se manifestar como baixa autoestima. Se, por outro lado, nossa mente foi cultivada cuidadosamente na infância, é bem provável que tenhamos autoestima mais elevada, o que vai se refletir em nossas ações.

> James foi uma criança tímida; era discreto e muito bem-comportado. Quando estava com 6 anos, seus pais se separaram. Seu pai saiu de casa, deixando a mãe perturbada e com dificuldades financeiras. Incapaz de enfrentar a situação, a mãe de James começou a beber regularmente em casa e em situações sociais, deixando James sozinho. Rapidamente, James aprendeu a cuidar de si mesmo e, com o tempo, passou a ter de cuidar com frequência de sua mãe também.
>
> Embora James fosse tímido, também era um artista talentoso. Quando seu pai saiu de casa, James não só testemunhou a dor emocional de sua mãe como teve de crescer muito depressa. Foi forçado a sair da escola aos 16 anos pois teve de trabalhar para se sustentar. Com o passar do tempo, James manteve-se tímido, com dificuldade para fazer amigos e manter relacionamentos afetivos.
>
> Quando estava com 25 anos, sua mãe morreu, o que o levou a beber muito. James descobriu que a bebida o ajudava a ser mais sociável, mas também descobriu que às vezes ficava agressivo quando se embriagava. James acordava todas as manhãs prometendo reduzir o consumo de álcool, mas todos os dias via-se na mesma situação à noite, odiando-se um pouco mais a cada dia.
>
> Havia um aspecto de James que o ensinou a sobreviver e a cuidar de si mesmo. Ele trabalhava muito e estava preparado para fazer o que fosse preciso a fim de controlar as situações. Entretanto, um lado de James alimentava amargura e mágoa para com sua mãe. Ele se enfurecia por ter tido de abrir mão da infância a fim de se tornar o adulto nesse relacionamento. Não aprendera a processar suas emoções com eficácia e achava que não poderia se integrar socialmente muito bem.
>
> Quando James começou a fazer terapia, disse que não conseguia compreender como um garoto tímido e gentil se tornara alcoólatra, especialmente porque o alcoolismo era a coisa que ele mais detestava. No entanto, a análise é objetiva. As mensagens que James recebeu durante a infância estabeleceram as bases para sua experiência adulta e, quando sua mãe morreu, ele recorreu à bebida — o único comportamento que, segundo *acreditava*, podia diminuir momentaneamente a dor.

Nossas crenças são profunda e intricadamente conectadas, influenciando nosso comportamento de maneira complexa. Continuamos a formar crenças ao longo da vida, geralmente por meio de nossas próprias interpretações das experiências ou escutando os especialistas. Crenças negativas contínuas a nosso respeito, bem como experiências traumáticas que ficaram interiorizadas, com frequência nos causam ferimentos emocionais. Além disso, quanto mais tornamos a pensar nessas experiências e nesses pensamentos, mais fortalecemos a programação negativa.

A maioria das pessoas vai passar por algum tipo de ferida emocional ao longo da vida. Mesmo que tenham tido uma educação positiva, sua personalidade e propensões cármicas podem torná-las naturalmente sensíveis e aí, ocasionalmente, podem perceber as coisas de maneira negativa.

Daí a conclusão: para termos uma vida mais feliz, precisamos mudar nossa programação e curar os ferimentos emocionais que sofremos. Isso, por sua vez, vai mudar nossa percepção.

Mais sobre os traumas

Trauma é uma experiência emocional inesperada com que nos defrontamos para a qual não temos estratégia de ação. A experiência pode ser dramática para nós e podemos nos sentir isolados.

Há duas categorias de traumas. Primeiro, há os traumas com "t minúsculo", os quais, embora não ameacem a vida, podem afetar significativamente nosso senso de segurança — como a separação dos pais ou uma nota muito baixa num exame na escola. Em alguns casos, pode ser uma pequena ação que alguém realiza sem intenção, mas que afeta significativamente a vítima.

Os traumas com t minúsculo podem ser particularmente danosos na infância e na juventude. Se na maioria das vezes certas ocorrências não parecem dramáticas para outras pessoas, podem ter um efeito traumático significativo para uma criança, pois ela ainda não desenvolveu estratégias para lidar com essas experiências ou para administrá-las com eficácia.

A segunda categoria de trauma são aqueles com "T maiúsculo". A menos que vivamos num ambiente que ameaça a vida, esse tipo de trauma será pouco frequente. Os traumas com T maiúsculo são decorrentes de ameaças à vida, como ataques terroristas, estupros ou agressões pessoais violentas.

Não vamos entrar nos detalhes do mecanismo cerebral do trauma, mas os pontos essenciais são estes: 1) a amígdala, órgão do mesencéfalo, é o principal ator; o neocórtex e nossa consciência total da percepção-consciente habitual, com capacidade apropriada de formar memórias, entra em cena um pouco depois de a amígdala ter feito seu trabalho. 2) Como resultado, as memórias feitas de eventos traumáticos são "difusas"; falta-lhes principalmente o sequenciamento apropriado. 3) O resultado é que até a repetição de um pequeno aspecto do estímulo causador do trauma provoca na amígdala a repetição integral da reação traumática.

Vamos supor, por exemplo, que alguém foi atacado violentamente e que o agressor estava usando uma camisa vermelha. Como a vítima está sob a reação lutar ou fugir, a criação de memórias não funciona adequadamente e por isso o cérebro não consegue registrar conscientemente tudo o que acontece em sequência. Algumas semanas depois, a vítima está num shopping e sofre um grave ataque de pânico, provocado por alguém usando uma camisa vermelha. Nesse caso, a amígdala foi acionada e entrou no modo lutar ou fugir assim que percebeu a peça de roupa; como o hipocampo, criador das memórias, não conseguiu armazenar a memória em seu contexto integral, a amígdala provoca a ação, embora não exista uma ameaça real — ela apenas associou a camisa vermelha ao perigo e reagiu de acordo.

Aqui, é vital observar que tudo isso pode acontecer fora da consciência total da percepção-consciente da vítima, o que significa que ela pode nem saber qual é o gatilho; mesmo assim, vivencia sintomas psicológicos significativos, pois o sistema límbico reage muito depressa e inconscientemente.

Em alguns casos, o trauma pode provocar a reação de congelamento, na qual a pessoa fica paralisada, "congelada", em vez de lutar ou de fugir. É interessante observar que o dr. Robert Scaer pesquisou a reação de congelamento em animais selvagens e descobriu que alguns deles têm essa reação com frequência, caindo no chão e ficando paralisados quando estão sendo perseguidos por um predador. Se o predador perde seu interesse, o animal sobrevivente literalmente sacode o trauma, tendo sintomas semelhantes a convulsões.

Volta e meia, porém, nós, humanos, não "sacudimos" o trauma; apegamo-nos a ele e o interiorizamos. Esse trauma não resolvido pode se manifestar na forma de doença mental ou física. Além disso, varreduras cerebrais de sobreviventes de traumas mostraram que o caminho entre os hemisférios cerebrais esquerdo e direito, o corpo caloso, pode ser desgastado por traumas. Nesse caso, o indivíduo terá dificuldade para integrar os processos dos hemisférios esquerdo e direito. Terapias como a mencionada Técnica de Libertação Emocional (EFT), Dessensibilização e Reprocessamento por meio de Movimentos Oculares (com sigla EMDR em inglês), bem como práticas do tipo meditação com atenção plena, podem ajudar indivíduos com esses problemas.

O que tudo isso significa para você?

Embora tudo isso seja um resumo bastante simplificado daquilo que acontece no cérebro quando sofremos um evento traumático, ajuda a compreender por que experimentamos certas condições psicológicas mais tarde. Algumas pessoas precisam de orientação específica para serem curadas desses problemas, e a psicologia quântica nos permite olhar fora da caixa e mesclar uma gama de técnicas para que isso aconteça.

Nem todos os leitores deste livro terão passado por traumas graves que exijam tratamento. Todavia, todos que leem este livro terão alguns sistemas de crenças que não lhes servem muito bem. Como a ciência quântica trabalha ao longo de todo o espectro de felicidade da consciência, a exploração dessa parte de você mesmo é um elemento crucial. É tão importante quanto compreender a imagem maior de quem você é.

Um bom lugar para começar é criar uma linha do tempo de sua vida e destacar eventos significativos (tanto positivos quanto negativos) que causaram impacto em você. Pergunte-se quais crenças ou decisões surgiram após cada um desses eventos. Esse exercício lhe dará uma boa indicação dos programas de crenças que estão gerenciando você.

É importante lembrar que há quatro mundos de possibilidades quânticas em seu interior que você precisa entender: *físico*, *mental*, *vital* e *intuitivo*. O uso de técnicas e ferramentas nesses quatro níveis irá ajudá-lo a começar a se libertar de seus sistemas de crenças.

Trauma e física quântica: um diálogo

SUNITA: Você acha que eu me excedi naquela seção sobre trauma? Afinal, estamos escrevendo sobre felicidade, e a conversa sobre trauma é um pouco deprimente.

AMIT: É deprimente. Por outro lado, você acertou em cheio e precisa ser incluída na conversa sobre felicidade. Traumas de infância são muito comuns. Por isso, é muito benéfico conhecê-los, compreendendo o papel que desempenham em nossa vida, para lidarmos com eles caso tenhamos um efeito persistente.

SUNITA: Lembro-me de um incidente quando tinha 7 anos. Estava na cozinha de um templo e queria ajudar a preparar a refeição. Acidentalmente, deixei cair farinha de chapati no chão e uma mulher que estava ali perto gritou muito comigo, deixando-me chocada, confusa e sentindo-me meio estúpida. Para mim, esse evento foi inesperado e dramático e fez com que me sentisse isolada e, como tinha 7 anos, não tinha uma estratégia para lidar com ele. Isso afetou a forma como eu me via subconscientemente durante anos.

AMIT: Permita-me compartilhar a experiência de um trauma com t minúsculo que teve um efeito importante em meus relacionamentos com mulheres enquanto não me dei conta dele e o resolvi. Eu tinha 6 anos e minha família resolveu ir ao cinema, mas não era o filme que eu queria ver.

Tentei manipulá-los, mas um irmão mais velho bloqueou meus esforços sagazes. Quando usei minha última arma, "Eu não vou", ele pagou para ver. "Mas se você for ficar sozinho em casa, para sua própria segurança, teremos de trancar você no seu quarto", disse em tom severo. Fiquei tão furioso que nem me dei ao trabalho de responder.

Assim, trancaram-me no quarto e saíram. Até a minha mãe. Sem mais nem menos. Claro que entrei em pânico. Imagine ficar confinado assim durante duas horas. Achei que minha mãe havia me abandonado!

Alguns anos depois, tivemos um grande conflito hindu-muçulmano numa cidade vizinha e novamente, para minha própria segurança, minha mãe me mandou para longe e o pânico de ser abandonado aflorou mais uma vez.

Dois anos depois, quando minha mãe foi me visitar, não a reconheci. Todas as minhas lembranças dela foram empurradas para o fundo da caverna de meu inconsciente para poder lidar com o pânico.

SUNITA: Estou curiosa. Você disse que resolveu seu problema com o medo do abandono. Poderia dizer como conseguiu isso? Creio que nossos leitores se beneficiariam com seu processo.

AMIT: Claro, sem problemas. Na década de 1970, conheci uma psicóloga londrina que me perguntou se o passado pode ser mudado. Eu disse que tinha certeza de que não podia e perguntei a ela por que queria saber isso. Ela afirmou que tratava com sucesso os problemas de seus pacientes com neurose mudando seu passado.

Quando minha esposa me fez ver que eu tinha um problema com o abandono, lembrei-me daquilo que a psicóloga havia falado sobre mudar o passado. Nessa época, eu já estava um pouco mais atento; conhecia a escolha retardada e o fato de que nada existe de concreto sobre o passado, a menos que o evento seja memorizado.

Os neurocientistas dizem que as crianças não podem memorizar adequadamente um evento traumático porque seu hipocampo ainda não está plenamente formado. Como aficionado quântico da escolha retardada, vi muitas possibilidades sem manifestação. Assim, manifestei cuidadosamente a sequência de eventos por meio da imaginação visual, absolvendo claramente minha mãe de qualquer abandono por meio da escolha retardada.

Consegui voltar para prosseguir e "limpar minha memória", por assim dizer, o que foi um processo muito eficiente para lidar e resolver meus problemas com o abandono".

capítulo 17

os quatro aspectos fundamentais da cura emocional

O que motiva as pessoas a procurarem cura e felicidade além da variedade molecular? Há aquelas para quem o desejo de transformação começa porque se conectaram com algo inspirador que alguém disse, ou então um filme que viram, ou um livro espiritual que leram, ou até porque testemunharam pessoalmente um grande sofrimento. O chamado para a cura e o crescimento vem de diversas maneiras.

Algumas das pessoas com quem tenho trabalhado tiveram o desejo de curar-se por meio da religião e para outras o processo começou pela própria terapia. O livro *Um curso em milagres* (Foundation for Inner Peace, 1994) afirma que tanto a psicoterapia quanto a religião são fontes para essas experiências e que, em seus níveis mais elevados, fundem-se numa espécie de unidade, uma jornada singular.

De modo geral, há dois caminhos motivacionais para a cura: um é positivo, por meio da disposição e da curiosidade; o outro é negativo, por meio do sofrimento.

Disposição e curiosidade

Estar disposto e comprometido significa que você sabe que as verdadeiras mudanças requerem dedicação e paciência e que está pronto para trabalhar nisso a sério. Significa que você está pronto, disposto e disponível para "ir fundo" e questionar a validade de suas crenças atuais.

A disposição abre as portas para a curiosidade. Em vez de julgar os prós e contras de suas ações, você decidiu ser apenas curioso. A curiosidade abre as portas para explorações criativas. Essa é a rota positiva para a transformação.

Há também o caminho negativo, pelo sofrimento, a deterioração da saúde mental e a sensação de tristeza, o desespero para buscar uma cura. Geralmente é aí que as pessoas procuram um terapeuta, quando a dor não pode mais ser evitada e se torna debilitante em muitos níveis.

Sofrimento: a via negativa

Com frequência, meus pacientes questionam por que sofrem emocionalmente e por que a vida lhes apresenta tantas circunstâncias desafiadoras. Minha resposta é simplesmente esta: essas circunstâncias desafiadoras nos dão a oportunidade de sermos mais e mais felizes como indivíduos e de optar por expressar diferentes gunas conforme a necessidade. Quando a vida nos põe contra um canto, é como sermos atingidos por um caminhão; eventualmente, não teremos opção exceto mudar nossa percepção e aprender mais a nosso próprio respeito. Esses "presentes caóticos" tratam, na verdade, de nos mostrar que temos possibilidades e escolhas que nos permitem criar algo novo em nossa vida de sofrimento.

Entretanto, quando optamos por mudar, fazemo-lo compreendendo que vamos continuar a enfrentar desafios ao longo de nossa jornada de felicidade. É por isso que a psicologia quântica é tão importante: sem a compreensão dos princípios quânticos, careceríamos da estrutura necessária para implementar as mudanças.

Mudanças profundas exigem que observemos, questionemos e dispamos nossas máscaras, contemplando-nos tal como somos de fato e encontrando nosso *self* autêntico. O processo exige que você se sinta à vontade com a vulnerabilidade, pois pode ser a primeira vez que irá explorar de fato seus pensamentos, sentimentos, ações e temores mais íntimos. Dito de modo simples, pode ser a primeira vez que você está se conhecendo, e, bem provavelmente, sentindo-se desconfortável nessas áreas. Sair de sua zona de conforto é essencial para o crescimento, mas também é o motivo pelo qual a maioria das pessoas se mantém onde está, porque não é fácil.

Também digo a meus pacientes que a jornada deles não termina com o fim da terapia; ela continua quando começam a viver a vida com uma percepção renovada de quem são e de quem desejam ser. Peço-lhes para se lembrarem do que precisam para se cuidar física e emocionalmente; e, mais importante, peço-lhes para continuarem a explorar e a se dedicar ativamente à psicologia quântica, pois ela vai sempre ajudá-los a seguir em frente, rumo a níveis crescentes de felicidade.

Quatro aspectos da cura e o processo criativo

Há quatro aspectos do crescimento pessoal na cura emocional: exploração e educação interior; limpeza de traumas e de sistemas de crenças; cultivo do gosto pela experiência do fluxo; desenvolvimento de novo conjunto de habilidades.

Esses quatro aspectos da cura proporcionam as ferramentas práticas com que o processo criativo da psicologia quântica é aplicado.

A jornada de cura

Qual a aparência do processo de cura? Para a maioria das pessoas, a cura emocional é um processo permanente que se desenvolve ao longo do tempo, percorrendo um processo de reconhecimento e de remoção de camadas de programação que causam sofrimento e de falsas crenças que foram sendo acumuladas ao longo dos anos, entremeadas com momentos de compreensão — *saltos quânticos* —, no qual a descontinuidade representa seu papel! E então, o prosseguimento: a reestruturação de um novo sistema de crenças voltado para a exploração de significados mais elevados, sentimentos nobres e felicidade.

Na verdade, a cura emocional é a cura criativa, no estilo da solução criativa de problemas. Nossas feridas emocionais têm um efeito sobre nosso comportamento (o ego-caráter); quando vivenciamos *insights* criativos, vislumbres da verdade, eles podem deslocar nossa percepção no mesmo instante, curar as feridas e mudar nosso caráter.

1. *Exploração e educação interior.* A exploração interior diz respeito ao ato de conscientizar-se e de prestar atenção ao seu mundo interior, à "sua história". Você começa explorando seus pensamentos, sentimentos e ações, vendo como estão sendo pouco úteis. Nesse estágio, quando trabalho com um paciente, ele fala e eu escuto, com feedback ocasional.

Nessa linha, meus pacientes e eu também nos dedicamos à educação. Juntos, discutimos o funcionamento do ser humano, contemplamos a natureza de nossa realidade por meio de conhecimentos já disponíveis, como psicologia transpessoal, neurociência e física quântica.

Este livro destina-se a atender a esse aspecto educativo da cura emocional, proporcionando um bom par de óculos conceituais ao leitor orientado para a autoajuda.

Eu inspiraria meus pacientes a compreender por que fazem o que fazem. Juntos, exploraríamos depois a psicologia quântica de tudo isso — como o *self* que há em nós funciona da maneira tal como o faz. Isso ativa a intenção deles, o que muda o jogo. O poder de cura do próprio paciente é despertado, ou, nas palavras do dr. Joe Dispenza, quiroprático e escritor, "*Você é o placebo*".

Não raro, o efeito placebo é mal compreendido. Os médicos dão comprimidos de açúcar e os pacientes acham que é um remédio; quando tomam os comprimidos de açúcar, diz-se que são curados por causa do placebo — o paciente acredita mentalmente que está tomando um remédio de verdade. Na verdade, o placebo é seu próprio poder pessoal, sua capacidade de intencionar a cura para a qual seu corpo-mente-corpo vital já possui a sabedoria necessária. Suas crenças errôneas o privam da confiança em seu poder pessoal; é isso que o médico ou o terapeuta o ajudam a restaurar.

De fato, muitos de meus pacientes tiveram a experiência de mudanças na consciência (*insights* psicológicos de minissaltos quânticos ou momentos ahá) pelo simples fato de lidarem desse modo com a educação e exploração interior simultâneas.

2. *Limpeza de traumas e de sistemas de crenças*. Aqui, você começa a trabalhar de fato para livrar-se de traumas e de sistemas de crenças que não lhe servem mais. Essas ferramentas de limpeza precisam ser aplicadas nos níveis físico, mental, emocional e transcendental — a meta é livrar-se de ferimentos emocionais.

Há muitas ferramentas e técnicas. Com meus pacientes, costumo usar uma combinação de hipnoterapia, Técnica de Libertação Emocional (EFT) e Matrix Reimprinting, que considero uma combinação poderosa.

3. *Cultivo do gosto pela experiência do fluxo*. Você pode desenvolver e adquirir o gosto pela experiência do fluxo praticando atos de criatividade exterior, como pintura, canto, dança ou redação, ou pela criatividade interior e a intensa interação criativa num relacionamento com outra pessoa, inclusive seu próprio *self* quântico.

Esses métodos lhe dão familiaridade com o fluxo, ajudando-o com o verdadeiro teor da cura terapêutica — a intensa interação do fluxo com um terapeuta. Você vê que funciona! Um bom terapeuta (ou guru) é um excelente substituto para seu *self* quântico! E a melhor parte dessa história é que o terapeuta não é abstrato.

4. *Desenvolvimento de novo conjunto de habilidades que possibilita um comportamento positivo*. Você precisa se dedicar a um novo compor-

tamento positivo, precisa descobrir rituais e rotinas diferentes. Assim, você desenvolve habilidades que realçam sua qualidade de vida e o inspiram a explorar mais a felicidade. Em sua condição centrada no eu, você está pendurado pelos dentes à felicidade do Nível 2; você começa a usar essas habilidades; as habilidades o estabilizam na felicidade normal do Nível 2 e atuam como trampolim para a ascensão gradual até o 2+, a saúde mental positiva. Nesse nível, você verá que é possível controlar suas tendências negativas e até transcendê-las com a criatividade situacional. É aí que começa sua jornada rumo a níveis felizes de saúde mental positiva.

Segundo a psicologia quântica, o conjunto de habilidades consiste no desenvolvimento da capacidade de analisar sua história e até de rir dela, para que possa criar limites; desenvolver a capacidade de ver todas as situações como perigo e também como oportunidade, mantendo-se aberto para novas perspectivas de visão; a capacidade de relaxar e a capacidade de focalizar.

Esse conjunto de habilidades ajuda não só no processo de cura, como também lhe permite manter-se estável e satisfeito no estágio específico de felicidade que você atingiu. No próximo capítulo, um segundo conjunto de habilidades vai lançá-lo numa exploração ainda mais intensa da escala da felicidade, ajudando-o a estabelecer as bases para circuitos cerebrais emocionais positivos.

Ferramentas para cura emocional

Habilidade n.º 1: Desenvolva a capacidade de observar e questionar suas crenças

O que muitos de nós não percebem é que estamos envolvidos num diálogo interior na maior parte do tempo. Estamos constantemente interpretando situações, contando-nos histórias com base naquilo que percebemos, histórias que podem nos afastar da alegria. Se queremos vivenciar um estado de alegria interior, precisamos questionar a validade de nossas histórias. Precisamos entender que nossas crenças não nos servem e precisamos aprender a dizer não ao condicionamento, sempre que a situação assim o exigir.

Eis algumas ferramentas que irão ajudar você a desenvolver a habilidade de observar seu diálogo interior:

1. *Seja objetivo.* Quando se trata de relacionamentos, com o envolvimento de um "outro", talvez não o vejamos com clareza por estarmos perdidos em nosso próprio mundo interior de pensamentos.

Em geral, peço que meus pacientes imaginem que estão assistindo a um filme da situação, com atores representando os diferentes papéis. Sugiro-lhes que levem em consideração os sentimentos de cada ator e os motivos por trás de cada ação. Esse exercício permite que os pacientes pratiquem objetividade e empatia — abre-lhes a oportunidade de calçar as sandálias de uma pessoa (permitindo a não localidade) para tentarem compreender o ponto de vista dela e também para ver se eles, os próprios pacientes, estão percebendo adequadamente a situação. Depois, peço-lhes que reflitam sobre seu diálogo interior. O que estavam falando com relação à situação? E, mais importante, era verdade?

2. *Todos os dias, passe algum tempo em silêncio, observando seus pensamentos.* A capacidade de introspecção é poderosa. Pense nisto: somos *capazes* de ter um pensamento e de nos observarmos tendo esse pensamento. Qualquer um que já tenha se livrado de um vício sabe que, às vezes, nosso diálogo interior pode ser bem convincente em sua tentativa de nos levar de volta ao comportamento negativo. Parte do processo de libertação consiste em perceber esse diálogo interior, escolhendo não o alimentar e preferindo dizer "não" ao condicionamento.

Habilidade n.º 2: Flexibilidade e abertura – Desenvolva diferentes contextos de percepção

Uma mudança de percepção equivale a uma mudança na maneira como vivemos a vida. Há alguns anos, meu irmão se formou na universidade e foi a uma entrevista de emprego organizada por um membro da família. A entrevista não foi muito bem e o desanimou. A experiência causou impacto significativo em sua confiança e ele duvidou seriamente de sua capacidade para obter um bom emprego.

Algumas semanas depois, para minha surpresa, ele aceitou um ingresso para um seminário motivacional do qual eu estava participando, e, como vi depois, esse seminário mudou completamente sua percepção, pois teve um *insight* criativo — um momento ahá. Até hoje, ele não tem muita certeza sobre como ocorreu essa mudança, mas naquela noite decidiu que era suficientemente bom e capacitado para conseguir um emprego. E foi o que aconteceu — na semana seguinte. Ele prosseguiu e se deu imensamente bem em sua atividade profissional.

Trabalhar em contextos de percepção diferentes pode transformar seu medo em coragem, permitindo-lhe ficar à vontade diante do desconhecido, pois você começou a perceber que não pode controlar tudo. Com o tempo, você vai perceber que as maiores experiências, as mais fantásticas, do tipo "caramba!", costumam acontecer de maneira inexplicável e descontínua.

Não se iluda: a terapia ajuda. Quando a pessoa começa a falar de seus problemas com seu terapeuta, observando seus pensamentos e comportamentos com a ajuda do profissional, começa a ver as coisas sob ângulos diferentes e geralmente essas reflexões provocam uma abertura.

Para instituir uma mudança ainda mais profunda, você precisa começar a se perguntar sobre o propósito espiritual maior da vida: quem somos, de onde viemos e para onde vamos depois de morrer? Você pode estudar aqueles que estiveram aqui antes e encontraram a felicidade integrando a espiritualidade na vida e também aqueles que tiveram experiências de quase morte ou passaram por curas milagrosas. Não com ceticismo, mas com confiança agora, pois esses fenômenos, antes milagrosos, encontraram explicação científica. Descobri que ler sobre milagres da vida real muda fortemente nossa percepção, pois durante um breve período de tempo a leitura nos afasta da rotina diária e alimenta nosso inconsciente com um material que, após algum processamento e a expansão das possibilidades, tem potencial para provocar um momento ahá.

Você precisa compreender que os seres humanos não são meramente indivíduos com quem as coisas acontecem; eles têm certo poder pessoal para fazer com que as coisas aconteçam. Mesmo que você não possa controlar todos os resultados, pode se manter sempre alerta e alinhar-se com o movimento da consciência.

Observar pessoas que inspiram você, ler sobre elas ou passar algum tempo com elas (é aqui que você deixa a não localidade quântica fazer sua mágica) também ajuda a criar uma mudança de percepção. Na Índia, isso é chamado *satsang*.

Servir é outra maneira de provocar uma mudança em sua percepção. Fazer diferença na vida de alguém, por menor que seja, pode ajudá-lo a mudar bastante suas próprias percepções. Sirva a alguém com amor e não por mera obrigação; o amor habilita a não localidade, permitindo até que a hierarquia entrelaçada entre em cena; isso ajuda não apenas o outro, como também você, pela manifestação de sua unidade potencial e pela expansão de sua consciência.

Mudar a percepção é reconhecer que cada situação pode ser vista tanto de maneira positiva quanto negativa. Toda experiência, por mais desafiadora que seja, oferece-lhe a oportunidade de crescimento pessoal, além de permitir optar pela resposta. Você pode escolher ficar onde está — o que seria um comportamento não quântico — ou pode optar pelo comportamento quântico e mudar. A qualquer momento ou em qualquer circunstância, você pode escolher o perdão em vez da vingança, a bondade em vez da hostilidade e o amor em vez do ódio, caso se permita mudar de percepção.

É essa nova perspectiva de percepção que nos permite transformar os momentos mais sombrios de nossa vida nos maiores presentes que podemos receber. E lembre-se: toda mudança profunda de perspectiva de percepção chega até nós de forma descontínua, pois são minissaltos quânticos de criatividade situacional.

Habilidade n.º 3: Humildade – Desenvolva senso de humor e humildade

Quando nos identificamos completamente com nosso ego condicionado em qualquer nível de realização arquetípica, estamos nos identificando com um aspecto do arquétipo, aquele que cultivamos, ignorando outras possibilidades. Estamos levando muito a sério o nosso "eu" cultivado (o chefão de nossa hierarquia simples). Como romper a hierarquia simples desse "eu" realizado? Para solapar o "eu" inflado, levamos o senso de humor para o jogo, aprendemos a rir de nós mesmos, brincamos com nossas ideias e nos divertimos com elas. É por isso que Einstein disse que "criatividade *é a diversão da inteligência*". Com efeito, a diversão quebra a hierarquia simples do ego/caráter/persona.

Aprender o humor autodepreciativo também nos ajuda a lidar com fracassos, motivo pelo qual são chamados corretamente de "pilares do sucesso". Foi por isso que o falecido antropólogo inglês Gregory Bateson disse que "o humor é meio caminho andado para a criatividade".

O humor, especialmente o humor autodepreciativo, também é meio caminho andado para a inteireza. É por isso que nas culturas chinesa e japonesa vemos Budas sorridentes por toda parte.

Torno a enfatizar. Um dos grandes problemas da jornada espiritual da felicidade é que, à medida que percorremos os seus níveis, podemos desenvolver um senso de realização. A parte boa disso é que obtemos autorrespeito e um ego fortalecido para ir mais além. Infelizmente, com as realizações, o ego tende a inflar. Isso não é bom. Vale sempre a pena realinhar-se com a humildade.

Habilidade n.º 4: Sua prática de meditação irá levá-lo a habilidades como atenção, percepção-consciente e relaxamento

Lembre-se da história extraída dos Upanishads, com dois pássaros sentados numa árvore. Um deles está tranquilo, pacífico, e o outro vai de galho em galho, provando as frutas. O pássaro que pula pelos galhos é uma metáfora para o nível egoico da mentação. Precisamos nos esforçar para reduzir a tagarelice mental, pois ela se torna causa de parte de nosso sofrimento interior. A meditação é um componente vital desse processo, pois ajuda a reduzir o ritmo da mente. Isso abre um espaço mental que permite a penetração de um nível superior de percepção-consciente; assim, fica mais fácil "pensar antes de agir".

Muita gente acredita que a meditação é uma técnica complicada que deve ser praticada por horas a fio, mas não precisa ser assim. Se você começou a praticar meditação recentemente, faça uma prática leve: cinco minutos por dia, com uma técnica simples, bastam no começo.

Escolha um lugar onde você possa se sentar de forma cômoda e use roupas confortáveis. Feche os olhos e relaxe o corpo. Comece prestando atenção no maxilar, geralmente temos tensão nessa área; assim, concentre sua atenção em relaxá-lo. Relaxe os músculos ao redor dos olhos e deixe os ombros soltos. Agora, preste atenção em sua respiração e observe cada inspiração e expiração. Focalize a atenção no presente e em sua respiração. Se algum pensamento vier à sua mente, deixe-o passar, mas volte a atenção para a respiração sempre que ficar distraído.

Essa meditação é chamada *meditação concentrada*; é a meditação sobre um objeto. Você pode usar não apenas a respiração como objeto de concentração, como também um mantra (uma palavra de uma só sílaba, como *om*) ou a chama de uma vela.

Se quiser subir pela escala da felicidade, a meditação será sua amiga vitalícia. Assim, vou lhe dizer como será a jornada da meditação. Quando comecei a praticar meditação, achei que seria uma jornada linear e que cada prática seria melhor que a anterior. Entretanto, não foi o que aconteceu. Em certos dias, minha mente ficava bem quieta; em outros, a tagarelice mental era tão intensa que eu tinha dificuldade para me concentrar na respiração. (Alguns pacientes me dizem que isso também acontece com eles e com frequência sentem que estão retrocedendo em vez de progredir.) Embora minha experiência cotidiana seja diferente, percebi com o tempo que havia mais espaço na minha mente e ela não desacelerava. A história zen a seguir ilustra isso muito bem.

> Um estudante procurou seu professor de meditação e disse:
>
> — Minha meditação está péssima! Sinto-me muito distraído, ou minhas pernas doem, ou estou sempre adormecendo. É simplesmente horrível!
>
> — Isso vai passar — disse com naturalidade o professor.
>
> Uma semana depois, o estudante voltou ao professor.

— Minha meditação está maravilhosa! Sinto-me tão lúcido, pacífico, vivo! É simplesmente maravilhoso!

— Isso vai passar — disse com naturalidade o professor.

Quando sua meditação concentrada ficar boa e estável, você pode passar para a meditação de atenção plena, ou *mindfulness*, como mostra o Capítulo 18. A meditação concentrada lhe ensina habilidades como foco e atenção; a meditação de atenção plena lhe ensina percepção-consciente e relaxamento.

O corpo vital e a psicologia energética

Durante um longo tempo em minha prática como psicoterapeuta, usei diversas ferramentas e técnicas que cobriam os aspectos de educação e percepção-consciente e a construção de um novo conjunto de habilidades. Entretanto, apesar de alguns de meus pacientes se esforçarem para mudar seu modo de pensar e construir novos conjuntos de habilidades, ainda precisavam lidar com o controle de emoções fortes. A adoção da psicologia energética em minha prática mudou isso. Graças à já mencionada EFT e à Matrix Reimprinting para o vital, meus pacientes conseguem lidar melhor com seus corpos vitais.

Essas técnicas são bem eficazes quando se trata de liberar rapidamente eventos traumáticos que ficaram congelados no sistema mente-corpo. Todo ser vivo tem manifestações da energia vital. Essa energia é quântica, mas podemos visualizá-la circulando pelos caminhos que a medicina tradicional chinesa (MTC) chama de *meridianos*. Quando a energia está fluindo livremente pelos meridianos, a saúde é mantida. Todavia, se ocorre um bloqueio no sistema (devido a um trauma, por exemplo), decorre disso uma doença física ou psicológica. A EFT é uma técnica psicológica de acupressão que envolve toques em certos pontos espalhados pelo corpo. O mecanismo é uma evolução da acupuntura, que usa agulhas para estimular os caminhos meridianos. Em vez de usar agulhas, a EFT combina o estímulo desses pontos por meio de toques enquanto focaliza determinada questão ou problema. Na linguagem da psicologia quântica, o que a acupuntura ou a acupressão faz é introduzir novas possibilidades de processamento inconsciente, de maneira que a consciência possa permutá-las e recombiná-las com as possibilidades existentes e escolher uma *gestalt* de possibilidades de cura. Isso funciona para liberar os bloqueios, permitindo que a energia flua livremente e restaure a saúde.

Embora a EFT seja usada para restaurar o fluxo do sistema meridiano, também funciona no reequilíbrio dos chakras. Muitas pessoas sentem emoções fortes na cabeça, pescoço, peito ou estômago. Perceba que esses pontos coincidem com os chakras; portanto, quando seguimos o protocolo EFT, também estamos trabalhando para reequilibrar nossos chakras.

O trabalho com o corpo vital é extremamente importante, pois, se somos capazes de administrar emoções fortes e de reduzir a carga emocional de memórias dolorosas, fica mais fácil construir novos circuitos cerebrais emocionais positivos. Assim, a psicologia energética e a psicologia dos chakras são elementos essenciais no processo criativo de cura.

Os aspectos da cura emocional não são sequenciais

Cada um desses quatro aspectos da cura funciona em conjunto para criar uma cura salutar. *Entretanto*, talvez o trabalho por meio deles não seja um processo linear. Os quatro aspectos podem ser implementados simultaneamente ou em ordem diferente, dependendo daquilo que a pessoa está experimentando no momento.

Michelle me procurou quando estava passando por alguns de seus dias mais sombrios. Tinha de lidar com uma autoestima muito baixa e acabara de sair de um relacionamento longo, no qual sofrera significativo abuso emocional e físico. Embora estivesse claro que Michelle precisava trabalhar para limpar essas memórias traumáticas, ela disse que no início só gostaria de falar. Ela precisava de tempo e de espaço para processar seus sentimentos e por isso começamos a trabalhar primeiro esse aspecto. Com o progresso das sessões, ela ficou interessada em aprender a meditar (habilidade n.º 4) e então começamos a trabalhar nisso também. Foi só um pouco mais tarde que ela se sentiu pronta para limpar o trauma que sofrera. Após alguns meses, a autoestima de Michelle melhorou consideravelmente e ela começou a fazer as pazes com seu passado traumático.

Cura fundamental

A cura fundamental pode ser definida como a cura com a criatividade arquetípica fundamental em ação. Isso significa que a cura emocional resulta de um encontro direto e espontâneo com o arquétipo no inconsciente quântico, e com isso experimentamos uma nova faceta da potencialidade arquetípica. Um exemplo de cura fundamental seria a recuperação espontânea do câncer, como se viu no famoso caso de Anita Moorjani, que se curou bem depressa de um câncer terminal após uma experiência de quase morte (EQM).

De fato, a experiência de quase morte é um modo pelo qual pode se dar uma cura fundamental, o que acontece porque o indivíduo teve um encontro direto com os arquétipos fundamentais do amor, da beleza, justiça, inteireza etc., embora na representação junguiana. Alguns dos que tiveram uma experiência de quase morte reportaram a sensação de aceitação e de amor profundo (aquilo que chamamos de encontro arquetípico) e de ganhar uma compreensão mais profunda sobre o propósito da vida e a maneira como funcionamos. Esses encontros arquetípicos diretos produzem uma alteração profunda na percepção do indivíduo, resultando assim na cura física e emocional.

Será preciso ter um encontro com a morte para viver uma experiência fundamental de cura? Não se preocupe. Há outras maneiras de vivenciar a cura fundamental. Algumas pessoas encontram espontaneamente essa cura justamente quando estão em meio a uma depressão profunda; o escritor Eckhart Tolle é um bom exemplo disso (recomendamos a leitura de seu livro, *O poder do agora*). O que essas pessoas estão fazendo? Estão dando um salto quântico espontâneo até um *insight* criativo fundamental.

Assim, esses relatos nos dão uma ideia: se a cura espontânea pode acontecer, por que não tentar o processo criativo para provocar o salto quântico? Então, é claro que a maneira geral e pragmática para a cura fundamental seria lidar com o processo criativo. A mudança perceptiva em si é um salto quântico; é a descontinuidade em ação e por isso vai acontecer no momento certo. Até então, valemo-nos do *do-be-do-be-do* (fazer-ser-fazer-ser-fazer).

A psicologia quântica na cura de neuroses e psicoses clínicas

Será possível curar neuroses e psicoses clínicas pela terapia? Espantosamente, essa é uma opção viável; no entanto, exige um terapeuta estável e posicionado na consciência superior. O motivo para isso é a existência de coisas como neurônios-espelho e "indução". Nossos neurônios-espelho nos permitem imitar a experiência de outra pessoa. Isso produz aquilo que chamamos de simpatia quando estamos na presença de pessoas com problemas.

A indução é um fenômeno do magnetismo. Se você puser um prego em contato com um ímã, o prego adquire temporariamente a capacidade de atrair o ferro de outros pregos, por exemplo. No caso de pessoas dotadas de consciência superior, essa indução se dá por meio da não localidade quântica. O efeito é a empatia – uma conexão não local entre você e outra pessoa, permitindo-lhe colocar-se "no lugar do outro".

Na década de 1980, houve um tempo em minha vida em que eu (Amit) me sentia muito infeliz, e minha infelicidade estava afetando meu casamento. Em suma, minha esposa e eu brigávamos muito. As circunstâncias nos enviaram para passar um mês no ashram de um místico americano iluminado chamado Franklin Merrell-Wolff, situado na cidadezinha de Lone Pine, na Califórnia, bem no alto da Eastern Sierra.

Nessa época, Franklin estava com 97 anos. Quando tentei falar com ele sobre física quântica, ele se recusou. "Isso me dá dor de cabeça", respondeu. Como eu gostava dele e não tinha nada mais a fazer para passar as longas tardes de verão (minha esposa não estava por perto), ficava sentado com Franklin em seu jardim. Ele cochilava enquanto eu vegetava. Isso durou algum tempo.

Então, ouvi as pessoas falando que havia um "físico muito agradável" no ashram e eu fiquei curioso. "Gostaria de conhecê-lo", disse, e todos riram. Foi então que percebi que eu era o tal físico! Uma rápida avaliação interior mostrou-me que, de fato, eu ficara bem feliz naqueles dias! Desde então, minha esposa e eu encontramos a harmonia juntos.

O que causou a transformação? Estou convencido de que foi a presença próxima de Franklin que provocou em mim uma consciência quântica não local cuja integridade deixou-me feliz — um efeito de indução magnética — e, por falar nisso, assim que minha esposa e eu saímos do ashram, começamos a discutir dentro do carro, provando que o efeito foi mesmo uma indução temporária!

capítulo 18

chaves para liberar a felicidade para um você autocentrado

Os capítulos anteriores mostraram como você pode remover com eficácia nuvens que recobrem o sol da felicidade. Você está no Nível 2 da felicidade; ainda flutua entre 2- e 2+. Este capítulo trata de práticas que irão estabilizá-lo no Nível 2+ de felicidade, um estágio preparatório para avançar na jornada da felicidade. Pense nestas ferramentas como psicologia positiva à maneira quântica.

Como você deixa para trás a homeostase habitual e busca níveis superiores de felicidade? Há ferramentas para você praticar e aprender novos hábitos. Aqui, vou discutir muitas ferramentas que ensino a meus pacientes e que são consistentes com a psicologia quântica. São ferramentas destinadas a ajudá-lo a sair do autocentrismo que ainda restringe sua consciência, criando adicionalmente um trampolim para que possa cuidar daquela parte que ainda cultiva emoções e necessidades negativas, equilibrando-as com emoções positivas.

Ferramenta n.º 1: construa e expresse sua autenticidade

A autenticidade, consistente em fazer com que suas personas sejam congruentes com seu caráter, é muito importante para a criatividade, tanto para ouvir as intuições quanto para lidar com o *self* quântico. Ajuda a mantê-lo em sincronia com o movimento deliberado da consciência.

Com 23 anos, Bella – uma jovem brilhante e ambiciosa – tinha um excelente cargo num banco local. Nascida na cultura indiana e com uma família que seguia estritamente a tradição, deveria casar-se aos vinte e poucos anos. Seus pais já haviam encontrado um rapaz adequado. Sem querer contrariar sua cultura ou sua família, Bella casou-se naquele ano.

Embora os pais de Bella se mostrassem satisfeitos com o fato de ela estudar e trabalhar, seus sogros seguiam um sistema de crenças particularmente tradicional. Exigiram que ela saísse do banco e cuidasse dos afazeres domésticos.

Apesar de tentar protestar, Bella sabia como seria difícil para seus pais se esse casamento não desse certo; por isso, atendeu às exigências. Ela ficou ressentida com sua situação. Com o tempo, isso se manifestou: comia demais e sentia raiva e irritação.

Depois que seus filhos saíram de casa, Bella sentiu-se profundamente infeliz e sem propósito. Passara tanto tempo cuidando dos outros que se esqueceu de se cuidar, física e emocionalmente. Na terapia, não tardou para perceber que precisava se reconectar consigo mesma e assim começou a reservar algum tempo para si mesma e fazer coisas de que realmente gostava. No começo, sua família não gostou da mudança, pois significava uma perturbação da rotina cotidiana. Entretanto, após algum tempo, o marido de Bella começou a ver o impacto positivo que essas medidas tiveram nela; com isso, também compreendeu e aceitou a mudança.

Ser autêntico é expressar quem você realmente é em termos de seus traços de caráter. Significa viver suas propensões e seu repertório de competências e características desenvolvidas, ser o autor de sua vida.

Um dos principais desafios que enfrentamos na autenticidade é que não somos estimulados na infância a descobrir e seguir nosso dharma, vendo-nos como heróis de uma jornada. Desde cedo, aprendemos os papéis que esperam que representemos e geralmente não questionamos essas expectativas. Olhamos à nossa volta e vemos que os outros parecem estar fazendo a mesma coisa; assim, estudamos tecnologia da informação em vez de música, ou conseguimos um emprego num banco em vez de nos dedicarmos à arte, e "escolhemos" fazer o que é prático em vez de fazer aquilo que nos parece intrinsecamente correto (claro que não há nada de errado em estudar TI ou trabalhar num banco se é isso que você realmente quer fazer, se isso ressoa com o arquétipo de seu coração).

Entretanto, quando nos acostumamos a usar a máscara da persona que oculta quem somos de fato, perdemos a conexão com nossos *selves* autênticos.

Feito do modo certo (ou seja, quando reconhecemos seu conteúdo arquetípico), a vida autêntica é um processo que inclui os demais. Ela pede que nos mantenhamos conscientes de nossos pensamentos e sentimentos, e, ao mesmo tempo, permite que tenhamos mais compaixão e compreensão pelos demais em função da percepção-consciente sutil de que eles também precisam seguir seus arquétipos. Passamos a aceitar os outros (novamente, a não localidade) tal como são, deixando-os que "sejam", pura e simplesmente. Além disso, nossa autenticidade dá, em silêncio, permissão para que os outros façam o mesmo.

Se quisermos ensinar as crianças a viver de modo autêntico, não devemos ensinar isso como um tópico isolado ou de forma autoritária, em hierarquia simples, mas junto com a bondade, compaixão, empatia e compreensão. Ensinamos como devem buscar o equilíbrio entre amor-próprio e amor pelos outros, deixando que o poder da hierarquia entrelaçada nos guie.

Eis algumas ferramentas cujo uso lhe permitirá conectar-se com sua autenticidade.

1. Pergunte-se: Qual é meu verdadeiro caráter?

Passe algum tempo refletindo sobre as qualidades singulares que formam seu caráter. Quais são seus valores e crenças centrais? São congruentes com suas ações? Digamos, por exemplo, que você se considera uma pessoa bem-humorada, paciente e compassiva. Agora, recue por um instante e reflita sobre seu comportamento. Como você trata as pessoas à sua volta? Como estão seus relacionamentos pessoais? Às vezes, pode ser útil fechar os olhos e imaginar que você está assistindo a um filme de suas interações com as pessoas. Isso lhe dará a perspectiva de um observador exterior sobre suas ações e você conseguirá observar seu comportamento com objetividade.

Reflita sobre as áreas de sua vida, como trabalho, saúde, família e tempo de lazer. Sua expressão nessas áreas é autêntica? Seu trabalho é gratificante ou você acha que nasceu para fazer outra coisa? Quão bem você se relaciona com sua família? Além disso, reserva algum tempo para fazer coisas que nutrem todos os seus níveis? Qual foi a última vez que você se dedicou a um passatempo que realmente o satisfaz?

Depois que começar sua jornada de transformação, talvez encontre familiares, amigos, colegas e conhecidos que achem difícil lidar com suas mudanças. Pense cuidadosamente na maneira de comunicar-se com eles e procure fazê-lo a partir de um lugar de amor quando começar a ser mais esse "você" autêntico.

2. Torne-se mais autoconsciente.

Comece a observar seu comportamento com mais frequência e preste atenção em suas ações inautênticas. Sempre que perceber que está se comportando dessa maneira, veja que é uma oportunidade para aprender mais a seu próprio respeito. Sem julgar, suavemente, pergunte-se: De que modo o uso dessa máscara me serve? Por que sinto necessidade de comer de maneira pouco saudável, submetido à pressão social, ou sem expressar plenamente minha opinião, em lugar de acompanhar a correção política?

Além disso, é importante perceber que sua expressão de autenticidade vai mudar à medida que você aprender mais a seu respeito. Quanto mais você se conectar consigo mesmo, compreendendo-se melhor, mais autenticidade irá expressar.

3. Siga sua intuição.

A intuição é a comunicação com o inconsciente quântico não local e pode ser bem sutil. Portanto, preste atenção em suas sensações guturais ou sentimentos no coração e comece a respeitá-los. Pergunte-se como você se sente com relação a certas pessoas e situações e comece a se expressar de forma coerente com seus valores centrais.

4. Esteja pronto para lidar com a vulnerabilidade.

Você precisa estar disposto a se sentir vulnerável. Viver com autenticidade significa explorar e expressar nossos sentimentos mais profundos, o que às vezes pode fazer com que nos sintamos vulneráveis. É preciso ter coragem, tanto para se abrir a respeito de como nos sentimos de fato quanto para comunicarmos esses sentimentos para os outros — especialmente se não tivermos experiência na expressão dessa nossa faceta.

Ferramenta n.º 2: meditação de atenção plena e *do-be-do-be-do*

Uma forma de meditação é a concentração, a primeira forma de aprendizado, a meditação sobre objetos. Em outra forma de meditação, observamos nossos pensamentos sem interferência, como se estivéssemos observando nuvens passando no céu. Se percebemos que ficamos presos a determinado pensamento, interrompemos firmemente esse processo e voltamos a nos ver na observação dos pensamentos. Essa meditação de atenção plena, também chamada de *mindfulness*, é uma meditação sobre o sujeito, o observador ou *testemunha*.

A vida desperta está repleta de tarefas, e entre tarefas temos o costume de vegetar em nosso ego. Se não estivermos atentos, a consciência manifesta estatisticamente nossa experiência como resposta a um estímulo, segundo nosso condicionamento. Isso dá origem à entropia — desordem — em todos os nossos mundos de experiência, uma decadência geral. Aprender a prevenir isso é um ingrediente básico da promoção do positivo em nossa vida.

A meditação concentrada propicia a capacidade de focalizarmos uma tarefa. Um efeito da meditação de atenção plena é produzir uma mente lenta e relaxada — a habilidade da existência. Algumas pessoas, porém, esperam seriamente que, se meditarmos por longo tempo, a mente vai ficar totalmente vazia. A respeito, vou lhe contar uma história.

> Subhūti, um discípulo de Buda, foi convidado a falar sobre meditação e vazio. Ele estava pensando, "Tenho meditado há muito tempo, mas nunca tive a experiência de uma mente vazia. Como posso falar sobre o vazio?". Assim, ele ficou quieto.
>
> Inesperadamente, flores começaram a cair sobre ele, e vozes distantes disseram:
>
> — Estamos recompensando você por seu discurso.
>
> Subhūti respondeu, surpreso:
>
> — Mas não falei nada.
>
> E as vozes responderam:
>
> — Você não falou e nós não ouvimos. *Esse é o verdadeiro vazio.*
>
> Ouvindo isso, Subhūti se iluminou, e as flores caíram novamente sobre ele.

Algumas notícias muito boas do front empírico. Neurocientistas descobriram que a meditação de atenção plena, no longo prazo, aumenta de fato nosso nível de felicidade. Na década de 1970, dois pesquisadores, Richard Davidson e Daniel Goleman, consolidaram trabalhos anteriores para falar de uma medida da felicidade. Geralmente, há estruturas nos dois lados do cérebro; tanto o hemisfério esquerdo quanto o direito possuem córtex pré-frontal. E esta é a assinatura: a atividade do lado esquerdo, a atividade no córtex pré-frontal do hemisfério esquerdo (LPFC), está correlacionada com efeito positivo — felicidade; mudança de atividade no córtex pré-frontal do hemisfério direito (RPFC) significa efeito negativo — infelicidade. De fato, as pesquisas mostram que meditadores experientes passam nesse teste da felicidade com nota máxima.

Em um dos experimentos de Davidson, o comportamento dos voluntários com atividade predominante no córtex pré-frontal esquerdo foi comparado com o comportamento daqueles com atividade predominante no córtex pré-frontal direito. Na verdade, aqueles eram sociáveis e animados, aproveitando o dia, exibindo a alegria de viver. Em contraste, estes cujo RPFC predominava comportavam-se como os personagens criados pelo comediante Woody Allen, temperamentais e melancólicos.

O que isso prova? O hemisfério cerebral direito é inconsciente, não há colapso quântico nele. É no hemisfério esquerdo que as possibilidades se manifestam e o *self* emerge. Logo, essa mudança de atividade significa uma mudança do inconsciente para o consciente, implicando que você obteve mais controle sobre o cérebro. Como venho dizendo o tempo todo, quanto maior o controle sobre suas experiências, mais você vai ficar feliz.

Naturalmente, isso não nos proporciona uma escala, como afirmam os neurocientistas. Não podemos dizer que, quanto mais positivos somos, mais felicidade obtemos, haverá mais e mais mudança de atividade no hemisfério esquerdo. *Penso que podemos.* Lembre-se: o cérebro é cinco vezes mais negativo do que positivo. Logo, recuperar o controle do cérebro certamente indica mais positividade e menos negatividade. E quanto mais, melhor.

Muitas pesquisas neurocientíficas recentes concentram-se no dr. Matthieu Ricard, biólogo que se tornou monge budista na tradição tibetana e depois foi apelidado de "homem mais feliz do mundo". Sem dúvida, seu cérebro mostra um aumento da atividade cerebral no córtex pré-frontal esquerdo.

O neurocientista Owen Flanagan disse: "Imagine se o córtex pré-frontal esquerdo de Donald Trump, Rupert Murdoch e Hugh Hefner (que estava vivo quando o comentário foi feito) ficasse tão ativo quando o de Mathieu (o meditador budista tibetano), com a relação entre LPFC e RPFC igual. Sabemos que as causas e os objetos da 'felicidade' dessas pessoas são diferentes dos de Mathieu, e assim parece que devemos dizer que há espécies diferentes da própria felicidade". Esse é o ponto. A felicidade de Donald Trump e companhia vem do surto molecular que o prazer e a dominação lhes proporcionam; sua felicidade prazerosa mostra muita dopamina no cérebro, e é tudo. Não há mudança na atividade cerebral do hemisfério direito para o esquerdo! Enquanto isso, a felicidade de Mathieu, devida à expansão da consciência causada por emoções positivas, é medida corretamente pela proporção entre a atividade dos córtex pré-frontais esquerdo e direito.

Esse modo de medir a felicidade, na minha opinião, só deve se aplicar até o Nível 3 de felicidade. Os graus mais elevados de felicidade — Nível 4 ou mais — devem ter outra assinatura neurofisiológica; descobrir essas assinaturas é um desafio para os neurocientistas.

Além disso, desconfio que a meditação de atenção plena não é o único ingrediente para melhorar a felicidade no estudo de Davidson; em todos esses estudos, os praticantes focalizam a bondade amorosa, que talvez seja o segredo. O que esses praticantes fazem de fato é praticar o *do-be-do-be-do* (fazer-ser-fazer-ser-fazer), a meditação da atenção plena — *ser* a serviço da bondade amorosa — seguida do *fazer*. Em outras palavras, o *do-be-do--be-do* é a receita perfeita para saltos quânticos ocasionais até o *self* quântico, e, por sua vez, para um aumento mensurável da felicidade.

Ferramenta n.º 3: equilibrando os momentos vitais

Equilibrar o corpo vital é extremamente importante para o bem-estar. Se o trabalho para a eliminação de traumas pode exigir orientação específica, há exercícios de energia vital que todos podem fazer, ajudando a reequilibrar nossas energias nos chakras.

1. Meditação sagrada com um parceiro

Comece esfregando as palmas das mãos e depois afaste-as até um centímetro, mais ou menos (como no estilo "namaste" de saudação). Você vai sentir um formigamento nas mãos e ao redor delas, que é o movimento do *prana* (energia vital) em correlação com a pele. Agora, estenda os braços para que as palmas das mãos fiquem voltadas para o céu e abra-se para toda a energia de cura que o universo está disposto a lhe enviar. Isso vai energizar ainda mais as palmas das mãos e você estará pronto para realizar uma *cura prânica* em um amigo.

Peça que seu parceiro se deite numa posição confortável, permanecendo receptivo no processo. Agora, aproxime as palmas das mãos energizadas dos principais chakras de seu amigo, um de cada vez, com a intenção de curar. Comece pelo chakra coronário e percorra todos os chakras, um por um (coronário, terceiro olho, laríngeo, cardíaco, plexo solar, sexual e básico). Por favor, lembre-se: não é necessário contato físico.

2. Pranayama – Respiração alternando as narinas

Esse é um ótimo exercício para ativar o sistema nervoso parassimpático, o que ajuda no relaxamento e na regeneração. Também ajuda a equilibrar os sistemas energéticos do corpo.

Certifique-se de estar sentado confortavelmente. Reserve algum tempo para relaxar e focalizar na respiração normal. Nesse exercício, você vai usar a mão direita, especificamente o polegar e o anular. Feche suavemente a narina direita com o polegar e inspire lentamente pela narina esquerda. Usando o anular, feche a narina esquerda e depois expire suavemente pela narina direita. Mantendo a narina esquerda fechada, inspire pela narina direita. Agora, feche a narina direita com o polegar e expire pela narina esquerda. Isso é um ciclo. Repita o ciclo cinco vezes e depois volte a respirar normalmente.

Ferramenta n.º 4: aceitação

Esta foi a quarta vez que Andy teve de mudar de residência em três anos. Cansado de ter de fazer as malas e de se desenraizar novamente, Andy sentia que a frustração estava começando a se acumular. Ainda morava com sua família (que ele considerava um tanto disfuncional), sentindo-se irritado com a maneira pela qual a vida lhe apresentava circunstâncias desafiadoras. Sem saber como lidar com a mudança, Andy ficou bravo, distante e agressivo com as pessoas à sua volta. Andy estava preso, mais uma vez, ao desafio da "mudança" — algo de que não gostava.

Aceitação é a disposição para tolerar uma situação. É compreender que, às vezes, não podemos fazer nada a respeito de determinada ocorrência, e, se preferirmos nos manter apegados à percepção negativa que formamos sobre ela, vamos sofrer emocional e fisiologicamente.

A aceitação também é um conceito muito útil e pode ser aplicada a outras pessoas. Precisamos aceitar que não podemos mudar o outro e que precisamos deixar que as pessoas *sejam*, existam. Em essência, todos estão conectados potencialmente pela consciência não local e todos operam na mesma potencialidade; no entanto, anos de condicionamento e camadas de ferimentos emocionais fazem com que nos comportemos de forma diferente. A aceitação é uma ferramenta que ajuda a reduzir nosso sofrimento emocional, relacionando-nos com alguém que é "diferente".

Antes de prosseguir, algumas palavras de cautela. Compreenda que aceitar não significa abandonar nossos valores e limites, pois pode haver situações que exijam que nos posicionemos e defendamos aquilo em que acreditamos. Ao longo da história, certos grupos de pessoas tiveram de lutar por mudanças positivas; um exemplo é o direito de voto das mulheres.

Gosto da Oração da Serenidade (criada pelo falecido Reinhold Niebuhr) e adotada pelos Alcoólicos Anônimos, que é a seguinte: "Concede-me, Senhor, a serenidade necessária para aceitar as coisas que não posso modificar, coragem para modificar as que eu posso e sabedoria para distinguir uma da outra".

Ferramenta n.º 5: observe as sincronicidades, espere o inesperado

É muito importante mantermo-nos abertos para que as sincronicidades nos orientem sempre que surgem ambiguidades. As sincronicidades são movimentos da consciência destinados a nos ajudar nessas situações. Na mesma medida, se adotamos um caminho e as sincronicidades não estão acontecendo, pode ser preciso mudar de caminho. Adote um novo caminho e, se ele for o certo, as sincronicidades vão começar a aparecer para confirmar sua decisão.

O professor de meditação Jack Kornfield nos oferece um belo exemplo de sincronicidade.

> Num retiro de meditação em que Kornfield estava dando aulas, uma mulher estava enfrentando feridas e emoções relacionadas com abusos na infância, causados por um homem. Nesse retiro, finalmente, ela encontrou o perdão para esse homem em seu coração. Quando voltou do retiro e chegou em casa, encontrou uma carta em sua caixa de correio escrita pelo homem que havia abusado dela, com o qual não mantinha contato havia mais de quinze anos. Na carta, o homem lhe pedia perdão. Quando a carta foi escrita? No mesmo dia em que a mulher tinha completado seu ato de perdão, um ato de criatividade interior.

Esse é o poder da sincronicidade.

Ferramenta n.º 6: perdão

Perdoar é abrir mão de pensamentos e sentimentos negativos, amargos e magoados que nutrimos contra os outros ou até contra nós mesmos. Quando perdoamos alguém, abandonamos a necessidade de vingança e tomamos a decisão de não nos ferirmos mais. Você já deve ter ouvido esta frase: "apegar-se à raiva é como tomar veneno e esperar que a outra pessoa morra". Pensamentos e sentimentos ruins dirigidos a outras pessoas não as afetam, mas afetam você, pois criam reações fisiológicas desfavoráveis em seu corpo. Também criam um sofrimento emocional que pode, por exemplo, manifestar-se como depressão ou ansiedade.

Eis uma lista de coisas a levar em consideração:

1. O perdão não torna aceitável um comportamento maldoso; é uma ferramenta que você pode usar para reduzir ou fazer cessar seu próprio sofrimento emocional. Precisamos ser capazes de distinguir entre a pessoa que nos fere e as ações que ela realizou. Precisamos reconhecer que somos todos seres humanos, buscando fundamentalmente a mesma coisa, a felicidade; até mesmo essas pessoas que infligem grande dor e sofrimento aos outros estão procurando a felicidade, embora na forma do prazer, e suas ações lhes servem de algum modo.
2. Perdão e tolerância são sinais de força, não de fraqueza. Quando damos um passo na direção do perdão a alguém, não só estamos

assumindo a responsabilidade por nossa própria saúde e cura, como reconhecendo o potencial da consciência una nos outros.

3. Pense neste trio: *empatia*, *compaixão* e *perdão*. Empatia é a capacidade de compreender as circunstâncias, os sentimentos e os motivos do outro usando a não localidade. É uma ferramenta poderosa que podemos usar no processo do perdão, pois nos permite obter um vislumbre da razão pela qual a pessoa fez o que fez. A compreensão obtida pela empatia permite a unidade não local no relacionamento; é o que leva à compaixão, e a compaixão é o que leva ao perdão. Talvez o ponto mais importante a se lembrar seja que o perdão pode levar algum tempo. O processo que envolve empatia, compaixão e perdão pode não ser objetivo — especialmente se a ação lhe causou imensa dor — e pode ser o caso de dar dois passos à frente, seguidos de um passo para trás. Pode ser uma boa ideia conversar com uma pessoa de confiança ou procurar aconselhamento a fim de lidar com os pensamentos e sentimentos que você está vivenciando.
4. Perdoar não significa necessariamente reconciliar-se com a pessoa. Se ela continua a se comportar de forma negativa, então é perfeitamente correto (e seguro) distanciar-se dela. Perdoar alguém não significa permitir que essa pessoa continue a machucar você; significa perceber o que está acontecendo *dentro de você*, perceber que as ações da pessoa provêm de um lugar ferido. Esses dois fatores vão ajudá-lo a encontrar paz interior.
5. Perdão e trauma. Às vezes, quando vivenciamos uma situação que consideramos traumática provocada por outra pessoa, ficamos presos a ela. Podem se passar anos, mas a dor será tão recente quanto aquela que sentimos por ocasião do evento. Recomendo-lhe fortemente que recorra primeiro a algumas técnicas de psicologia energética para livrar-se de eventual trauma. Além disso, enquanto estiver trilhando o caminho rumo ao perdão, é importante lembrar que cada momento é um novo momento, uma oportunidade de vivenciar a vida de maneira diferente daquela do passado.

Ferramenta n.º 7: doação

Por que o ato de doar é valorizado quando lidamos com o problema da consciência restringida? Porque temos neurônios-espelho embutidos no cérebro, que, de maneira quase irresistível, levam-nos a imitar comportamentos exibidos por outras pessoas em nosso ambiente. Se alguém estiver chorando na sua presença, você vai sentir em seu íntimo um impulso irresistível para chorar. Isso se chama simpatia, certo? Se você está lendo este livro, com certeza está familiarizado com ela.

A simpatia torna muitas pessoas altruístas, fazendo com que ofereçam ajuda até para estranhos que estejam com algum problema. Se um pneu do meu carro fura em uma estrada, não me preocupo, porque mais cedo ou mais tarde uma dessas pessoas altruístas vai aparecer como que por mágica para oferecer ajuda. Se você é altruísta, sabe que ajudar os outros faz com que você se sinta melhor.

Neurocientistas têm estudado há algum tempo o efeito da doação sobre o cérebro usando técnicas de neuroimagem. Todos os estudos iniciais envolviam o recebedor; de fato, se você der dinheiro para alguém, o circuito de recompensa do cérebro do recebedor será ativado. Todos esperam que isso aconteça. Receber dinheiro é uma recompensa!

Imagine, porém, a surpresa quando os pesquisadores descobriram que o circuito de recompensa do cérebro do doador também é ativado no processo da doação, o mesmo circuito de recompensa ativado no recebedor!

Estudos clínicos mais recentes mostraram que doar alivia as pessoas que sofrem de depressão severa, embora temporariamente, melhor até do que Prozac!

Em termos experimentais, qual o efeito da doação? Observe-se da próxima vez que der algum dinheiro para um morador de rua sem qualquer julgamento. Você vai sentir a energia no seu chakra cardíaco, pois vai parecer que seu coração se expandiu.

Essa é uma boa receita para nos tirar da consciência retraída na qual tudo que fazemos visa apenas servir a nós mesmos — sei como é, já estive lá. Certa vez, um professor me disse para levar sempre um punhado de moedas no bolso quando saísse para caminhar. Instruiu-me a esvaziar meu bolso para a primeira pessoa em condição de rua que me pedisse algo, sem julgar como ela iria gastar o dinheiro, fazendo-o com o coração mais aberto que eu pudesse. Fiz isso durante anos, e esse gesto sempre me ajudou a abrir um pouco mais meu coração.

Ferramenta n.º 8: pratique a gratidão

A contrapartida da doação, naturalmente, é o recebimento. Quando somos autocentrados, nossa atitude perante o recebimento é: "Eu mereço". Essa atitude não reconhece nenhuma relação com o doador. Se, no entanto, o doador vem com a atitude correta de "*abertura do coração*" através da doação, será uma oportunidade para abrir seu coração também do lado de quem recebe. Isso é gratidão.

Estudos mostraram que, se você cria o hábito de anotar alguns exemplos de gratidão todos os dias, vai ficar mais saudável e otimista. Um estudo de 2015 sobre o cérebro mostrou que o esforço para expressar gratidão, como bilhetes de agradecimento, leva a mudanças neurais duradouras. Esse é o começo da construção de um circuito cerebral emocional positivo.

Ferramenta n.º 9: práticas para criatividade interior e exterior em sequência

Um pedestre que caminhava por uma rua movimentada de Manhattan perguntou a um transeunte:

— Por favor, como chego ao Carnegie Hall?

Ele estava procurando a famosa sala de concertos.

Acontece que o transeunte era um maestro famoso, que interpretou o significado da pergunta de forma bem diferente e respondeu:

— Prática, prática, prática.

Se a criatividade é o caminho que conduz a níveis superiores de felicidade, será possível praticar a criatividade? Sim, claro que podemos, e neste livro você tem feito isso. Claro que há muitos manuais de criatividade, com receitas que são fáceis de seguir, principalmente no começo; na maioria, são práticas populares que visam resolver problemas. Haverá práticas que contribuem garantidamente para seu engajamento no processo criativo, tanto na criatividade situacional quanto na fundamental? Haverá práticas que podem reforçar sua motivação interior? Certamente. Eis uma lista de sete práticas que recomendo em meu livro *Criatividade quântica*:

1. A prática de estabelecer uma intenção.
2. A prática de desacelerar; abertura, da percepção-consciente e da sensibilidade.
3. A prática da concentração, ou do foco e da meditação de atenção plena (ou *mindfulness*).
4. A prática do *do-be-do-be-do* (fazer-ser-fazer-ser-fazer)
5. A prática de trabalhar com sonhos e arquétipos junguianos.
6. A prática da criatividade exterior e interior em sequência.
7. A prática para recordar seu dharma.

Antes, você recebeu a iniciação nos itens 1 a 5. Agora, vamos completar a lista, com uma discussão dos itens 6 e 7.

Embora seja conveniente classificar a criatividade como exterior e interior, você é um todo — criatividade exterior e interior não são necessariamente redes separadas de atividade — e, sem dúvida, uma pode ajudar a outra. Quando a romancista Natalie Goldberg teve bloqueio para escrever, seu mestre zen lhe disse: "Faça do ato de escrever sua prática zen".

Na criatividade exterior, damos um salto momentâneo até o *self* quântico por trás do ego pensante habitual. Como o objetivo supremo da criatividade interior é sempre atuar desde o *self* quântico, um estado que atingimos com a felicidade dos Níveis 5 e 6, dá para ver porque o engajamento na criatividade exterior é uma boa prática para o indivíduo interiormente criativo. O engajamento na criatividade interior pode, de modo análogo, ser uma prática útil para a criatividade exterior? A resposta é um retumbante *sim*.

Tanto a criatividade interior quanto a exterior dizem respeito à liberdade. Trabalhar a criatividade interior e a felicidade é o caminho para ter acesso a uma liberdade cada vez maior, por meio de sua ênfase na limpeza do ser interior; a criatividade exterior é a expressão, no mundo exterior, de sua felicidade e liberdade interiores.

O problema da criatividade, tanto exterior quanto interior, é o papel paradoxal representado pelo ego. Não podemos ser criativos sem um ego forte para lidar com a ansiedade da incerteza criativa. Também precisamos de um imenso repertório de conteúdos e de contextos aprendidos para manifestar produtos exteriores a partir de *insights* criativos. A criatividade exterior ajuda. Ao mesmo tempo, a criatividade exige que você assuma o risco contínuo da mudança de caráter do ego. Você fica com medo: E se a mudança do ego afetar o talento que me torna criativo? Alguns de nós não querem nem transformar as emoções negativas. A dedicação à criatividade interior ajuda imensamente.

Até agora – com notáveis exceções, como William Blake, Walt Whitman, Rabindranath Tagore, Mahatma Gandhi, Carl Jung, Sri Aurobindo e o bispo Tutu –, a criatividade interior tem sido usada principalmente na jornada até Deus ou para a libertação espiritual do mundo. Mas a espiritualidade não precisa negar o mundo; vivemos nele, por que negá-lo? E como o mundo evolui no sentido da espiritualidade, por que não nos sintonizarmos com esse movimento da consciência? Permita-me propor que a prática da criatividade interior seja redirecionada para a espiritualidade da alegria, na qual sua transformação espiritual é usada no serviço criativo, inclusive a criatividade exterior, para o mundo.

Ferramenta n.º 10: explorando seu arquétipo, seu dharma

Doar expande a consciência e traz felicidade. Expandir a consciência significa que você se aproxima do *self* quântico no processo; mas, por quê? Doamos por bondade; ao doarmos, cultivamos o arquétipo da bondade.

Se a bondade é o seu dharma, o arquétipo que você escolheu para esta vida, na primeira vez que você a praticar causará a precipitação de uma experiência cristalizadora. Se isso não acontecer, não se preocupe. Há outros arquétipos e caminhos a explorar até você encontrar aquele que é seu dharma.

Um desses caminhos é a análise de sonhos, que enfatizo em meus workshops. No Capítulo 14, compartilhei meu sonho com a *anima*, uma bela jovem que me lançou gotas de chuva justamente quando eu estava sofrendo com uma seca (emocional) em minha vida. Esse foi um sonho arquetípico, do arquétipo da inteireza, que é meu dharma para esta vida.

O sonho arquetípico que compartilhei no Capítulo 14 sobre a visão de um homem radiante é um sonho do arquétipo do *self*. Não o *self* platônico, porém; esse não aparece em sonhos. A imagem pode ser interpretada como o arquétipo junguiano do *self*; todavia, também tem um quê do arquétipo da inteireza, meu dharma.

Portanto, fique tranquilo: esses sonhos arquetípicos aparecem e nos falam de nossos dharmas. Produza uma intenção e depois preste atenção nos sonhos; se precisar, anote-os.

Há outras maneiras especializadas de buscar seu arquétipo, além de profissionais para ajudá-lo nessa procura. Uma é a astrologia. Sabemos que os planetas de seu mapa natal astrológico significam arquétipos. Seu signo solar e os demais são determinados por seu horário de nascimento, mostrando a influência dos arquétipos em diversos aspectos de sua vida (dependendo da "casa" ocupada pelo planeta em seu mapa, segundo o jargão astrológico). A partir daí, você pode inferir qual arquétipo exerce mais influência sobre você, algo que você precisa cultivar.

Outra possiblidade é utilizar o eneagrama das personalidades, sistema introduzido no Ocidente pelo místico G. I. Gurdjieff, e aperfeiçoado por Oscar Ichazo e Claudio Naranjo. São nove tipos de personalidades no eneagrama, e existe uma possível relação com os nove arquétipos. Estudos empíricos revelam a persona de um sujeito correspondente a cada eneagrama; em geral, cada uma dessas personas será antagonista de um dos arquétipos importantes: abundância, poder, bondade, amor, verdade, beleza, justiça, inteireza e *self*. Leia o livro *O eneagrama completo*, de Beatrice Chestnut, compare com seus padrões e você pode descobrir seu arquétipo.

É fato que todo profissional já tem uma ocupação relacionada a determinado arquétipo. Assim, no seu caso, se você está contente em sua profissão, já encontrou o seu arquétipo; agora o que tem a fazer é engajar a criatividade interior e incorporar o arquétipo escolhido.

Para os demais, é preciso trabalhar um pouco. O místico sufi Hafez escreveu:

Desde que a Felicidade ouviu seu nome,
Ela tem percorrido as ruas, correndo e
Tentando encontrar você.

Você também está correndo pelas ruas, tentando encontrar a felicidade? Então, por que continuam a sentir a falta um do outro? Será porque você não está representando o seu dharma?

Finalmente, sugiro um exercício simples para você se lembrar do seu dharma. O truque é perceber que no instante em que descobre quais as propensões que trouxe para esta encarnação, você tem uma experiência cristalizadora, dizendo-lhe claramente qual é o seu dharma. Logo, a chave para descobrir seu dharma está oculta nas lembranças de infância, que não estão mais aptas a serem recordadas conscientemente.

Passo 1. Deite-se confortavelmente sobre um tapete no chão. Faça um exercício de conscientização corporal. Respire profundamente algumas vezes, depois se conscientize de sua cabeça, depois do torso, de seus membros e, finalmente, do corpo todo. Na sequência, lembre-se de uma experiência recente, com um sentimento forte e imbuída de significado. Visualize claramente os personagens de sua experiência. Ative seus chakras para que as energias que você sente agora sejam as mesmas contidas em sua memória. Visualize o ambiente, a fauna e a flora com o maior número de detalhes que puder. Mantenha essa memória durante algum tempo e, em seguida, deixe-a ir.

Essa prática visa mostrar-lhe como é a recordação de uma memória autêntica. Agora é "pra valer".

Passo 2. Comece com um exercício de intenção: manifeste a intenção de que a consciência quântica o presenteie com a recordação de uma memória de infância que vai revelar seu dharma. Prometa a si mesmo que, depois de descobrir seu dharma, você vai segui-lo aonde quer que ele o leve, *não importa o que aconteça.* Afirme que essa intenção também se aplica ao bem maior e está em sintonia com o movimento evolucionário da consciência. Gradualmente, faça com que a intenção se torne uma prece e depois encerre em silêncio, durante um minuto, mais ou menos.

Agora, escolha a época de sua infância na qual você deseja recuperar sua memória (qualquer idade entre 3 e 8 anos). Crie o ambiente mais provável onde o incidente que você está tentando recordar poderia ter ocorrido. Havia nele outra pessoa além de você? Se sim, crie-a em sua imaginação. Agora, aguarde passivamente a memória desejada, tal como o pescador que aguarda o peixe morder a isca. Como o pescador, se você sentir um puxão, se aflorar um fragmento de memória, amplifique-o para ajudar a trazer toda a memória, tornando-a viva em sua imaginação.

O exercício todo deve levar cerca de meia hora. Se fizer isso durante duas semanas, aproximadamente, pode esperar alguns resultados. Depois de descobrir o seu dharma, e se (como é provável) não for esse o caminho do dharma que você está trilhando, faça a transição que sua vida atual está lhe pedindo para fazer. Escolha o caminho arquetípico de seu dharma para começar a exploração da felicidade, e as sincronicidades irão ajudá-lo em sua escolha. Depois de descobrir o seu dharma, fique com ele e explore-o, e com certeza a felicidade irá encontrá-lo.

PARTE 3

FELICIDADE E ILUMINAÇÃO

capítulo 19

a transição da meia-idade

Faz tempo que ficou determinado que nós nos dividimos entre nossos dois *selves*; contudo, os psicólogos também dizem que temos certos "impulsos" no sentido da unidade. O psicólogo transpessoal Stan Grof chama o impulso humano rumo à unidade de *holotropia* e o impulso rumo à separação de *hilotropia*. O filósofo Ken Wilber chama os dois impulsos de nomes mais freudianos: Tânatos e Eros. (Eros é o deus do sexo, doador da vida. Tanatos é o deus da morte. Por que invocar o deus da morte aqui? Porque a holotropia, levada até sua meta tradicional de autorrealização, leva à morte do ego.) Na psicologia quântica, reconhecemos esses impulsos, mas também reconhecemos que a transição do ego/caráter para o ego/caráter/persona destina-se, em parte, a responder também ao chamado da unidade. O desenvolvimento do ego/caráter/persona é o resultado de nossa interação com os outros, como indivíduos incrustados na unidade social *local*.

A psicologia iogue enunciou quatro estágios da vida: na primeira fase, como jovem adulto, você experimenta seu ego em desenvolvimento, explorando, por exemplo, a recém-descoberta sexualidade, que inclui a ideia do celibato; a segunda fase consiste na vida com um parceiro, na qual você explora todos os prazeres e dores da vida no *Samsāra*; na terceira fase, gradualmente, você vai dizendo adeus aos desejos e *às* realizações; na quarta fase, você pratica a renúncia ao mundo de Samsāra. Obviamente, as duas primeiras são hilotrópicas; idealmente, as duas últimas, diz a psicologia iogue, deveriam ser cada vez mais orientadas para a holotropia.

A expressão "crise da meia-idade" foi criada em 1965 pelo psicanalista e cientista social Elliot Jaques, já falecido, que descreveu o período de vida entre os 40 e 64 anos como uma "crise psicológica", provocada por eventos e experiências que se refletem no envelhecimento e mortalidade da pessoa, junto com oportunidades perdidas e falta de realização na vida. O conceito dessa "transição da meia-idade" intermediária é uma boa estratégia do ponto de vista da psicologia quântica.

Se os jovens obedecessem ao apelo da unidade (alguns o fazem) e, ao mesmo tempo, o apelo de Eros, pois a sexualidade também é muito forte, isso poderia gerar uma dinâmica conflitante. Como dizem muitos psicólogos (como Otto Rank e Rollo May), esses conflitos podem levar à psicopatologia e até à esquizofrenia. Com efeito, há evidências de surtos de esquizofrenia em jovens adultos. A outra idade perigosa para a esquizofrenia adulta situa-se durante a transição da meia-idade, e nesse caso a estratégia da psicologia iogue pode ser um dos gatilhos da esquizofrenia. Logo, há um perigo potencial aqui, e devemos proceder com cautela.

A hierarquia das necessidades de Abraham Maslow é de grande valor nessa situação. Maslow distinguia entre as necessidades de sobrevivência do ego e as necessidades superiores. Não buscamos o crescimento pessoal e as necessidades superiores enquanto nossas necessidades de sobrevivência estão sob controle. Entretanto, a maioria de nós passa por uma infância imperfeita e desenvolve certas deficiências. Portanto, prestar atenção às necessidades dessas deficiências, corrigindo-as, deve ser um pré-requisito para nos voltarmos para o crescimento pessoal.

Lembre-se da discussão sobre a inautenticidade. Se não crescemos com um amor incondicional e sem mistura, para obter amor tentamos agradar o "outro", chegando a mentir nesse processo e tornando-nos inautênticos. Sempre que servimos qualquer uma de nossas personas que não são congruentes com nosso caráter, estamos servindo a inautenticidade. Para viver em sociedade, podemos precisar de nossas personas, mas precisamos nos manter cientes de que estas são fontes potenciais de inautenticidade e de conflito. Desenvolver essa percepção-consciente é outro pré-requisito para o crescimento e a felicidade.

Se em nossa fase de Samsāra vivemos uma vida de prazer-dor e de dinâmica da informação, na transição da meia-idade será importante descobrir maneiras mais sutis para sermos felizes; em outras palavras, descobrindo a felicidade em sentimentos, significado e explorações de arquétipos deliberados. Nessa preparação, equilibramos a vida interior com a vida exterior. Fazemos isso prestando atenção na sincronicidade, na vida onírica, nos sentimentos do corpo, lidando com os chakras, e prestando atenção em nossas intuições.

Como responder ao chamado da unidade, ao chamado de nossas intuições mais profundas, exceto pela criatividade? Precisamos daquilo que chamo de *criatividade interior dedicada à transformação pessoal*, na qual o produto será um novo "você", com mais autoidentidade quântica. Isso faz contraste com a criatividade exterior, dedicada à criação de produtos no cenário exterior — arte, música, ciência etc. O problema é a preparação ou prontidão adequada para a criatividade interior. Se não tivermos familiaridade com o processo criativo, que envolve encontros frequentes com o *self* quântico, o encontro pode ser muito ameaçador para o ego.

Na psicologia quântica, no primeiro e no segundo estágios citados — o jovem adulto e a vida adulta normal —, não só estimulamos o saborear dos frutos agridoces de Samsāra, como também avançamos com a criatividade exterior. A criatividade exterior é necessária para tornar a psique dinâmica e não estática. Trabalhar com a criatividade exterior consiste em descobrir significado e propósito na vida adulta. Em vez de vagar numa vida centralizada no prazer e na dor, você irá descobrir outras formas mais refinadas de explorar a felicidade.

A criatividade exterior também ajuda a equilibrar o lado de cima e o lado de baixo, yang e yin, condicionamento e criatividade, para a pessoa psicologicamente normal.

Além disso, a criatividade exterior é uma preparação para a criatividade interior; nesse papel, ela satisfaz parcialmente o chamado da holotropia; é também, portanto, a preparação para lidar com a holotropia.

Essa estratégia múltipla durante as fases 1 e 2 assegura a preparação adequada para uma vida de exploração interior do adulto mais velho, para aqueles que ouvem o chamado da unidade durante a transição da meia-idade.

Todavia, permita-me enfatizar mais uma vez. A psicologia quântica e a psicologia iogue têm uma diferença muito importante. É bom responder ao chamado da holotropia, mesmo de Tanatos, se for esse o modo como você quer ouvi-lo — o chamado da autorrealização. Seja como for, a psicologia quântica sugere que você o faça no espírito da jornada do herói; lembre-se de que haverá o "retorno do herói" a Samsāra, depois que você atingir sua meta com sucesso.

Portanto, vamos recapitular novamente. A jornada à felicidade começa com a intuição de que a vida pode ser alegre. Quando exploramos, crescemos, adquirimos conhecimentos, exploramos o mundo, ficamos um pouco desapontados com aquilo que encontramos e, finalmente, descobrimos que a vida se refere ao serviço. Tornamo-nos pessoas interiormente criativas e convertemos conhecimento em sabedoria, servindo com sabedoria cada vez maior. Sabe o que acontece? Quando descobrimos que o serviço é alegria e que a alegria é um componente crítico da felicidade, nossa vida muda para melhor.

Nas palavras de Rabindranath Tagore:

Sonhei e senti que a vida era alegria
Despertei e vi que a vida era serviço
Servi e compreendi que o serviço era alegria.

capítulo 20

criatividade interior e saúde mental positiva

A criatividade interior é a energia criativa dirigida e intencionada como um processo de transformação do experimentador; a intenção aqui é um novo você.

Depois da cura emocional, vem a criatividade interior. A melhor maneira de passar da felicidade Nível 1 (frequentes surtos de neurose, requerendo terapia) é dar um salto quântico de cura (quando você manifesta o *insight* de cura) e então você é transportado ao Nível 2, a normalidade estável; do contrário, a neurose vai continuar a ser um problema ativo (mas controlável) na sua jornada ao Nível 3.

O primeiro objetivo da criatividade interior é formar circuitos cerebrais emocionais positivos de comportamento, a fim de equilibrar certas tendências emocionais negativas, por um lado (controlando o circuito de violência, por exemplo, com o desenvolvimento de um circuito de compaixão), e depois desenvolvendo circuitos emocionais positivos e proativos, como os circuitos da doação e do altruísmo. O desenvolvimento de conjuntos de ferramentas (capítulos 17 e 18) é semelhante às práticas da disciplina (*niyama*, em sânscrito) para nos mantermos afastados do negativo, por um lado, e da ação positiva (*yama*, em sânscrito) para promover a positividade, por outro lado, tal como se faz na psicologia iogue e em outras psicologias religiosas. Não resta dúvida de que essas práticas formam circuitos cerebrais positivos, mas, a menos que você entre em seu *self* quântico, elas não se tornam parte de seu caráter. Logo, usamos o processo criativo — a criatividade situacional — para ganhar fé suficiente em nossas práticas, adotando-as sem pensar, sem oferecer nova resistência. Equilibrar os circuitos cerebrais emocionais negativos com os positivos produz estabilidade e controle emocional, bem como o começo da inteligência emocional, os sinais reveladores da felicidade do Nível 3.

Porém, você só dará meio passo rumo à transformação arquetípica caso se dedique à criatividade interior sem um caminho definido tradicionalmente, dentro das definições, compreensões e representação do arquétipo de outra pessoa, por mais racional e exaltado que possa parecer esse caminho. "A verdade", disse o místico Jiddu Krishnamurti, "*é uma terra sem caminhos.*" Só quando se dedicar à criatividade interior fundamental e explorar os arquétipos, deixando para trás todo e qualquer preconceito, é que suas descobertas levarão a uma versão melhorada de seu *self* atual — um novo você, uma alma "individuada" — e um indivíduo plenamente original.

O condicionamento sociocultural não torna seu software cerebral idêntico ao de outros que cresceram na mesma sociedade e cultura. É isso que os neurocientistas estão nos dizendo com poderosas medições feitas com Imagem por Ressonância Magnética Funcional (fMRI, em inglês). Assim, um quê de heterogeneidade é automático até para pessoas na condição humana mais básica; você não precisa fazer nada para obtê-la. O problema está em seu ego-essência: mesmo com o cérebro individual heterogêneo, basicamente você sente, pensa e se comporta de maneiras similares à média de outros sob o mesmo condicionamento sociocultural em resposta aos estímulos ambientais usuais. Como todos, você também pensa e se sente guiado pelas opiniões alheias através do processamento de informações, semelhante a uma máquina. Os cientistas materialistas amam-no porque você se encaixa na teoria de que os seres humanos são humáquinas, individuais mas deterministas. Os analistas de marketing amam-no porque podem prever suas tendências de consumo. Você sofre com a dor e desfruta do prazer — baixos e altos —, mas suas experiências são apenas jogos previsíveis de movimentos moleculares; eles não têm efeito causal discernível no mundo.

Com a cura emocional, seguida do engajamento na criatividade situacional, formando opiniões próprias, reflexo de sua própria compreensão e do comportamento ativo baseado em seus próprios circuitos cerebrais, que manifestam seus próprios significados criativos, você transcende suas tendências mecânicas e se torna uma pessoa humana, um indivíduo humano. Quando você começa a dar saltos quânticos, suas experiências trazem novo significado para o mundo — efeitos casuais que, a um só tempo, perturbam e mudam a sociedade, ajudando a transformá-la e a evoluir no sentido da positividade.

Envolvendo a criatividade interior fundamental e explorando diretamente um arquétipo, incorporando-o com base em seu próprio *insight*, você se torna original. É isso que a psicologia quântica da felicidade define como *individuação* – tornar-se um indivíduo humano original, com felicidade no Nível 4. Suas ações não só trarão felicidade ao mundo, como também sua própria forma original de felicidade. Agora, você tem sua marca individual sobre a perturbação de sua sociedade e cultura.

O poeta John Keats escreveu a um amigo:

Veja o mundo como um
Véu para a construção da alma.

Se o fizer, disse ao seu amigo, verá o propósito do mundo. A alma é nosso corpo supramental/arquetípico, o corpo que não podemos manifestar ainda, exceto por meio de representações mentais e vitais. No entanto, enquanto formos criativos, estaremos bem, estaremos incorporando arquétipos, ainda que indiretamente; estaremos construindo a alma. Aqui, a palavra *alma* conota aquilo que antes chamávamos de mente superior – a mente na qual o conhecimento cedeu lugar à sabedoria.

Essa maneira de construir a alma pode mantê-lo ocupado indefinidamente; a jornada rumo à sabedoria não precisa terminar nunca. E, à medida que você cultiva a sabedoria, que integra e transcende todas as dicotomias fundamentais e arquetípicas que temos diante de nós, vai incorporando cada vez mais o arquétipo da inteireza. Você vive num estado de fluxo mais ou menos contínuo; você se torna não apenas uma "lâmpada para si mesmo", como também um farol para os outros. Este, então, é o Nível 5 da felicidade, iluminação quântica.

A meta final do trabalho de crescimento pessoal é descobrir a consciência em seu estado de existência. Geralmente, chama-se isso de *autorrealização*; chega-se a ela pela investigação criativa do arquétipo do *self*. Isso também nos leva à felicidade suprema, Nível 6, considerada a iluminação e a meta final da vida humana consoante à psicologia iogue.

No Nível 6, após a manifestação do *insight* de autorrealização, a pessoa passa boa parte de seu tempo no estado supremo da consciência, a Unidade – chamada de compreensão de Deus no Ocidente e de *Turiya* em sânscrito. Essa alegação é interessante sob o ponto de vista científico: estamos despertos (o que é racionalmente impossível) ou adormecidos ou despertos enquanto dormimos (paradoxo)? Já respondi essa pergunta no

Capítulo 5. A resposta é: despertos (no sentido da escolha retardada) enquanto adormecidos.

Quando subimos ainda mais na escala da felicidade, alguns desses conceitos vitalmente importantes vão se repetir. No Capítulo 24, tornaremos a analisar esse problema.

capítulo 21

equilibrando a negatividade com emoções positivas

Depois de trabalhar com seus problemas emocionais predominantes usando a cura situacional com a ajuda de seu terapeuta, além de ter desenvolvido o conjunto de ferramentas discutido no Capítulo 18, posicionado com estabilidade no Nível 2+ de felicidade, você estará pronto para iniciar o crescimento pessoal, focando a criação de circuitos cerebrais emocionais positivos por meio da criatividade situacional e a obtenção do Nível 3 de felicidade, que também é o começo da verdadeira inteligência emocional. Nesse estágio de sua jornada, a orientação a seguir ficará mais fácil de implementar, pois você estará confortável com o emprego das ferramentas da psicologia energética e o conjunto de habilidades da vida transpessoal.

No primeiro estágio do processo criativo – a preparação –, você imagina algumas respostas possíveis para seu problema mediante conclusões obtidas com suas leituras e com o contato com o trabalho de outras pessoas; você pode mesmo usar a imaginação para pensar em algumas respostas semioriginais. Mas só conseguirá chegar até aqui. Todo esse pensamento divergente de sua parte não é nada em comparação com aquilo que o inconsciente pode fazer por você.

Lembre-se: assim que você não pensa em seus pensamentos, eles se tornam possibilidades. Cada pensamento divergente torna-se a semente de uma onda quântica de possibilidades de significado que se expande no inconsciente. Com a expansão das ondas, elas vão se tornar fontes cada vez maiores de possibilidades. As ondas de possibilidade interagem com outras ondas de possibilidade, produzindo ainda mais possibilidades. Desse modo, o processamento inconsciente produz, em pouquíssimo tempo, uma grande fonte de possibilidades quânticas para a escolha da consciência. Obviamente, a probabilidade de encontrar a resposta certa com sucesso é muito maior nesse pensamento quântico em dois estágios do que o seria via pensamento newtoniano consciente e em um único estágio.

Do-be-do-be-do: construindo um circuito cerebral emocional positivo

Que arquétipo você deveria escolher para explorar em sua tarefa de construção de respostas emocionais positivas como parte de seu caráter, um passo importante rumo à felicidade Nível 3? É melhor escolher um arquétipo que tire você do autocentrismo e que o ajude a formar um circuito cerebral emocional positivo que equilibra os negativos — a bondade ou o amor.

Digamos que você escolheu a bondade. Você explora esse arquétipo no relacionamento. Escolha seu tema com cuidado: a melhor opção seria um amigo ou ex-amigo.

Há muitos livros que lhe mostram contextos conhecidos para o desenvolvimento de bons relacionamentos com amigos. Digamos que você escolha os ensinamentos de Jesus do Novo Testamento. Se um amigo quiser pegar carona com você, dê-lhe a carona até o destino que deseja e pergunte se ele tem como voltar para casa. Agora, observe. O que está acontecendo na sua mente? Alguma resistência? Conflito entre a demanda da bondade e a demanda das realizações? Alguma tendência a barganhar? O que posso extrair dele em troca? Além disso, preste atenção em qualquer outra coisa que o esteja impedindo de desfrutar da expansão da consciência que deveria ocorrer quando oferecemos ajuda a um amigo. Trabalhe na remoção dos obstáculos e continue a praticar a bondade dessa maneira até não haver mais resistência e você se sentir expandido ao ajudar alguém.

Ajudar alguém também diz respeito à capacidade de receber ajuda com gratidão; não devemos achar que quem nos ajuda tinha a obrigação de fazê-lo. Talvez seu filho esteja doente e você está sendo chamado no escritório e não consegue encontrar uma babá; você telefona para sua mãe, uma dona de casa aposentada, para fazer esse papel. Analise-se! Sentiu a expansão da consciência devida à gratidão? Se não, o que a obstruiu? Tente remover o obstáculo; pratique, pratique, pratique.

Pouco a pouco, dificulte mais a sua prática. Jesus o desafia: "Ame seu inimigo, pois qualquer um pode amar um amigo". É possível interpretar isso de várias maneiras, algumas muito profundas (veja o Capítulo 22). Um significado óbvio é evocar a capacidade de perdoar caso seu amigo faça alguma coisa errada com você e aja como um inimigo em determinada transação. Fique atento. Você sente a expansão quando perdoa? Se não, descubra o que está obstruindo você e tente limpar a energia bloqueada no coração.

Entretanto, dessa vez não será tão fácil. Você está se esquecendo de algo a respeito do processo criativo. Até agora, tudo o que você fez foi agir, fazer; como você pode transformar isso numa prática criativa, *do-be-do-be-do* (fazer-ser-fazer-ser-fazer)? Aprendendo a relaxar; nada precisa ser feito de imediato. Você não precisa se sentir bem imediatamente! Deixe que o inconsciente processe aquilo que você começou no nível consciente.

Não aconteceu nada? Inicie outra rodada de *fazer* com outra ideia dentro do mesmo tema — amar seu inimigo. É difícil ver isso intelectualmente. Você precisa pôr os sentimentos em ação.

Basicamente, é isto: *do-be-do-be-do*, com variações de ideias e assuntos sobre um tema desafiador, que postula uma tese e uma antítese, tal como ser bom com alguém que consideramos um inimigo, em duas linhas — pensamento e sentimento.

Insight

Quando vem o *insight*, você obtém mais clareza sobre aquilo que o está bloqueando. Você começa a remover obstáculos e a incorporar ativamente a bondade, praticando sem esforço algum as mesmas coisas de antes e desfrutando da positividade. Seu cérebro e seu coração vão se lembrar de sua positividade e virão ao seu auxílio sempre que emoções negativas o afetarem. Você criou para si circuitos cerebrais emocionais positivos de bondade, envolvendo o chakra cardíaco e o cérebro. Além disso, você desenvolveu certa dose de convicção em sua positividade, um traço de caráter.

Sobre a convicção. Quando a consciência escolhe uma nova resposta, você fica até surpreso, o que deixa bem claro que a escolha é descontínua; é então que você percebe que deu um salto quântico. Na criatividade situacional, você trabalha dentro do contexto arquetípico já estabelecido por pesquisadores anteriores (no seu caso, Jesus), o paradigma que você está usando. Você fica surpreso (*novo significado*), mas o salto quântico envolvido não leva você necessariamente a uma autoexperiência quântica pura; um estado bastante próximo do pré-consciente é bem suficiente. Isso compromete o elemento surpresa. Além disso, não há um encontro arquetípico na criatividade situacional, a experiência em si não tem um valor de veracidade, e a convicção de que o novo significado é bom para você depende da fé com que você tomou por empréstimo o paradigma que está usando. Entretanto, com tantas *fake news* voando por aí, é difícil ter esse tipo de fé em alguma coisa.

Ademais, como explorador da criatividade situacional, é provável que você seja um pouco hiperativo, com um estilo de vida do tipo *fazer-fazer-fazer*. Portanto, a impaciência faz parte de seu padrão e força seu inconsciente a fazer uma manifestação, embora a *gestalt* necessária de possibilidades para resolver o problema ainda não esteja lá. Desse modo, muito provavelmente, a escolha que você fará será errônea. Como humano, você cometerá erros assim ao avaliar suas ideias em busca de surpresas e de valor de veracidade; mas não se espante: os erros, na verdade, são os pilares da base do sucesso futuro.

Na criatividade exterior, nesse estágio, as pessoas usam o método científico: experimente e veja o que acontece. A maioria dos cientistas trabalha conforme um paradigma e usa o método científico rotineiramente; este é um motivo pelo qual os cientistas têm se mostrado tão avessos ao reconhecimento da importância do processamento inconsciente ou do papel da visão quântica na criatividade.

Placebos, médicos, gurus e psicoterapeutas

O que você faz depois de um *insight* situacional de criatividade interior se as dúvidas continuam a surgir? Você pode tentar mudar de comportamento e ver se isso funciona. Mas quantas mudanças de comportamento você pode tentar? O método da "tentativa e erro" não representa um uso muito prático de seu tempo e recursos. É por isso que as tradições espirituais enfatizam um guru quando exploramos a criatividade situacional; dizem que só um guru pode lhe dizer se o *insight* de novo significado que lhe ocorreu é o melhor para implementar.

O que o guru lhe diz? Na tradição indiana, *sadgurus* seriam pessoas transformadas que vivem pela intuição; assim, *podem* lhe dizer algo graças ao poder da intuição.

Mas é difícil encontrar esses gurus no mundo atual. Bem, você pode usar sua própria intuição; é uma opção. Mas sugiro que use um psicoterapeuta transpessoal ou junguiano por um motivo: o efeito placebo, já mencionado.

Já disse como funciona o placebo. Se você for a um psicoterapeuta de confiança, ele pode funcionar tal como o efeito placebo e os remédios. É assim que o sistema do guru funcionou tão bem na Índia, no Japão e em outros lugares (como nas culturas xamânicas) no passado.

Mais uma coisa antes de encerrar. A exploração da felicidade além do Nível 3 vai exigir nada menos que a criatividade fundamental. E você deve compreender a diferença de profundidade entre os dois tipos de criatividade.

Diferença entre criatividade situacional e fundamental

Como você sabe, arquétipos são os objetos que intuímos. Quando aprendemos a prestar atenção em nossos pensamentos intuitivos, os arquétipos prestam atenção em nós — o princípio da atração. Em nossa exploração da criatividade fundamental para a transformação interior, começamos prestando atenção na intuição e terminamos acolhendo a intuição como nossa nova maneira de conhecer e de viver.

Na criatividade situacional e também na criatividade interior, nosso propósito é servir a nós mesmos — nossos egos, gratificarmo-nos, satisfazer nosso desejo egoísta de felicidade. Na criatividade fundamental, nossa própria felicidade é uma parte de nossa motivação. Também nos dedicamos a ela para satisfazer o *self* quântico, ou Deus, se preferir. Em outras palavras, o objeto da criatividade fundamental é servir tanto ao ego quanto ao *self* quântico, em equilíbrio e harmonia.

O imperador Akbar, da Índia medieval, tinha na corte um cantor chamado Tansen; ele era tão bom que seu nome é lendário na cultura indiana até hoje. Akbar adorava ouvir as canções de Tansen.

Um dia, enquanto elogiava Tansen, ele perguntou:

— Diga-me, Tansen, existe alguém no mundo melhor do que você?

Tansen respondeu sem hesitar:

— Sim, majestade. Meu guru de música.

O imperador ficou surpreso, e também curioso.

— Posso chamá-lo? Ele cantaria para mim?

— Majestade, ele é um recluso e fez votos de renúncia. Não recebe ninguém. Por favor, temos de deixá-lo sozinho.

Mas Akbar foi persistente, e Tansen concordou em levá-lo até o seu guru, mas sob a condição de que o imperador ouviria a música a distância, sem interferências. O imperador concordou.

Assim, numa manhã bem cedo, cavalgaram até um subúrbio de Delhi e se esconderam num arbusto perto da casa do guru de Tansen, que sussurrou:

— Quando surgir a primeira luz da aurora, ele virá até o terraço e cantará.

E foi o que aconteceu. O guru cantou e cantou. O imperador ouviu e ouviu, totalmente fascinado pela alegria da expansão que sentiu. O canto terminou e o guru entrou em casa. Akbar e Tansen começaram a voltar a Delhi. Após algum tempo, Akbar se manifestou.

— Tansen, você é aluno dele. Por que não canta como ele?

Tansen deu sua famosa resposta:

— Majestade! Eu canto para agradá-lo. Meu guru canta para agradar a Deus.

capítulo 22

explorando o arquétipo do amor

A exploração direta de um arquétipo exige o engajamento da criatividade fundamental. Contudo, o processo criativo da criatividade fundamental é um pouco diferente do processo da criatividade situacional; não há mais a necessidade de qualquer consulta com um guru após seu *insight* e nem "tentativa e erro". A criatividade fundamental vem com certo conhecimento. Você sabe.

No estágio de manifestação, VOCÊ manifesta o *insight* PARA CRIAR UM NOVO VOCÊ, um você transformado. Isso transforma conhecimento em sabedoria — conhecimento vivido — e esse "saber" profundo situa-se anos-luz além de um sistema de crenças simplificado que nos é transmitido em nossa fase de formação.

Quando se trata de um arquétipo específico, só tenho a experiência pessoal de realização com um arquétipo — o arquétipo do amor. Assim, o restante deste capítulo será dedicado à exploração do meu estilo de amor. Este é um resumo de uma apresentação similar em meu livro com a médica Valentina R. Onisor, *Espiritualidade quântica*.

Preparação: do sexo e romance ao compromisso

Devido aos circuitos cerebrais instintivos, nossa sexualidade se excita facilmente e, em geral, com estímulos variados. Quando somos adolescentes e esses sentimentos ainda não nos são familiares, é comum ficarmos confusos sobre nossa sexualidade. A maioria das sociedades tem um tabu contra a educação sexual dos jovens,e, em algumas sociedades espirituais, a ideia do celibato é apresentada a eles. Infelizmente, isso costuma ser feito sem muita orientação quanto à motivação e à prática. A ideia original poderia ser boa: permaneça solteiro até descobrir o amor romântico, quando não quiser mais ficar confuso sobre o potencial criativo de sua sexualidade (além da procriação). Mas sem um veículo para essa educação, como a confusão vai se desfazer?

Se um adolescente praticar sexo sem compreender o potencial criativo e o propósito do sexo (e não estamos nos referindo ao aspecto reprodutor do sexo, que geralmente é apresentado nas escolas como educação sexual), reagirá cegamente aos circuitos cerebrais e hormônios corporais vendo a sexualidade como uma gratificação, como veículo para um tipo singular de prazer intenso. Como a realização do prazer sexual do homem com uma parceira pode elevar a energia vital ao terceiro chakra, associado à identidade entre o ego e o corpo físico, a sensação de poder pessoal também pode entrar nessa equação. Para muitos homens, é comum pensar em "conquistas sexuais" em conexão com o sexo que não esteja associado ao amor romântico. No mundo ocidental, o padrão que se desenvolveu ao longo das últimas décadas, pelo menos para os homens, é esse condicionamento precoce do sexo como poder.

As mulheres, graças a alguns pais protetores ("conservadores"), estão um tanto isentas dessa tendência, embora isso esteja mudando rapidamente, como a mídia social costuma indicar.

O que acontece quando finalmente descobrimos um parceiro com quem nosso chakra cardíaco ressoa? O sexo dentro do amor romântico eleva a energia do chakra sexual para sofrer colapso no chakra do coração. Entramos num relacionamento baseado no amor romântico, mas nosso hábito de conquista permanece; só se reduziu temporariamente. Com o tempo, o romance se esgota; isso acontece mais cedo ou mais tarde em função da tendência do cérebro a transformar em hábito qualquer experiência nova, e a ocitocina, o hormônio sexual (popularmente chamado de hormônio do amor), fica escasso na corrente sanguínea. Depois, a tendência do sexo pelo poder retorna, mas aí temos uma opção. Podemos procurar outro parceiro romântico ou aprofundar o relacionamento para explorar seu potencial criativo. Podemos amar sem sermos levados pelo hormônio do amor? Podemos amar incondicionalmente?

O casamento é um compromisso no nível vital para se fazer amor e não a guerra (ou a conquista). Infelizmente, esse acordo do corpo vital também precisa encontrar, ao mesmo tempo, acordos entre os corpos mentais dos parceiros. Para os corpos mentais de um casal, os condicionamentos do ego individual são muito profundos; nas arenas da superposição da atividade mútua do ego, haverá territorialidade, e a competitividade e a dominação vão emergir, tirando a energia do chakra cardíaco e levando-a novamente ao chakra umbilical, resultando na volta ao narcisismo. O homem pode dizer à sua esposa, quando ela se mostra insatisfeita com o casamento: "Não compreendo. Seu trabalho é fazer-me feliz. Estou perfeitamente feliz. Qual o problema?".

Onde ficam as mulheres nisso tudo? A menos que seu chakra umbilical seja forte (e, de modo geral, ele não é), elas se encontram na extremidade receptiva de todas essas tendências masculinas de dominação pelo parceiro. Por isso, também ficam infelizes e magoadas, incapazes de manter firme a energia do coração.

Competitividade, dominação, mágoa, ódio e outras emoções negativas só passarão quando os dois parceiros começarem a vislumbrar intuitivamente que é possível afastar as emoções negativas com a energia positiva do amor.

É então que pensamos seriamente em nos dedicarmos ao processo criativo de descobrimento do amor; passamos pelo requisito inicial, a motivação. A etapa seguinte é a preparação, o processamento inconsciente da fórmula *do-be-do-be-do* (fazer-ser-fazer-ser-fazer), que é como a criatividade situacional, só que não ficamos restritos a um ensinamento específico na exploração do amor; pesquisamos todos os caminhos conhecidos para gerar o pensamento divergente, engajamos o processamento inconsciente e em seguida o *do-be-do-be-do.*

O processamento da fenda dupla na exploração do amor

Nosso condicionamento não permite que os estímulos recebidos evoquem todas as reações possíveis em nosso complexo formado por mente-cérebro-corpo vital-órgãos do corpo; entretanto, nosso condicionamento atua como uma fenda que nos permite processar o estímulo sob as mesmas perspectivas condicionadas que vimos antes. É muito parecido com o caso do elétron que passa por uma única fenda antes de se chocar contra uma tela fluorescente. Ele aparece bem atrás da fenda e só o leve esmaecimento da imagem devido à difração revela que o elétron ainda é uma onda de possibilidade e não uma entidade de completa fixidez num ponto.

Contudo, se passarmos o elétron pelas duas fendas de uma tela de fenda dupla (ver Figura 8), toda onda de elétrons torna-se duas ondas de possibilidades que se interferem. Se pusermos uma placa fotográfica para registrá-las, elas chegarão a algum lugar somando-se construtivamente; nos pontos intermediários, chegarão em fases opostas e se destruirão mutuamente. O efeito final é aquilo que os físicos chamam de *padrão de interferência*. Perceba como a fonte de possibilidades dos elétrons realça-se imensamente; agora o elétron é capaz de chegar em muitos outros lugares do filme fotográfico.

Assim, essa é a magia de manter um relacionamento íntimo com quem você quer tanto amar e prezar que todo estímulo-reação não só permeará seu sistema de crenças, como também o de seu parceiro, além de torná-lo uma fenda dupla para processamento inconsciente.

Dessa forma, manter um relacionamento íntimo firme é como ter uma fenda dupla para filtrar todos os seus estímulos e reações, reforçando, desse modo, sua fonte de possibilidades de processamento inconsciente. A verdade é que talvez você ainda não tenha reconhecido conscientemente os contextos de seu parceiro para ver as coisas; mas, respondendo à sua intenção, seu inconsciente já as está levando em conta, e aí está a mudança. A fonte de possibilidades à sua escolha está muito maior, e são maiores as chances de haver lá novas possibilidades de criatividade para que a consciência quântica entre em cena e faça escolhas.

Haverá outra maneira de enfatizar ainda mais a fonte de possibilidades de escolha? Haverá um modo de garantir que teremos sempre novas possibilidades na fonte?

Usando a consciência quântica para resolver conflitos em relacionamentos íntimos

Nesse estágio, seu relacionamento precisa se transformar, passando da hierarquia simples para a hierarquia entrelaçada.

Veja o desenho de Escher, *Desenhando-se* (Figura 16).

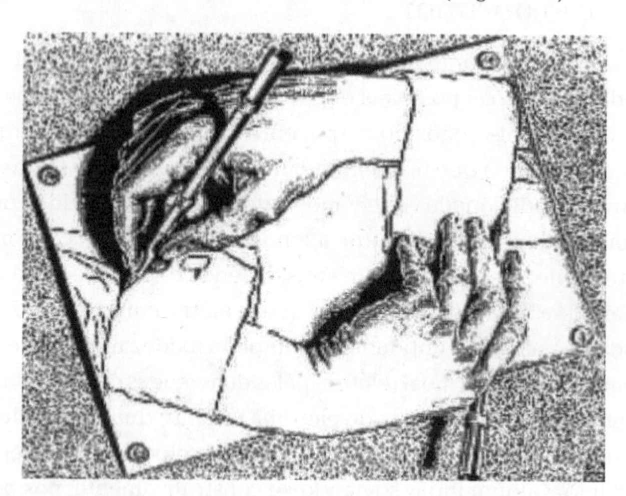

Figura 16. *Desenhando-se*, de M. C. Escher (versão do artista).

Nessa imagem, a hierarquia entrelaçada é criada porque a mão esquerda está desenhando a direita, e a mão direita está desenhando a esquerda; porém, vê-se claramente que isso é uma ilusão. Por trás da cena, Escher desenha ambas. Quando, após estudar a mensuração quântica e ter realmente dado o salto quântico de compreensão que a realidade de sua consciência manifesta, o elemento *sujeito* da parceria sujeito-objeto surge da escolha quântica e da manifestação de uma consciência quântica indivisa, você também identificou a fonte da hierarquia entrelaçada que está tentando emular — a consciência quântica imanifestada. Você precisa relegar autoridade a ela. Mas como você transfere sua autoridade do manifestado ao imanifestado, mesmo que temporariamente?

É nesse processo de descoberta que, se seu parceiro amoroso também for seu inimigo íntimo, será uma imensa dádiva. "Ame seu inimigo" é a melhor estratégia para a criatividade situacional e para resolver diferenças externas que causam a inimizade (ver Capítulo 21). Aqui, o desafio é maior — uma transformação em nosso modo de vida.

Há uma cena intensa de luta entre os dois membros de um casal romântico no filme *Muito bem acompanhada*. O herói diz à heroína algo como "Quero me casar com você, pois prefiro brigar com você a fazer amor com outra pessoa". Para praticar o amor incondicional, é importante perceber, sem qualquer inibição, seu parceiro amoroso como um "inimigo íntimo". O conselho comportamental é usar a razão para acertar as diferenças que causam as brigas ("renegociar o contrato"), mas, infelizmente, isso costuma resultar apenas na supressão das emoções. Ou, se as emoções aflorarem, o conselho comportamental é sair do cenário e não permitir que as coisas "fujam do controle" ou "dê um beijo e faça as pazes", geralmente uma presunção até o instinto sexual assumir o comando. Talvez seja um conselho adequado para pessoas que não estão prontas para explorar o amor incondicional, mas para você — uma pessoa de criatividade fundamental interior — o desafio é amar o parceiro apesar de suas diferenças. E quando essas diferenças causarem uma briga que seja, mantenha-se explícita ou implicitamente na briga até que ocorra um salto quântico ou até que a situação se torne insuportável para seu atual estágio pessoal de maturidade emocional. Os conflitos são um meio garantido de trazer novas possibilidades para processamento, e quem pode processar o novo senão a consciência quântica/Deus? Gradualmente, ficamos mais e mais capazes de esperar passar um conflito não resolvido.

Com essa estratégia, mais cedo ou mais tarde você tem um ahá criativo, que é um salto quântico e a descoberta do amor incondicional.

Quando podemos amar incondicionalmente, o sexo é uma escolha. Não precisamos dele para fazer amor. A manifestação do verdadeiro amor incondicional exige que você aja a partir de sua intuição e de seu *self* quântico em todas as interações com o parceiro. Isso significa que, embora você forme um circuito cerebral para cada interação e comportamento, caberá a você não usar um circuito cerebral em interações futuras. Qualquer coisa que venha de um circuito cerebral é um padrão condicionado (por mais libertador que seja). Em vez disso, esforce-se para viver numa hierarquia entrelaçada com o parceiro amoroso.

O subproduto disso tudo é que, mais cedo ou mais tarde, você conseguirá entrar nesse tipo de relacionamento com qualquer pessoa que entre em sua esfera de vida, simplesmente porque sente que não pode fazer nada diferente disso. Esse é o lendário amor entre Krishna e suas *gopis* (consortes, em sânscrito), celebrado na tradição hindu do vaishnavismo. Em certas noites especiais de lua cheia, Krishna dança com suas dez mil *gopis*, todas ao mesmo tempo. Krishna pode se multiplicar em dez mil corpos? Se você pensar no amor de Krishna como o amor no espaço e no tempo, como num circuito cerebral, vai ficar intrigado com essa lenda. Com certeza, deve ser uma metáfora – *E É!*. O amor incondicional de Krishna é sempre celebrado fora do espaço e do tempo, de maneira não local, como relacionamentos com a potencialidade de hierarquia entrelaçada que podem se manifestar com qualquer um que entre em sua esfera de vida.

Finalmente, como dito antes neste livro, merece seu esforço e sua energia aprender a viver pelo menos um arquétipo como incorporação num relacionamento hierarquicamente entrelaçado (manifestação mental), que eleva sua felicidade ao Nível 4.

capítulo 23

o arquétipo da inteireza: um caminho para a cura

Após atingir a individuação, você explora a felicidade no Nível 5 examinando o arquétipo da inteireza com a criatividade fundamental. Esse é o caminho curativo para a espiritualidade, curando todas as fontes de conflito, especialmente as dicotomias.

Na verdade, você esteve lendo sobre o caminho da cura na maior parte deste livro. Quando você cura uma doença através da criatividade situacional ou fundamental – *física ou mental* –, está explorando o arquétipo da inteireza. Sempre que se dedica à criatividade, você equilibra o transcendente e o imanente, e quando presta atenção em suas experiências interiores – sentimento, significado e intuição – e aborda a felicidade por meio delas, você equilibra o exterior e o interior.

O que resta é a dicotomia homem-mulher e as dicotomias arquetípicas criadas por nossos ancestrais como parte de nosso inconsciente coletivo. A psicologia dos chakras lança luzes sobre esses dois itens.

Criatividade e psicologia dos chakras

Se você for um ocidental mediano, não deve ter muito conhecimento sobre os chakras e não costuma prestar muita atenção em seus sentimentos viscerais. Mas seus circuitos cerebrais estão ativos; eles, e sua formação ambiental, determinam seu comportamento.

Assim, como a maioria das pessoas, você cresce sendo guiado pela mente e encontrando alguma segurança para sua situação física: uma bela casa, um bom emprego, muito dinheiro e, claro, um carro incrível. Se possui essas coisas, sua mente diz que você é "superior"; isso, para você, fica evidente até aos olhos dos outros; afinal, todos pertencem à mesma cultura. Se você não tem essa segurança física, naturalmente, pode se sentir "inferior" com base apenas em posses, status e falta de recursos.

A principal razão para explorar o chakra básico com a criatividade é objetiva: perceber que sua verdadeira noção de segurança vem de sua capacidade de manter um sentimento atento de energia vital nesse chakra. A dinâmica mental/cultural de superioridade/inferioridade não se aplica mais. Quando surgir um perigo potencial, preste atenção positiva no chakra básico. A energia desse chakra sofrerá colapso no chakra umbilical, onde existe uma hierarquia entrelaçada transformada em coragem.

Como Gandhi conseguiu ter sucesso em seu movimento pela não violência? Porque ele estava enraizado, assentado em sua base. Ele não precisou lutar nem recorrer à fuga; tinha controle criativo sobre seu chakra básico; sabia observar sua energia. Para evitar a reação cerebral direta de fuga ou luta devida às glândulas adenoides, uma opção eficiente e viável é prestar atenção em seu chakra básico.

Por fim, como você aplica a criatividade para abrir plenamente um chakra, para ativar uma nova função de órgão no chakra? Essa é a criatividade no cenário vital, cuja tarefa, dizem as tradições espirituais, consiste em elevar a kundalini (ver Capítulo 11). Entretanto, o processo criativo é o mesmo, *do-be-do-be-do* (fazer-ser-fazer-ser-fazer). Para começar, você pode tentar a meditação de Rajneesh em quatro estágios: 1) sacuda-se em pé, prestando atenção nos movimentos vitais; 2) ainda em pé, medite sobre o movimento nos chakras; 3) dance lentamente, com olhos fechados; e 4) sente-se e medite sobre os chakras.

As técnicas de pranayama e de tai chi também são práticas *do-be-do--be-do*, e, levadas diligentemente a cabo com os três "Is" — Inspiração, Intenção e Intuição —, *vão* levar ao quarto I — *Insight* —, que, nesse caso, é a subida da kundalini. O funcionamento ideal dos três chakras superiores — laríngeo, frontal e coronário — está relacionado com a criatividade vital.

Há ainda *Kapalavati* — o pranayama da fronte radiante — que merece menção especial. Ele visa especificamente à abertura do chakra frontal (ou do terceiro olho).

Sente-se confortavelmente e comece com uma inspiração curta; depois, pratique a expiração forçada, usando apenas os músculos do estômago. Pratique isso cerca de 20 a 40 vezes por minuto. Feito de forma adequada, esse exercício vai lhe proporcionar alguns momentos de falta de ar quando você parar. Reserve algum tempo para voltar a respirar normalmente. Perceba que, quando você fica sem ar, também fica sem pensar. Esse estado sem pensamentos abre caminho para experiências do *self* quântico e você pode sentir-se mais intuitivo.

Chakra laríngeo: esse é o chakra da expressão. A psicologia dos chakras liga o chakra laríngeo ao chakra sexual. De fato, quem não percebeu que durante o fluxo criativo do estágio de manifestação, no qual o chakra laríngeo (situado na região da garganta) é um ator importante, existe a tendência ao estímulo sexual? Mas, mesmo assim, nós sublimamos esse estímulo e mantemos a atenção no chakra laríngeo.

Como você vai se lembrar, tive uma experiência muito reveladora com a subida da kundalini (ver Capítulo 11). Em retrospecto, a subida da kundalini transformou minha sexualidade a ponto de incluir a capacidade de sublimar! Isso foi crucial para novas explorações criativas, aqui também exteriores e interiores.

Em nossa cultura, é inata a certeza de que a liberdade de expressão é a liberdade mais valiosa; ultimamente, a liberdade refere-se à liberdade de criação. Onde fica a liberdade de expressão? Na garganta. Quando você se sente limitado em manifestar o que pensa, cobre a boca inadvertidamente. A linguagem corporal entra em cena quando é limitada de forma a não podermos falar à vontade.

Nota: a energia do chakra laríngeo não pode sofrer colapso no chakra laríngeo; a energia deve sofrer colapso nos chakras umbilical, cardíaco, frontal, onde quer que haja uma hierarquia entrelaçada.

Chakra frontal ou do terceiro olho: a fronte contém o chakra do pensamento racional, mas, quando plenamente despertado, torna-se o chakra do pensamento intuitivo. Os sentimentos são confusão e clareza.

No Evangelho segundo Tomé, Jesus teria dito: "Que aqueles que procuram não deixem de procurar até que encontrem. Quando encontrarem, ficarão perturbados. Quando estiverem perturbados, ficarão maravilhados e dominarão tudo". Quando exploramos um arquétipo, ele responde com uma intuição, e de fato ficamos perturbados, confusos; sentimos o valor de veracidade, sentimo-lo no estômago ou no coração, mas não podemos empregar o pensamento racional para compreendê-lo plenamente. Todavia, quando engajamos o processo criativo e temos um *insight*, a claridade nos ilumina. Então, podemos expressar o *insight* criativo mediante a descida da consciência até o chakra laríngeo — o chakra da expressão.

Nossa linguagem corporal pode nos contar parte da história. Quando tentamos compreender alguma coisa que estamos fazendo, estamos tentando remover nossa confusão. E onde sentimos a concentração? Você vai perceber que os músculos entre suas sobrancelhas estão tensos. Eles só relaxam quando surge a clareza.

Como você usa seu novo conhecimento para ajudar o processo criativo? Na fase do *do-be-do-be-do*, você vai perceber que o chakra frontal se aquece. Na mitologia hindu, há a história do grande criador, Shiva, concentrado em sua prática. Uma bela jovem, Parvati, procura chamar a atenção de Shiva, sem resultado. Então, Cupido (o deus do Amor) apieda-se da jovem e atira sua flecha de Eros em Shiva. Dizem que a fronte de Shiva — o terceiro olho — ficou tão quente que queimou não apenas a flecha, como o próprio Cupido! Muito depois, nos tempos modernos, Freud vislumbrou esse aspecto do processo criativo e chamou-o de *sublimação* — uma espécie de mecanismo de defesa, no qual impulsos socialmente inaceitáveis se transformam em ações ou comportamentos socialmente aceitáveis. A sublimação ajuda a manter nossa atenção na fronte e vice-versa.

Porém, creio que isso vai muito além da simples sublimação. Em meu livro com a doutora Valentina R. Onisor, *The Quantum Brain*, nós especulamos que pode existir um chakra e um "*self*" no mesencéfalo dos quais nos esquecemos com o tempo. O hipotálamo do cérebro no mesencéfalo, que controla a glândula pituitária que, por sua vez, controla o sistema hormonal do corpo, também é um órgão desse chakra. A subida da kundalini partindo desse chakra pode nos ajudar a obter o controle sobre o hipotálamo e, com isso, sobre os hormônios e até flutuações de humor. Existe certa evidência sobre isso na literatura sobre a kundalini.

Essa é a chave, segundo a lenda, para que o despertar pleno da kundalini também abra plenamente nossa capacidade intuitiva. Controlando as oscilações de humor, nossa capacidade criativa dá um sério salto quântico.

Só com a plena abertura do sexto chakra é que somos capazes de nos dedicar criativamente a mais de um arquétipo, fruindo-os numa mesma existência; ao fazê-lo, integramos as dicotomias arquetípicas. Agora, estamos prontos para explorar realmente o arquétipo de inteireza.

Um sentimento positivo associado à abertura criativa dos chakras superiores é a satisfação. Sempre que abrimos o coração, a garganta ou a fronte, a descida da consciência do chakra é bem-sucedida, surgindo uma satisfação profunda. Esses episódios de satisfação são fundamentalmente importantes para todos os seres humanos, em todos os níveis. Se enfrentamos um longo período com pouca ou nenhuma satisfação na vida, ficamos deprimidos.

Os psicólogos têm se preocupado com o surto desenfreado de depressão, que agora se tornou a terceira maior doença crônica. Segundo a psicologia quântica, Prozac é só uma solução de curto prazo, se tanto. A cura da depressão no longo prazo é a satisfação — que pode ser obtida prontamente com o emprego do processo criativo para cultivar a incorporação dos arquétipos em nós, especialmente o arquétipo da inteireza. Não importa a nossa situação econômica na vida, seja de classe média, rica ou pobre, todos na sociedade têm direito a esse importante sentimento de bem-estar interior.

Chakra coronário: a função biológica que foi concretizada até este ponto consiste na produção de uma imagem corporal, incluindo e integrando todos os sentimentos vitais. O órgão está no lóbulo parietal superior posterior. Quando a energia entra nesse chakra, produzindo um excesso, sentimo-nos bem e conectados ao corpo físico; se a energia se esvai, sentimo-nos perturbados, desarticulados e até drenados.

A literatura espiritual fala muito bem das potencialidades desse chakra. Quando esse ponto se abre mais, desenvolvemos uma identidade integrada com todos os nossos corpos, tanto densos quanto sutis. Em parte, isso é o que significa concretizar e incorporar o arquétipo da inteireza.

A tarefa da criatividade do corpo vital e do corpo mental é integrar a identidade do corpo físico com as identidades do restante de nossos corpos — vital, mental e anímico! Quando aprendemos a fazer isso, combinando a força da criatividade mental e vital, abrimos a porta para aquilo que Aurobindo chamaria de inteligência supramental. Será que a humanidade está pronta para ela? As próximas décadas dirão se evoluímos e nos movemos numa direção realmente superior, que inclui a transformação, ou se ficamos onde estamos como espécie.

Como benefício colateral, com a abertura do chakra coronário, também desenvolvemos a capacidade de cortar a identidade com o corpo físico, produzindo a experiência fora do corpo, uma capacidade que tem sido bastante documentada por algumas pessoas. Mas não se engane; pessoas que tiveram experiências fora do corpo não desenvolveram necessariamente a inteligência supramental sobre a inteireza como resultado da experiência.

Integrando a dicotomia homem-mulher

O resumo daquilo que temos discutido até agora é o seguinte: os homens têm uma identidade corporal mais desenvolvida no terceiro chakra, o da região do umbigo ou plexo solar, mas uma identidade fraca com o chakra do coração; as mulheres têm a tendência oposta: o chakra umbilical é fraco e o cardíaco, forte. Decorre daí a diferença de comportamento entre homem e mulher: a maioria dos homens é mais voltada para si, e não sabe como amar o outro. Entretanto, as mulheres são mais orientadas para o amor pelo outro, e, embora saibam amar o outro, geralmente não sabem como se amar. A causa da diferença entre homens e mulheres deve-se em parte a condições socioculturais e em parte à formação do cérebro.

Quando desenvolvemos a sensibilidade a nossos sentimentos nos chakras, damos o primeiro passo importante rumo à integração. Quando os homens descobrem seu chakra cardíaco por experiência direta, até em relacionamentos não românticos, ficam surpresos ao descobrir que não precisam ser os "homens de ferro" que tentam ser. Do mesmo modo, quando as mulheres descobrem o chakra umbilical e a autoestima, percebem que não precisam se filiar ao clube dos corações solitários se não tiverem um homem para amar.

Assim, a inteligência emocional – que começa pela formação de circuitos cerebrais emocionais positivos – fica madura com a integração da dicotomia homem-mulher da identidade dos chakras.

Há algum tempo, assisti a uma peça chamada *Cloud Nine* (Sétimo céu). Num dos episódios, uma mulher solteira e mais velha nunca tinha se masturbado. Na última cena, bem tocante, a mulher aprende a fazê-lo; isso é mostrado no palco com a mulher dançando consigo mesma e despertando para o amor-próprio e a inteligência emocional.

Criatividade fundamental interior: explorando o arquétipo da inteireza

A integração das três dicotomias principais da condição humana é um passo importante no estágio de preparação do processo criativo para a exploração da inteireza. Até aqui, você empregou a criatividade situacional em todas essas integrações. Agora, você deseja explorar o próprio arquétipo em sua verdadeira forma. Assim, aqui o processo criativo é o da criatividade fundamental.

Recapitulando, o processo básico aqui é o *do-be-do-be-do*. O propósito do "fazer" é criar novas ideias de imaginação – pensamento divergente – como sementes para expansão em fontes plenas de possibilidades através da fase "*ser*" do processamento inconsciente para escolha da consciência. Podem surgir ideias, ideias integrativas, e por isso você deve ficar atento ao elemento surpresa e ao elemento de convicção.

Se você está acometido por uma dessas doenças que têm condições crônicas – câncer, doenças cardíacas, depressão clínica – deveria abordar o caminho da cura e a exploração da inteireza com a ajuda e colaboração de um profissional da área médica. Como nosso interesse visa mais a cura do mental/emocional, vamos usar como exemplo a depressão. Você deve estar se perguntando se isso *é apropriado* uma vez que estamos discutindo a saúde mental positiva. Afirmo que é bem apropriado, e não se iluda, encaixa-se muito bem. Muitos místicos falam da "noite escura da alma". Estão se referindo a um tipo específico de depressão (que pode durar muito mais do que uma única noite!). Na procura pela inteireza, a depressão (que é sentida intensamente como a falta da inteireza) costuma ser o resultado. Na verdade, você já percebeu qual é o problema: de que vale a vida humana se não formos inteiros?

Como o terapeuta pode ajudar? Todos os praticantes de saúde mental estão interessados na própria inteireza; é por isso que escolheram sua profissão (ensinamos aquilo que mais precisamos aprender). Portanto, um terapeuta de confiança pode oferecer ajuda adicional, pondo lenha na fogueira do processamento inconsciente. É como organizar um dispositivo de fenda dupla para o processamento inconsciente de seus pensamentos, que pode ser bastante eficaz.

Se, no decorrer da terapia, seu terapeuta se torna aquilo que você chama de "relacionamento íntimo", vocês podem até discordar e criar uma dinâmica conflitante, conforme ilustra o desenho de Picasso *O minotauro* (Figura 17).

Figura 17. *O minotauro*, de Pablo Picasso (versão do artista).

Esse arranjo de tese e antítese cria ainda mais possibilidades de escolha para a consciência, novas possibilidades. Depois, vem o *insight* criativo, o tão esperado salto quântico.

Como você manifesta o arquétipo da inteireza descoberto na criatividade fundamental? Você vive a verdade descoberta sobre a inteireza em seus relacionamentos. Seus relacionamentos tornam-se, então, uma hierarquia entrelaçada, incorporando o significado recém-descoberto.

Felicidade de Nível 5: iluminação quântica

Você está curioso para saber se é possível viver num estado de fluxo contínuo? Quando manifestamos o *insight* criativo no estágio de manifestação, ocorre um encontro animado entre o ego e o *self* quântico — a experiência do fluxo. Sempre que lidamos com a criatividade fundamental para descobrir novo significado num novo contexto arquetípico, podemos explorar mais a fundo o novo contexto com diversas investigações da criatividade situacional ou, alternativamente, podemos investigar um arquétipo diferente e passar pelo mesmo processo, criando mais experiências de fluxo.

De fato, podemos passar a vida com uma rede de empreendimentos criativos, nos quais cada um cobre a lacuna quando estamos descansando do anterior. Nesse esforço, a criatividade exterior é tão eficiente quanto a interior. Desse modo, nossa vida se torna uma experiência de fluxo contínua. Esse é um modo de viver com alegria, com o toque contínuo do *self* quântico. Como ele é? Walt Whitman o descreve com estas palavras:

> *Cada momento de luz ou de treva é para mim um milagre,*
> *Milagre cada polegada cúbica de espaço,*
> *Cada metro quadrado da superfície da terra por milagre se estende,*
> *Cada pé do interior está apinhado de milagres.**

Esse é um tipo de vida quântica, muito apropriado para as pessoas orientadas para a transformação da visão de mundo quântica no século 21: a vida com um pé firmemente apoiado no chão — um ego forte e autêntico — e o outro pé na fluidez do milagroso *self* quântico. Chamo esse estado de *estado bodhisattva de iluminação quântica*, um estado alegre de consciência, repleto daquilo que os indianos chamam de *ānanda* (beatitude).

Este seria considerado o Nível 5 do estado de felicidade.

---

* Versão extraída da edição brasileira do livro *Folhas de relva*, traduzida por Geir Campos (Rio de Janeiro: Civilização Brasileira, 1964). [N. de E.]

capítulo 24

felicidade perfeita: o estágio final da iluminação tradicional

Como disse o Buda, nada é permanente. Assim, é concebível que, para algumas pessoas, até o estado de bodhisattva acabe se tornando entediante, uma condição chamada *vairagya* em sânscrito. O conceito mais próximo que consigo encontrar em outra língua foi criado pelo falecido místico Franklin Merrell-Wolff, uma expressão que ele chamou de *alta indiferença*.

Certa vez, perguntei a Franklin como ele resolveu o problema da sexualidade, que aflige tantos aspirantes à espiritualidade. Ele disse: "Não sei. Fiz sexo apenas uma vez na vida. Foi o suficiente". Naturalmente, ele próprio desenvolveu a alta indiferença desde cedo e atingiu a iluminação de maneira tradicional aos 49 anos, e seguiria em frente, dedicando seus 98 anos sobre o planeta à transcendência da consciência humana.

Quando a alta indiferença nos atinge, mesmo a exploração criativa dos arquétipos não nos satisfaz, e resta apenas uma coisa a fazer: sair do jogo do nascimento-morte-renascimento. Os hindus chamam isso de liberação, e os budistas têm o conceito similar do *nirvana*, a cessação do desejo. A estratégia consiste na exploração do arquétipo do *self*.

Quando descobrimos criativamente a natureza primária do *self*, que somos o *self* quântico, somos chamados de *autorrealizados*: sabemos que somos o *self* quântico, que o ego é um epifenômeno secundário. Por que nos identificamos com o epifenômeno se conhecemos a realidade? Assim, começa a jornada da manifestação do modo de vida quântico, pleno e absoluto.

Essa jornada tem muitas sutilezas; por isso, permita-me compartilhar esta analogia. Imagine que em sua identidade do ego você é uma estatueta de sal e está nadando no oceano. Sua identidade do ego vai se dissolver, certo?

Assim, após a dissolução da identidade do ego, quem é você? Hoje, algumas pessoas contornam a alta indiferença e exploram a autorrealização sem uma preparação adequada. Seguem o processo criativo e têm o *insight* ahá. E depois? Elas não estão prontas para abrir mão do fruto de seu *insight*, pois isso exige um ego forte! Logo, fazem toda sorte de coisas egoístas, começando por escrever um livro proclamando de imediato sua iluminação.

Se, em vez disso, antes você fizer por merecer o direito de investigar o arquétipo do *self*, desapegando-se das realizações e percorrendo o estágio de manifestação da criatividade e identidade com o *self* quântico, não terá onde se apoiar; o *self* quântico é sempre dinâmico. Seu ego se dissolve no oceano da unidade e por isso você precisa aprender a passar boa parte de seu tempo na inteireza do oceano. Isso faz parte do processo de manifestação. Será possível? Isso não significa viver no inconsciente? Como difere do sono profundo?

O quarto estado da consciência e o nível mais elevado da felicidade

Falei antes de um tipo enigmático de *Samadhi* chamado *Nirvikalpa Samadhi* (ver Capítulo 5). Nirvikalpa significa "sem divisão", sem separação entre sujeito e objeto. Há dois tipos de Nirvikalpa. O tipo inferior significa um estado da consciência chamado *Turiya*.

Para entender esse conceito, pense no sono profundo, no qual não existe divisão entre sujeito e objeto e não existe experiência. Contudo, não temos problema para aceitar o fato de que todos dormem. É um estado de consciência aceito. *Nirvikalpa Samadhi* ou *Turiya* deve ser entendido como um sono mais profundo no qual ocorre certo processamento inconsciente especial, conhecido como memória apenas no momento de despertar, através da escolha retardada.

Fica claro que Turiya é o estado supremo do processamento inconsciente que se pode discutir dentro da psicologia quântica. No estado de Turiya, a consciência processa todo o mundo de possibilidades quânticas, inclusive os arquétipos.

Um místico cristão, Irmão Lawrence, chama corretamente esse estado de Turiya de "Viver na presença de Deus". Algumas pessoas chamam-no de um estágio separado do crescimento pessoal — a compreens*ão* profunda de Deus.

E o que isso nos diz sobre a transformação? Na literatura espiritual da Índia, alega-se que as pessoas com a capacidade *Nirvikalpa* de atingirem Turiya transformam-se totalmente; a identidade delas se desloca completamente para o *self* quântico, exceto quando o ego é necessário para as tarefas cotidianas, para as funções do ego.

Isso também significa que agora o inconsciente processa, em maior ou menor grau, só novas possibilidades quânticas. O salto quântico até os arquétipos e a elaboração de representações mentais deles exigiriam pouco esforço — *Sahaja* (palavra sânscrita que significa "fácil") Samadhi. Agora, a sabedoria arquetípica fica fácil e sem muito esforço. Não é preciso passar pelo rigor de todas essas investigações criativas dos arquétipos individuais, como discutido no capítulo anterior. É por isso que, às vezes, esse nível de iluminação é definido como um estado de conhecimento que lhe permite conhecer tudo.

Esse estado de Turiya também é um estado de consciência muito alegre, o mais elevado estado de felicidade concebível. Os indianos chamam a alegria nesse estado de *Turiyananda* — para distingui-lo de *ānanda* —, a alegria da consciência no fluxo. É, portanto, a verdadeira perfeição da felicidade — o Nível 6.

Existe um estado de consciência, um Nirvikalpa "superior", sugerido por alguns místicos que o chamam de consciência em sua verdadeira forma, sem atributos. Por isso, ninguém pode falar dele. Esse estado também está além da ciência quântica. O grande filósofo Ludwig Wittgenstein disse: "Daquilo que não se pode falar, deve-se ficar em silêncio".

Bom conselho.

epílogo

o caminho quântico óctuplo: seu caminho para a felicidade

Finalmente, chegou o momento de lhe apresentar um resumo abrangente de oito pontos sobre aquilo de que você vai precisar nessa jornada, partindo da vida mecânica e centrada no prazer (com alguns passeios na montanha-russa emocional para mantê-la interessante) até a vida humana centrada na felicidade. Antes, porém, um lembrete. No Bhagavad Gita, escrito na forma de diálogo entre o self *quântico* e o ego, Krishna (representando o *self* quântico) diz a Arjuna (representando o autêntico buscador humano) no final do discurso: "Arjuna, eu lhe disse tudo sobre como chegar à inteireza psicológica e espiritual; agora, você deve agir conforme dita seu próprio livre-arbítrio". Essa lista é apresentada com o mesmo apelo e é desnecessário repetir que lhe demos toda a lógica e os dados científicos por detrás desses "faça", a ponto de você poder decidir por si mesmo. Sua jornada tem oito etapas; por isso, podemos chamá-la de uma versão quântica do caminho óctuplo que o ilustre Buda deu à humanidade há milênios.

1. Trabalhe simultaneamente em cinco frentes: a) mantenha pensamentos corretos, o que significa a visão de mundo quântica; torne-a sua. Consulte este livro sempre que necessário; b) inicie a jornada passando do processamento de informações para o processamento de significados. Tente compreender, a seu modo, aquilo que alguém lhe diz ante-

sede guardar a informação como se fosse relevante; c) limpe o subconsciente de memórias de trauma emocional e substitua o hábito de exprimir/suprimir emoções pela meditação; d) desenvolva a sensibilidade aos sentimentos no corpo e nos chakras; e) comece a trabalhar na aquisição de todos os conjuntos de habilidades discutidos no Capítulo 18. Se você começou pela felicidade Nível 1, dê um salto quântico de cura. No final dessa etapa, você terá passado de humáquina para hupessoa, não só com Q.I. de máquina, como também com verdadeira inteligência mental. Sua felicidade estará firme no Nível 2.

2. Use o kit de ferramentas de cura deste livro sempre que for preciso em suas situações cotidianas. Isso vai ajudá-lo a construir um sistema de crenças saudável, a ter perspectivas diferentes para ver as coisas, a formar e a expressar a autenticidade, a curar feridas emocionais etc. A felicidade desse nível é 2+, aquilo que Maslow chamou de saúde mental positiva, e está em firme progresso.
3. Use o processo criativo da criatividade situacional (Capítulo 22) para construir circuitos cerebrais emocionais positivos. Isso vai dotá-lo de inteligência emocional, com a qual você prosperará em seu relacionamento com os demais e consigo mesmo. Pode até começar a integrar razão e emoção. Sua felicidade agora está no Nível 3.
4. Use a criatividade fundamental interior para explorar e incorporar um dos maiores arquétipos, depois dos arquétipos da inteireza e do *self*. Repetindo, são eles: verdade, amor, beleza, abundância, bondade, justiça e poder. Agora, você está individuado e atingiu a felicidade Nível 4.
5. Comece a trabalhar com firmeza no equilíbrio de uma das três dicotomias fundamentais que ainda esteja desequilibrada: transcendente/imanente, interior/exterior e homem/mulher. Seu trabalho principal será com os chakras, tentando abri-los ao máximo. Agora, você é um indivíduo com inteligência geral. Conflitos fundamentais estão sendo resolvidos e agora seu trabalho pode progredir muito, sendo autêntico no ego e tornando suas personas plenamente congruentes com seu caráter. Também pode trabalhar mais na integração entre razão e emoções. Até agora, o processo é não linear, o que significa que você não precisa seguir à risca a ordem anterior. Agora, sua felicidade está no Nível 4+ e você está se preparando para o mergulho final na felicidade Nível 5; daqui em diante, a ordem é linear.

6. Integrar, integrar, integrar. Integre completamente todas as dicotomias – homem/mulher, exterior/interior, transcendente/imanente. Explore, compreenda e comece a incorporar os aspectos manifestados de todos os arquétipos principais citados, integrando todas as suas dicotomias. Agora, você tem a capacidade de viver no fluxo, dando continuidade à jornada de incorporação desses arquétipos, e pode fazer isso por muitas encarnações. Você atingiu uma forma moderna de iluminação, apropriada para nossa era — iluminação quântica — e vive em um fluxo perpétuo. Sua felicidade está no Nível 5 e você tem a capacidade de viver uma vida encantada no fluxo com seu *self* quântico. Para aumentar seu encantamento, pode explorar outros arquétipos menores e prosseguir ainda por outras encarnações. Nossa recomendação é de que você fique aqui nesta estação de felicidade Nível 5 até o final dos tempos, ajudando os outros a ser mais humanos, felizes e inteligentes até que toda a humanidade atinja a felicidade de que necessita. Tradicionalmente, então, as pessoas chamariam você de *bodhisattva*.
7. Se, em algum ponto do Nível 5 de felicidade, você passar pelo requisito de entrada da alta indiferença para com as realizações mundanas, pode optar pela exploração e incorporação do arquétipo do *self* e atingir o estado Nirvikalpa de Samadhi sem a divisão sujeito-objeto. Você tem a capacidade de saber tudo o que é importante com pouco ou nenhum esforço. Em outras palavras, você tem acesso fácil a todas as potencialidades do universo quântico. Naturalmente, claro, a ironia é: Por que você gostaria de ter acesso a elas? Você já atingiu a felicidade Nível 6. Agora, está iluminado no sentido tradicional.
8. Explore a superação de todos os atributos e qualificações, as potencialidades do universo quântico, quando estiver no Nirvikalpa Samadhi do estado de Turiya. Quando chegar ao estado além de todas as qualificações, como as leis quânticas da física, você terá ultrapassado a felicidade, ultrapassado qualquer rótulo. Para você, essencialmente, o jogo acabou. *Game over*. Com certeza, saberemos se alguém atingiu esse nível, pois essa flor da consciência não tem indicadores como nome ou felicidade, só fragrância.

leituras recomendadas

AUROBINDO, Sri. *A vida divina*. São Paulo: Pensamento, 2018.

AUROBINDO, Sri. *The synthesis of yoga*. Pondicherry, India: Aurobindo Ashram. [*Síntesis del yoga*. Buenos Aires: Kier, 1980. 3 v.]

BRIGGS, J. *Fire in the crucible*. Los Angeles: Tarcher/Penguin, 1990.

CHESTNUT, B. *O eneagrama completo*: o mapa definitivo para o autoconhecimento e a transformação pessoal. São Paulo: Goya, 2019.

CHOPRA, D. *Saúde perfeita*. Rio de Janeiro: Viva Livros, 2011.

FLANAGAN ET AL. *Measuring the immeasurable*: the scientific case for spirituality. Boulder, CO: Sounds True, 2008.

GOLEMAN, D. (ed.) *Measuring the immeasurable*: the scientific case for spirituality. Boulder, CO: Sounds True, 2008.

GOSWAMI, A. *O universo autoconsciente:* como a consciência cria o mundo material. 4. ed. São Paulo: Goya, 2021.

GOSWAMI, A. *Science within consciousness:* a monograph. Petaluma, CA: Institute of Noetic Sciences, 1994.

GOSWAMI, A. *A janela visionária*: um guia para a iluminação por um físico quântico. São Paulo: Cultrix, 2019.

GOSWAMI, A. *A física da alma:* a explicação científica para a reencarnação, a imortalidade e as experiências de quase morte. 4. ed. São Paulo: Goya, 2021.

GOSWAMI, A. *O médico quântico*. São Paulo: Cultrix, 2006.

GOSWAMI, A. *Deus não está morto*: evidências científicas da existência divina. 3. ed. São Paulo: Goya, 2021.

GOSWAMI, A. *Evolução criativa*: uma resposta da nova ciência para as limitações da teoria de Darwin. 2. ed. São Paulo: Goya, 2015.

GOSWAMI, A. *Criatividade quântica*: verdadeira expansão do potencial criativo. 3. ed. São Paulo: Goya, 2021.

GOSWAMI, A.; ONISOR, R. V. *Espiritualidade quântica*: a busca da inteireza. São Paulo: Goya, 2021.

GOSWAMI, A.; ONISOR, R. V. *The quantum brain*. Delhi, Índia: Blue Rose, 2021.

GROF, S. *O jogo cósmico*: explorações das fronteiras da consciência humana. São Paulo: Atheneu, 1999.

JUNG, C. J. *The portable Jung*. New York.: Viking, 1971. (J. Campbell, ed.)

PATTANI, S. *O poder da mente*: em busca da transcendência e da cura emocional. São Paulo: Goya, 2020.

PENROSE, R. *A mente nova do rei*. Rio de Janeiro: Campus, 1995.

PERT, C. *Molecules of emotion*. New York: Scribner, 1997.

RADIN, D. *The noetic universe*. London: Transworld Publishers, 2009.

SEARLE, J. *A redescoberta da mente*. São Paulo: Martins Fontes, 2006.

SHELDRAKE, R. *Uma nova ciência da vida*. São Paulo: Cultrix, 2014.

TAGORE, R. N. *A religião do homem*. Rio de Janeiro: Record, 1981.

TEILHARD DE CHARDIN, P. *O fenômeno humano*. São Paulo: Cultrix, 1988.

TOLLE, Eckhart. *O poder do agora*: um guia para a iluminação espiritual Rio de Janeiro: Sextante, 2010.

WILBER, K. *O projeto atman*. São Paulo: Cultrix, 1999.

TIPOLOGIA: Baltica [texto]
Rival Sans [entretítulos]

PAPEL: Pólen Soft 80 g/m² [miolo]
Cartão Supremo 250 g/m² [capa]

IMPRESSÃO: Rettec Artes Gráficas e Editora [abril de 2022]